理系のアナタが知っておきたい
ラボ生活の中身

バイオ系の歩き方

徳島大学大学院
ソシオテクノサイエンス研究部教授
野地 澄晴 ［著］
Noji Sumihare

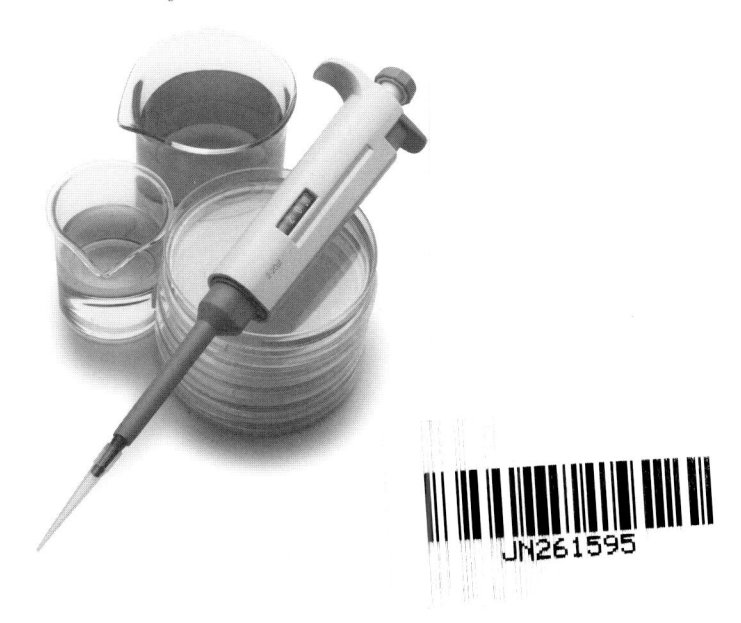

羊土社
YODOSHA

【注意事項】　企業名，商品名やURLアドレスについて
本書の記事は執筆時点での最新情報に基づいていますが，企業名，商品名の変更，各サイトの仕様の変更などにより，本書をご使用になる時点においては表記や操作方法などが変更になっている場合がございます．また，本書に記載されているURLは予告なく変更される場合がありますのでご了承下さい．

羊土社のメールマガジン
「羊土社ニュース」は最新情報をいち早くお手元へお届けします！

主な内容
・羊土社書籍・フェア・学会出展の最新情報
・羊土社のプレゼント・キャンペーン情報
・毎回趣向の違う「今週の目玉」を掲載

●バイオサイエンスの新着情報も充実！
・人材募集・シンポジウムの新着情報！
・バイオ関連企業・団体のキャンペーンや製品，サービス情報！

いますぐ，ご登録を！
（登録・配信は無料）
➡ 羊土社ホームページ　http://www.yodosha.co.jp/
http://twitter.com/Yodosha_EM
Facebookもご覧ください

はじめに

　バイオロジー/生物学は，現在最も飛躍的に発展している学問であろう．数年前には，ヒトの個々のゲノムの塩基配列を簡単に決定するのは不可能だと思われていたが，今やほとんど可能になっている．ヒトに限らず，多くの生物のゲノムの塩基配列が決定されている．また，そのゲノムを改変する技術も進歩している．われわれ人類は，ついに人工の生物を作製することができる知識と技術を手に入れ始めている．それは魔法の杖を入手することに似ている．その杖は必ずや人類の願いをかなえてくれるであろう．本書は，その魔法の杖を入手するために，これから研究をスタートするあなたのために書かれた本である．"研究者とはどのような人種なのか""研究をするために必要な準備とは""研究するための基礎的知識と方法"について，主にバイオ研究に関して紹介している．

　もしあなたが，大学院への進学について迷っているのであれば，進学することを勧めたい．生物が環境に適応するために多様性を維持しているのと同じように，研究が発展するためには，研究を行うスタイルや方法も多様であることが必要である．したがって，研究者は一様である必要はなく，さまざまなスタイルや方法を開発する必要がある．あなたに最も適した研究者のスタイルや研究の方法を開発すればよいのであり，それが，「オリジナリティーを出す」ということであり，自分で学習し，獲得してゆくものである．本書はその助けになるであろう．

　本書は，2000年に出版した『無敵のバイオテクニカルシリーズ特別編　バイオ研究はじめの一歩—ゼロから学ぶ基礎知識と実践的スキル』をもとに，大幅に書き加えたものである．前書は入門書とはいえ，さすがに12年も経過すると古くなるのは当然であり，むしろ改訂が遅くなってしまった．本書を執筆するにあたり，多くの方々のお言葉やアドバイスをいただき，またさまざまな本の内容を参考にさせていただいたが，本文中で完全に引用できていない場合もあるかもしれないが，ご容赦いただきたい．

　本書は一人で執筆しているので，なかなか執筆のための時間がとれず諦めかけていたが，ここに出版できたのは羊土社編集部の安西志保，冨塚達也両氏の適切な調査とそれに基づくアドバイスのおかげである．特に，冨塚氏には細部にわたりサジェスチョンをいただき，おかげで本書が出版できたと言っても過言ではない．この紙面を借りて，御礼を申し上げる次第である．

　本書についてのご意見，ご希望をいただければ幸いである．

2012年3月

野地澄晴

理系のアナタが知っておきたい ラボ生活の中身

目次 Contents

はじめに ……………………………………………………………………………………… 3

1 研究者と非研究者のあいだ

1　研究者とは何か ……………………………………………………………………… 8
2　求められる資格，成功する資質 …………………………………………………… 12
3　イノベーションを生む研究者になるために ……………………………………… 15

コラム／学術雑誌とは ……………………………………………………………… 10
　　　　インパクトファクター誕生の経緯 ……………………………………… 12
　　　　教官選考とインパクトファクター ……………………………………… 13
　　　　研究者のタイプ―直感タイプとコツコツタイプ ……………………… 14
　　　　何か1つ得意な技術をもつ ……………………………………………… 16
　　　　学費 ………………………………………………………………………… 17

2 ラボ生活の舞台と最低限のマナー

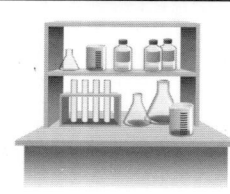

1　研究室とは …………………………………………………………………………… 18
2　研究室生活のマナー ………………………………………………………………… 21
3　研究室の行事 ………………………………………………………………………… 26

コラム／研究室の選択 ……………………………………………………………… 20
　　　　研究のインプリンティング現象 ………………………………………… 21
　　　　研究室での大学院生の1日 ……………………………………………… 22
　　　　研究室での教官の1日 …………………………………………………… 23
　　　　研究室を巣立つとき：立つ鳥あとを濁さず …………………………… 25

Contents

3 研究をマネジメントする5つのステップ

1. 研究のテーマを決める ……………………………………………… 28
2. 研究テーマに関する情報収集 ……………………………………… 31
3. 研究スケジュールを立てる ………………………………………… 36
4. 実験をデザインする ………………………………………………… 40
5. ラボノートを作成する ……………………………………………… 45

コラム／ノーベル賞受賞者の業績を上げた年齢の分布 ……………… 38
　　　　再現精度（precision）と絶対確度（accuracy）の概念 …… 42
　　　　座右の書『Molecular Cloning, A laboratory manual』……… 44
　　　　電子化されるラボノート ……………………………………… 47

4 観察力を養う

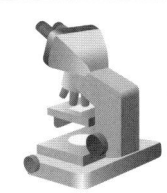

1. 観察力とは …………………………………………………………… 48
2. 形態を観察する ……………………………………………………… 50

コラム／近交系の歴史 …………………………………………………… 52
　　　　生きたままで観察できるGFPなどの蛍光 ………………… 53
　　　　捏造事件 ………………………………………………………… 58

5 プロトコールに載らない実験前後6つの基本

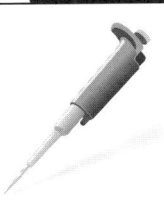

1. 倫理の問題 …………………………………………………………… 60
2. 安全な実験のために ………………………………………………… 63
3. 実験で必要な計算，単位に強くなる ……………………………… 66
4. 溶液の調製と滅菌操作 ……………………………………………… 68
5. 実験終了後の後片付け ……………………………………………… 81
6. 実験がうまくいかないときの対応 ………………………………… 83

コラム／インフォームドコンセント …………………………………… 61
　　　　事故の例 ………………………………………………………… 63
　　　　放射性同位元素の性質 ………………………………………… 64
　　　　数字と精度 ……………………………………………………… 67

	ストック溶液	68
	ポリプロピレンとポリスチレン容器の区別のしかた	71
	酵素類	73
	pHの測定法	75
	洗い方の原則	81
	白川英樹の発見	83
	自然免疫システム	84

6 実験機器取り扱いの基本

1	機器の使用上の一般的な注意	86
2	個々の機器についての操作と注意	87
3	取り扱いの複雑な機器について	103

コラム／P2実験室	88
遠心機関係の後始末	93
次次世代DNAシークエンサーの原理の1つ	108

7 基本とされる実験技術

1	技術を身につけるための心構え	110
2	DNA/遺伝子の扱い	111
3	タンパク質の扱い	121
4	細胞の扱い	125
5	個体の扱い	132

コラム／エタ沈とペグ沈	112
PCR	114
プライマー設計の注意点	115
キットを用いる方法	117
大腸菌（*E.coli*）の扱いに慣れる	119
制限酵素について	120
RNAの扱い	121
細胞が生きる条件	127
ゲノムプロジェクトと遺伝子編集技術	133
in situハイブリダイゼーション法	135

Contents

8 研究結果の整理と発表

1. 研究成果の整理 136
2. 統計処理の考え方 137
3. 研究成果の発表 144
4. 卒業論文，修士論文による発表 148
5. 論文による発表 149

コラム／表計算ソフトを用いる 137
　　　　P値 140
　　　　英語でのセミナーとジョブセミナー 148
　　　　リジェクト？ そんなバカな！ 152

9 バイオ研究の流れ

1. 生命について，何がわかっているか 154
2. 生命について，何がわかっていないか 160
3. なぜ発見できたか 162
4. 日本の生命科学研究者の現状は？ 169
5. 21世紀を切り開く研究者とは 172

コラム／骨への分化調節因子の発見 156
　　　　ホメオティック遺伝子の発見 158
　　　　1953年DNAの二重ラセン構造の発見 160
　　　　生命についての詳細な情報について 161
　　　　これからの研究テーマ 171

おわりに 174

付録　私の本棚・一覧 176

1 研究者と非研究者のあいだ

あなたは，なんとなく生命科学に興味があり，研究者にでもなれればよいかもしれないと思って，この分野に進もうとしているのでしょうか？ それとも，すでに研究者への道を歩んでいるのでしょうか？ いずれにしても，あなたは，研究者とは何で，どのようにして研究者になるのか，あるいは，研究者になるためにはどのような訓練を受けなければならないのか，考えたことがありますか？ プロの研究者になろうと考えているのであれば，今もう一度じっくり考えてみるのも無駄ではないでしょう．大学あるいは大学院に所属していれば，研究者のイメージは，やや年をとっており講義をする以外は何をしているのかよく理解できない教授，よく実験をする助教，論文を書いている准教授などかもしれません．彼らはみな同じ研究者ですが，その生活は多様です．世界にはさまざまな研究者がいます．若手の研究者もいれば，熟年の研究者もいます．ノーベル賞を受賞した有名な研究者もいれば，まったく無名の研究者もいます．現在は無名でも，1編の論文で来月，有名になる研究者もいるかもしれません．まずは，研究とは，研究者とは何か，について紹介しましょう．

1 研究者とは何か

A) 研究は誰でもしている

研究は大学の先生や研究所の研究者だけのものではない．誰でも，意識はしていないが，多かれ少なかれ「研究」を行っている．誰しも，日頃疑問に思うことや興味をもったもの，人物について，それは些細なことであるかもしれないが，資料を集めたり，本を読んでみたりするだろう．そのような行為は広い意味で研究である．研究そのものは誰でもすでに行っていることである．

B) "プロの研究者"には誰もがなれるわけではない

研究は誰でもしているが，プロの研究者，つまり研究を行うことにより，収入を得て生活している人々には誰もがなれるわけではない．ある有名なオーケストラで新人を採用するテストを行っている楽器奏者が，「ふつう，少し演奏を聞けば，成功する可能性があるかどうかわかる．どんなに練習してもプロにはなれないと思う新人に，そのことを告げて不採用にするのだが，本人にはわかってもらえない」といった意味のことを話していた．楽器を演奏することは誰でもできるが，プロになるためには特別な能力が必要なのだ．プロの研究者になるためにはどのような特別な能力が必要なのだろうか？

C) 学術雑誌に研究論文を書くのが研究者

プロの研究者としての最低限できなければならないこと—その答えは個人により異なり，さまざまだろうが，本書では"研究論文を発表すること"とする．つまり**研究者は研究成果をあげ，論文を発表できなければならない**．バイオ研究は幅広い分野であり，ウイルスやバクテリアを研究している科学者もいれば，ヒトの意識の研究をしている科学者もいる．これらの科学者に共通なことは，研究成果を論文として，いわゆる学術雑誌や本に発表することである．つまり，絵を描く者を画家と呼び，小説を書く者を作家と呼ぶように，研究論文を書く者を研究者と呼んでみる．

すべての研究成果は発表された論文に基づいて評価される．一般的にはあなたがどんなにすばらしい発見をしたとしても，それを論文として発表しなければ，あなたは研究者として認めてもらえない．ロバート．A．デイは彼の著書『How to write and publish a scientific paper』で，

「科学の研究の目標は，論文を出すことです．大学院生として訓練を受けてきた科学者が，最終的に何によって評価されるのか，考えてみましょう．実験室での手先の器用さ，科学的な知識の広さや深さ，あるいは人間的な魅力や機知などは大事ではありますが，それらは最終的な科学者の評価の基準にはなりません．科学者はその成果を報告した論文によって評価され，世の中に認められるのです…（中略）…研究者は，何を研究したのか，なぜ研究をしたのか，どのように研究をしたのか，そしてその結果何がわかったのかを発表しなければならないのです．そして，論文を書くときのキーワードは，研究結果の［再現性］ということです」

と続けている．研究者の世界において，研究論文を発表するという行為は，単に論文を書いて，印刷すればよいのではない．論文に研究者生命をかけることになる．

D) 研究論文とは何か

もしあなたに，何かすごいアイディアが浮かび，そのことについて論文を書いて出版したとしても，本書ではそれは研究論文とは呼ばない．**専門家による審査**（peer review）**を受ける学術雑誌**（コラム参照）**に掲載された論文**を研究論文と本書では定義する．学術雑誌の中には，Nature誌とかScience誌などがあり，これらの雑誌名は読んだことはなくても，聞いたことはあるだろう．とりあえず研究論文とは，Nature誌やScience誌に掲載された論文をイメージしておいていただきたい．通常，生命科学の分野では学術雑誌は英文であるので，研究の内容を英語で表現できる必要がある．

E) 優れた論文を読もう

優れた研究を行うためには，優れた研究がどんな研究かを知らなければならない．まずは，興味ある論文を読んでみよう．画家をめざす学生が，名画を模写するように，優れた研究をまねするのが，優れた研究者になるための1つの方法である．論文の中に何が書いてあるかをほんとに理解するためには，たぶん少し時間が必要だろうが，チャレンジすることである．

F) 優れた論文とは何か

学術雑誌を調べると毎週，毎月，莫大な数の研究論文が発表されていることがわかる．世界的には，年間に約60万報もの論文がどこかの学術雑誌に掲載

されているが，玉石混交である．多くの論文の中から優れた論文を見つけるには論文を評価することも必要である．多くの研究論文を，優れた論文と悪い論文に分けることは，その論文のテーマの専門家であれば，ある程度可能である．しかし研究分野が少しでも異なると，評価するのはなかなか困難である．まして，初心者ともなると，どの論文が優れたのか判断をすることはできないだろう．そこで，研究論文の評価法の1つとして，その論文が他の論文にどれだけ引用されたか，その引用回数を指標にする方法がある．この評価法について，少し詳細に紹介しよう．

1 雑誌の質を計るインパクトファクター

研究者は自分の研究成果を発表するときには，必ず関連する論文を引用する．これは，著者が論文の中で述べる新しい知見に至る過程で，参考にした論文を読者に明らかにし，自分の立場を明確にし，これまでの研究者の業績に評価と敬意を示すための手続きである．これより，一般的には，役に立つ情報が多い論文ほど，引用される回数が多くなるだろう．そこで，個々の論文ではなく，ある学術雑誌に着目し，その雑誌の，例えば2010年に掲載された論文が**何回引用されたかを数えて，科学全体への貢献度をインパクトファクターとして計ろうとの考え**が生まれた．例えば，雑誌Aのインパクトファクターは次のように定義される．

インパクトファクター（2010）
＝（'08〜09年に雑誌Aに掲載された論文が '10に引用された回数）/（'08〜09年に雑誌Aが掲載した総論文数）

学術雑誌とは

現在，研究成果を発表するための学術雑誌は世界中で数千誌あり，ほとんどが定期的に発行されている．最も有名な学術雑誌はNature誌であり，1869年に創刊されている．最近は姉妹誌としてNature Medicine, Nature GeneticsやNature Biotechnologyなど16誌も出版されており，そのブランド力は群を抜いている．次にCell誌，Science誌などが，高いインパクトファクターを示している．学術雑誌は紙媒体とともに電子ジャーナルを出している．これらの電子ジャーナルは出版社と契約して閲覧できるが，非常に高額な価格を請求される（通常，大学の図書館などが一括して契約している）．

一方，最近では，電子ジャーナルの価格高騰に対応して，研究成果を無料で閲覧できるオープンアクセスの形態も登場している．オープンアクセスは，「学術情報は人類全体の財産で，だれでも自由にアクセスできるべきである」，「税金で行われた研究成果には，納税者は無料でアクセスできるべきである」という2点が根拠とされている．無料で閲覧できる雑誌，オープンアクセス・ジャーナルとして，生物医学分野のBioMed Central（BMC），Public Library of Science（PLoS）がある．これらの雑誌は論文の執筆者から掲載料を徴収することにより，雑誌論文を無料で公開できるようになっている．PLoS Biologyの場合，出版費はUS$2,900（2012年）である．いずれにしても，投稿された論文は専門家による審査の後に，雑誌に掲載される．もう1つのオープンアクセスによる公開方法として，大学・研究所などが，所属する研究者の論文を自分のサーバに載せて公開する「機関リポジトリ」による方法があるが，著作権などの問題があり，まだ十分には機能していない．

つまり，インパクトファクターの高い雑誌に発表された論文は，引用される可能性が高いことを意味している．代表的な学術雑誌のインパクトファクターを表1-1に示した．インパクトファクターの高い順に雑誌を並べ，それはそのまま学術雑誌の世界ランキング表として使用される場合もある．いわゆる一流学術雑誌と呼ばれている雑誌のインパクトファクターは高いことがわかる．

2 レビュー誌とは

雑誌の中には，これまで発表された個々の研究論文に基づき，**研究の流れや成果をまとめた論文，レビュー（review）だけを掲載する雑誌**があり，レビュー誌と呼ばれている．通常，論文のIntroductionにはこれまでの研究の流れを紹介するが，そのときにレビュー誌を引用することが多いため，よいレビュー誌のインパクトファクターは高くなる．逆に，この傾向を利用し，原著論文に加え，よいレビューを掲載することにより，雑誌のインパクトファクターを高くする編集が行われている．

3 インパクトファクターがすべてではない

もちろん，インパクトファクターは学術雑誌の評価であるが，そこに掲載されていた研究論文を評価するための1つの側面であり，決して完全な評価ではない．プリオンの発見の論文のように，非常に価値のある論文が評価されずに，時間が経過して評価される場合もある．また，インパクトファクターの高い雑誌に掲載された論文であっても，時間が経過すれば"間違い"であることが判明する場合もある．また，インパクトファクターの高い雑誌に論文を掲載するには，それなりのスキルが必要であったり，独創的な研究が受け入れられない場合もある．論文が掲載されるまでには，さまざまなドラマが展開される．いずれ，インパクトファクターに頼ることなく，優れた論文かどうかを判断できる力を養わなければならない．

表1-1 生命科学分野の雑誌のインパクトファクター（2010年）

順位	ジャーナル名	インパクトファクター
1	New Engl. J. Med.	53.486
2	Nature Genet.	36.377
3	Nature	36.104
4	Lancent	33.633
5	Cell	32.406
6	Science	31.377
7	Nature Biotech.	31.090
8	Cancer Cell	26.925
9	Cell Stem Cell	25.943
10	Nature Immunol.	25.668
11	Nature Med.	25.430
12	Immunity	24.221
13	Nature Cell Biol.	19.407
14	Cell Metab.	18.207
15	PLoS Med.	15.617
16	J. Exp. Med.	14.776
17	Mol. Cell	14.194
18	Nature Neurosci.	14.191
19	J. Clin. Invest.	14.240
20	Nature Struct. Mol. Biol.	13.685
21	Genome Res.	13.588
22	Gene Dev.	12.889
23	PLoS Biol.	12.472

J. Citation Reports：2010 より引用

◆ ◆ ◆

私の本棚

『はじめての科学英語論文』
R. A. デイ／著，美宅成樹／訳，丸善，1997
→『How to write and publish a scientific paper』の日本語版．「科学の論文とはどのようなものであるか」について書かれた本で，論文を執筆する前に一読の価値あり．

『科学を計る―ガーフィールドとインパクト・ファクター』
窪田輝蔵／著，インターメディカル，1996
→インパクトファクターの誕生物語である．

2 求められる資格，成功する資質

研究者をめざすあなたが，もし今大学の4年生あるいは大学院1年生であれば，これから5～6年間，研究者になるための訓練を受ける必要がある．一人前の研究者になるためにはどんな訓練を受け，いったいどんなことができるようになればよいのだろうか？

A) 博士号を取得する

1 取得するまで

たとえ天才的な人間であろうと，最初から高度な研究を行うことは不可能である．高度な研究をいずれ行えるようになるためには，多かれ少なかれ，基礎的な学習と訓練が必要である．それは，どのような研究を行うにしても必要である．もしあなたがバイオ研究に関する研究者をめざすのであれば，できれば大学で卒業研究を行うか，医学部や歯学部を卒業したのち，大学院博士課程に進学したほうがよい．大学院は研究者になるための最低限の訓練の場を提

インパクトファクター誕生の経緯

雑誌の目次を集め，整理，処理した情報誌，いわゆるカレントコンテンツ（current contents）をつくるときに問題になったのは，どの雑誌の目次を集めればよいかをどのようにして決めるか？であった．解決のヒントは，ある専門分野の論文は少数の専門誌に集中して掲載されるという「ブラッドフォードの法則」であった．この法則は，「重要な論文は，多くの論文が引用している雑誌（被引用度の高い雑誌）に集中して現れる」ことを意味していた．ある論文がどの程度引用されているかなど調べ，雑誌の引用に関する解析から生まれたのが，本文に紹介したインパクトファクターである．

1956年に，化学者ガーフィールドはカレント・コンテンツに関する事業を起業化し，Institute for Scientific information（ISI）を設立した．彼は，裁判で用いられている方法であるシェパード・サイテーション法を参考にして，論文の引用と被引用の関係をサイテーション・インデクス（Citation index）にまとめた．シェパード・サイテーション法とは，アメリカの裁判がこれまでの判例を重視することから生まれたもので，膨大な裁判の判例を，引用されたかどうか，その結果などで整理し，リスト化する方法である．詳しい経緯は，窪田輝蔵の『科学を計る』に紹介してある．ISI社は1992年にトムソン・ロイター社に買収されている．興味ある読者はトムソン・ロイター社のホームページ http://science.thomsonreuters.jp/ にアクセスしてみるとよい．トムソン・ロイター社は，毎年過去20年以上にわたる学術論文の被引用数に基づいて，ノーベル賞の有力候補者を選び，「トムソン・ロイター引用栄誉賞」の受賞者として発表している．日本人では，2011年現在，医学・生理学の分野では，Toll（トール）様受容体と自然免疫の研究で審良静男，人工多能性幹細胞（iPS細胞）の開発で山中伸弥が引用栄誉賞を受賞している．

供してくれる．

医学・歯学研究科の博士課程は4年間，それ以外の大学院には2年間の博士前期課程と3年間の後期課程がある．学位を取得するための条件は，大学院や研究科により異なる．しかし，この期間に学術雑誌に論文を掲載できるスキルを身につけておくことは最低限の条件であろう．

2 取得したあと

大学院修了後については，訓練の結果を本人が判断し，生命科学の研究者を続けるか，進路を変更するかを決めなければならない．どのような分野であろうと，多かれ少なかれ研究は人生において必要不可欠なので，たとえ進路を変更したとしても，研究の進め方はほぼ同じであり，大学院での経験は生きるだろう．

研究者を続けるには主に，2つの選択，つまり，博士研究員（ポスドク）としてさらに研究者としての訓練を受けるか，企業などの研究所に就職し，そこでさらに経験を積むかのどちらかである．博士研究員になる場合も，以下にあげるようなさまざまな選択の可能性がある．

□ **研究テーマの選択**
例えば，学位論文に関するテーマを継続するのか？　別の新しいテーマに取り組むのか？

□ **研究場所の選択**
海外に留学するのか？　国内でポスドクになるのか？
□ **研究期間の選択**
何年間ポスドクとして生活するか？

B) 成功するために必要な資質

研究を行うために特別な資質が必要であるか？という問いには，「ない」と答えることができる．しかし，プロの研究者になるための資質は必要である．それは誰しも野球をすることはできるが，誰でもがプロの野球選手にはなれないのと同じである．数学者の藤原正彦は，『数学者の休憩時間』と題するエッセイで，数学者として成功するために必要な資質（性格条件）について述べているので，一部抜粋する．

「数学者として成功するには，数学が好き，とか数学の成績がよい，というだけでは不十分である．いくつかの性格条件を満たさなければならない．
① 野心があること．未開の領域に挑むには相当の野心を必要とする
② 執拗であること．未解決の問題の解決は容易でない．だからこそ未解決で残っている．それを攻め落とすには，かなり執拗な攻撃とこだわりが必要である
③ 楽観的であること．研究とは失敗の連続であ

教官選考とインパクトファクター

大学や大学院の教官を選考する場合などにインパクトファクターが使用される場合がある．教官選考においては，多くの研究者の業績を比較し，より組織に貢献してくれる可能性の高い研究者を選ぶ必要がある．もちろん，大学は教育を行うところでもあるので，教育ができること，あるいは医学部の臨床系の教官の場合は，臨床医としてのさまざまな資質と素養が問われるのであるが，ある一定以上の研究業績がなければならないのは歴然とした事実である．しかし，研究分野が異なると，研究業績を評価するのは非常に困難である．そこで考えられた評価の1つが，業績のインパクトファクターの合計という数字である．単に，論文の数だけを比較するよりは，ましかもしれない．

る．自分の能力について悲観的では，攻撃精神はなえてしまう」

このように数学者としての成功の条件は5割が頭脳で，5割が性格だと彼は考えている．ある化学者は，化学の場合は性格が9割と思っているらしい．

1 体力と性格

バイオ研究の分野ではどうだろうか？ 私は，8〜9割が体力と性格であると思っている．数学や理論物理学においては，十代で芽がでないと諦めたほうがよいと言われている．実は，私自身，諦めたグループに属している．同様に，理論系の学問にはプロにはなれない壁が若いうちに存在する場合がある．これに比して，**実験系の学問は日々の積み重ねがものをいうことが多く，諦めざるをえない壁を感じることは少ない**．また，分野が広く多様であるため，研究者に適した学問領域がみつかりやすい．ただし多様であるがため，そこに到達するためには時間がかかるので，体力とよい性格が重要なポイントとなる．

2 勘

酒井邦嘉は，『科学者という仕事』において，研究者に必要なものとして，「運，鈍，根，勘」をあげている．運は幸運，鈍（どん）は楽観に繋げる精神，根は根気，**勘はセンスあるいはテイスト**であろう．科学は最も論理的な学問であるが，その発展を支えている大発見は偶然に起こり，決して論理からは生まれない．この不条理こそが，体力とよい性格を必要とするのであり，勘が必要なのである．結局，まずは大発見（幸運）を夢みて，根気よく，楽観的に努力して，勘を養っておくことが研究には必要である．初心者の資質を見抜き，それに適したテーマを与えるはずであり，与えなければならないが，それは指導者の能力と経験に依存するのも事実である．

研究者のタイプ―直感タイプとコツコツタイプ

研究者のタイプは大きく分けて2つのタイプがあるように思われる．ベバリッジは，研究者を2つの極端なタイプに分類している．"直感タイプ（Speculative）"と"コツコツ（Systematic）"タイプである．

直感タイプの研究者は，直感，想像力などにより仮説を提案し，それを実験や観察などで証明してゆく方法をとる．一方，コツコツタイプは，あらゆるデータを集め，検討し，積み上げながら結論を得る方法をとる．もちろん，実際の研究者を完全に2つのタイプに分けることはできないし，混在タイプもあるであろう．実際の研究者はその極端なタイプの間のどこかに位置しているのであろう．興味あることに，このタイプは相互に移行することはあまりなく，したがって研究者の大まかなタイプは，どちらかに決まっているようである．ある会社では，直感タイプの研究者がおもしろい発見をしたテーマについては，その後の展開は，コツコツタイプの研究者にまかせるようにしているらしい．コツコツタイプの学生は直感タイプの指導者のもとでは研究しにくいかもしれない．もちろん逆も真である．あるいは，相互に補い合い，よい結果が得られるかもしれない．あなたは自分自身がどちらのタイプかは不明であろうが，自分がどのタイプの研究者になる傾向があるかを知っておくことは，よいことであろう．

3 真摯さ

　また，もう1つ研究者として成功するための条件がある．ドラッカーは，著書『マネジメント』の「組織の精神」の項の「天才をあてにするな」という項目の中で

　「組織の目的は，凡人をして非凡なことを行わせることにある．天才に頼ることはできない．凡人から強みを引き出し，他の者の助けとすることができるか否かが，組織の良否を決定する」

と書いている．そして，その凡人において，すでに身につけていなければならない資質は，真摯さ（integrity）であり，それが唯一の絶対条件であると書いている．研究者も同じであり，誠実に研究を行う資質があることが絶対条件であろう．

◆　◆　◆

私の本棚

『数学者の休憩時間』
藤原正彦／著，新潮社，1993

→著者は，『国家の品格』（新潮新書）などの著書で有名になっているが，数学者の随筆家として有名である．この本もその1つである．

『科学者という仕事―独創性はどのように生まれるか』
酒井邦嘉／著，中央公論新社，2006

→科学者の仕事を通じて，独創性がどのように生まれるかを追求した本である．独創性は生まれながらの能力ではなく，学習して鍛えて生まれるものである．

『マネジメント［エッセンシャル版］―基本と原則』
P. F. ドラッカー／著，上田惇生／訳，ダイヤモンド社，2001

→企業経営者にとっては，有名な本であるが，理科系の研究者には縁がない本かもしれない．しかし，実は，研究のマネジメントにも通じるところがあり，それを意識して読むと役に立つ知恵が詰まっている．

3 イノベーションを生む研究者になるために

　既成の概念を打ち破る新しい考えや成果をイノベーションと名付けておこう．最近のイノベーションの典型的な例は，2006年に，京都大学再生医科学研究所教授である山中伸弥と特任助手だった高橋和利らにより，Cell誌に発表された研究で，マウスの胚性線維芽細胞に4つの因子（Oct3/4, Sox2, c-Myc, Klf4）を導入することでES細胞のように多能性をもつマウス人工多能性幹細胞（iPS細胞：induced pluripotent stem cell）を確立したことであろう．このような画期的な研究はまさにイノベーションと呼ぶにふさわしい．それでは，このようなイノベーションを生む研究はどのようにすればよいのであろうか？ あるいは，特別な才能がないとそれは不可能なのであろうか？

A）研究の方法を習慣化する

　プロの研究者になれば，どの研究者もその可能性をもっており，たぶん最終的には確率の問題，運である．その運を引き寄せるためにまず，最低限身に付けておかなければならないのが，科学研究の方法である．それは決して特別なものではなく，日常的に行われていることである．例えば，殺人犯を探す刑事の仕事について考えてみる．刑事はどのような事件であろうと，その犯人を見つけなければならない．刑事は事件を解決するための方法，聞き込み，張り込み，指紋採取などのスキルをもっており，それを使用して犯人を見つけるプロである．ある意味で，研究者も同様である．研究者は，**どのようなテーマであろうと，それに関係なく，科学的なアプローチにより研究成果を出すことができ，それを解決す**

る方法をもっていなければならない．それが「研究の方法」である．

研究の方法を，図1-1に示す．研究は，テーマあるいは問題の設定から始まる．大きなテーマから小さなテーマまでさまざまであるが，まず大きなテーマを選び，そのテーマに関する勉強から始めなくてはならない．有効な勉強法は，そのテーマの専門家の講義を受けることである．情報の収集法については，第3章を読んでいただきたい．情報収集の結果からさらに小さなテーマを選び，そのテーマに最もふさわしいと考えられる研究方法をまとめる．ここで特に重要なことは，仮説の提案である．「この遺伝子はがん化の過程に関与している」とか「この酵素の基質は○○である」などの仮説に基づき，どのような観察や実験を行えばよいかを考察する．**仮説の提案→演繹と予測→観察と実験→議論と結論→研究成果の公表**によって終了する流れが，研究の一般的な方法である．その後は，また次の仮説の提案から始まる過程を繰り返すことになる．この方法はあらゆる問題や研究テーマに適応でき，この方法を身に付けることが，研究者には必要である．

① 研究テーマの設定（第3章）
→ ② 研究テーマに関する情報の収集（第3章）
→ ③ 研究プロトコールの作成（第3章）
　過去の観察，実験，思考から仮説を提案する
　仮説から演繹される予測を行う
→ ④ 観察・実験プロトコールの作成（第3章）
→ ⑤ 観察・実験の準備（第5章）
→ ⑥ 観察・実験の実施（第4・7章）
　予測が正しいかどうかの観察あるいは実験を行う
→ ⑦ データ解析（第8章）
→ ⑧ 研究成果の検討（第8章）
　観察あるいは実験結果を検討し，仮説が証明されたかどうかを判定する
→ ⑨ 研究成果の学会での発表（第8章）
→ ⑩ 新しい仮説の提案
→ ⑪ 研究成果の学術論文での発表（第8章）

場合によっては③〜⑦を繰り返すことになる

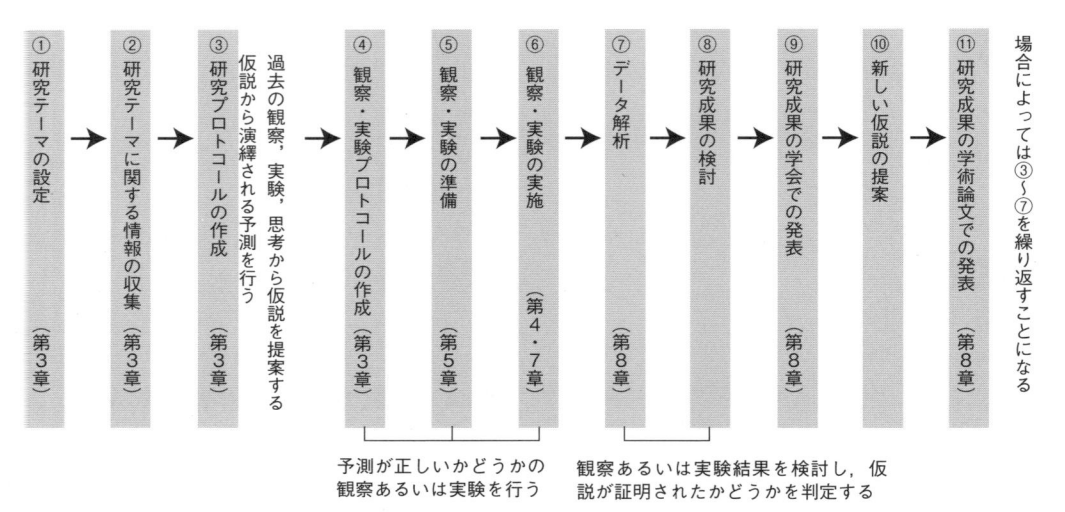

図1-1 研究の流れ

何か1つ得意な技術をもつ

なにはともあれ研究者として生き残るにはどうしたらよいか？　それは何か1つ得意な技術をもつことである．1つの研究テーマはその得意な技術の改良と開発になる．研究費の豊富な研究室か企業の下請けの研究を行うか，あるいは共同研究を行い技術を提供し，データを出すことにより研究費の一部を負担してもらい，自分の興味あるテーマの研究を行う．通常，研究費があらかじめ用意されることはめったにない．研究者がよい仕事をして，実績が上がってくると，それにつれて研究費は遅れて増加する．したがって，研究費がないときによい仕事をしないと，研究費が来ないという矛盾が生じる．ある有名な研究者は，退職金で払う覚悟で借金をして，研究を行ったとおっしゃっていた．研究費は後からついてくるものであるが，そうした事態も得意技術をもつことで乗り越えていけるだろう．

B）創造する精神をもち続ける

　科学の進歩は急速であり，その速さは実際に私の予想をはるかに超えるものである．例えば，DNAの塩基配列の決定について考えると，1986年頃にサンガー法による塩基配列が自動化され，2003年にヒトゲノムが決定されたのも驚きであるが，2011年においては，次世代あるいは次次世代のシークエンサーが発明され，数日でしかも低コストでヒトの塩基配列が決定される時代になった．そのようななか生き残っていくためには，どのような姿勢が必要だろうか？　常に新しいことを導入し，開発し，発見／発明しなければ研究の進展はない．**新しいことを行うと必ず失敗するし，成果を得るのに時間がかかる．しかし，それにチャレンジしないと未来はない．**

　これまで得られた教科書に掲載されているバイオの知識などは，多くの研究者が研究を行い，苦労して得た研究成果が基礎になっている．「DNA」や「mRNA」についても，その発見には多くの研究者のドラマがあったはずである．しかし，実際にバイオ科学が発展する過程について学ぶことはほとんどないであろう．科学は論理的なものであるが，科学の発展そのものは，論理的ではない．実際，例えばDNAの構造を発見したワトソン自身が執筆した『二重らせん』には，ワトソンらが女性科学者ロザリンド・フランクリンの研究成果を盗用したとも言える場面も紹介されている．Nature誌の論文を読んでも，そのような生々しいことわからない．彼らをはじめ先人のドラマの一部は第9章で紹介する．**先見の明とセレンディピティー**という2語が，彼らの歩みをひもとくキーワードである．

◆　◆　◆

私の本棚

『二重らせん』
J. D. ワトソン／著，中村桂子，江上不二夫／訳，講談社，1986

→DNAの二重らせん構造の発見物語であり，著者がその発見者の一人であることがユニークである．

学費

　国立大学法人の大学院の授業料は年額535,800円であり，高額である．このような金銭面の負担があるが，研究者をめざすのであれば進学は必須である．したがって，借金をしてでも進学をしたほうがよい．もちろん，支援制度があり，例えば，独立行政法人日本学生支援機構の奨学金を得られる可能性がある．また，日本学術振興会は，大学院博士課程在学者および大学院博士課程修了者などで，優れた研究能力を有し，大学その他の研究機関で研究に専念することを希望する者を「特別研究員」に採用し，研究奨励金を支給する．後期課程1年目の特別研究員になるためには，前期課程での成果が重要で，学術雑誌に論文が掲載されるなどの業績が必要であろう．また，教官の講義や実習・演習を補助するティーチングアシスタント（TA）や研究を補助するリサーチアシスタント（RA）になれば，いくらかの援助が得られる．

名目	組織	金額の目安	URL
奨学金	JASSO（日本学生支援機構）	3〜12万円／月	http://www.jasso.go.jp/index.html
特別研究員	JSPS（日本学術振興会）	20万円／月	http://www.jsps.go.jp/
TA・RA	各大学所属研究科	0.9〜4万円／月	－

2 ラボ生活の舞台と最低限のマナー

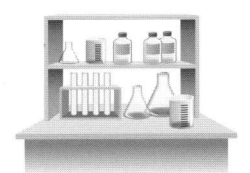

　バイオ研究を行うためには，研究を行う場所が必要です．そして，研究の場所はもちろんテーマに依存します．ゴリラの生態を観察するためには，ゴリラの住んでいるジャングルが研究の場所になるでしょう．しかし，その場合であっても，研究を行うためには，多かれ少なかれ，装置，器具が必要となります．細胞培養を行うには，無菌操作のできる場所やCO_2インキュベータなどが必要ですし，DNAの塩基配列を決めるためには，シークエンサーが必要です．研究に関する訓練は，通常，そのような設備のある研究室で行われます．ここでは，主に大学の研究室をもとに研究室について紹介します．研究所の研究室でも基本は同じことです．

1 研究室とは

A) 大学の研究室の構成員

　研究室（laboratory，lab，ラボ）の教官は，基本的には**教授**，**准教授**または**講師**，**助教**により構成されている．もちろん，この構成は研究室により異なり，場合によっては，さらに客員教授，特別研究員，ポスドクや技術職員，事務系職員などが加わる．一方，教官は准教授だけの研究室もある．大学は教育機関なので，研究室には，大学院生，学部学生（医歯学部では稀）が所属し，学位などを取得するために研究を行っている．

B) 部屋の種類

　大学の実験系の研究室は，通常下記の部屋から構成されている（図2-1，図2-2）．
　①**教員室**（教授室，准教授室）
　②**助教の部屋**（個室は少ない，学生と同居）
　③**事務室**
　④**学生の居室**
　⑤**実験室**（細胞培養室，暗室，洗浄室などを含む）
　⑥**セミナー室**，など．

　部屋の面積については，各大学の方針や研究室の方針により異なっている．多くの大学では研究室の人口密度が高く，学生1人当たりの使用可能な面積を十分に確保するのはほとんど困難である．もちろん，学生に人気のある研究室とそうでない研究室では人口密度も異なる．

　事務室は，①研究室運営の文書作成，②教授・准教授関係を中心とする電話応対，③研究費関係の書類整理と作成，④庶務との事務連絡，⑤教授スケジュールの調整，⑥准教授および研究スタッフのスケジュールの調整，⑦研究室の週間・月間予定の調整および確認をするところである．

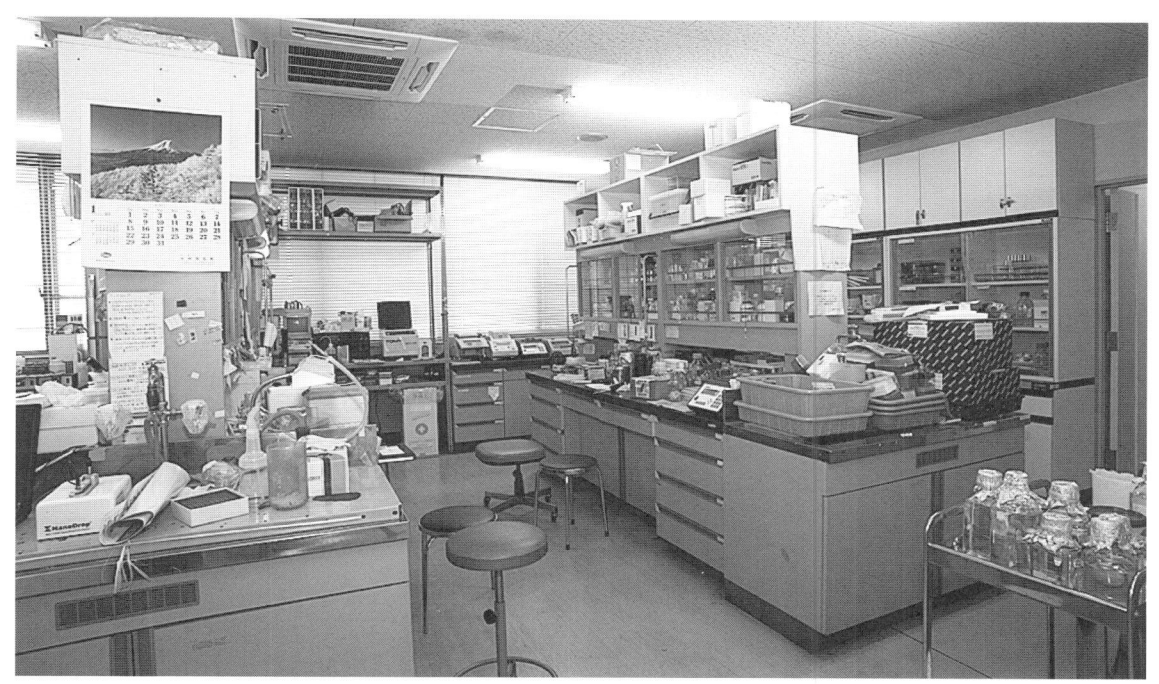

図2-1 雑然として問題の多い分子生物学用実験室
もう少し片づいていることが好ましい

c) 大学の研究体制

　研究室においてどのような研究体制が採られるかは，かなり教授らの意向が反映される．特に，教員と研究テーマ，研究室の学生との関係は教授の研究方針，好みに依存する．研究体制をあえて分類すると，大まかに3つに分類できる．

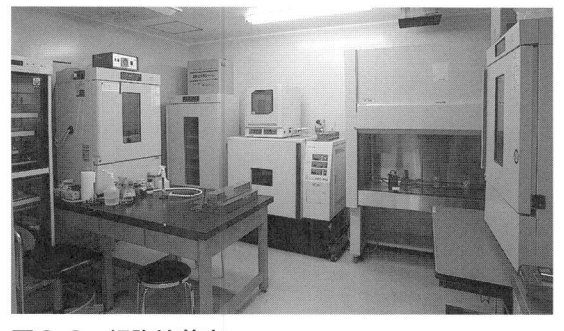

図2-2 細胞培養室

1 個人尊重型

　教授，准教授，助教がそれぞれ独立に研究を行っており，学生もレベルに応じて個人個人にテーマが与えられ，研究を行う．

2 チームプレイ型

　1つの大きなテーマを研究するため，教員，学生を含め，分業体制で研究を行う．現在のバイオ研究においては，すべての実験を個人で行うことは，ほとんど不可能になってきている．1つの生命現象を解明するためには，形態的観察，遺伝子解析，タンパク質の解析，生理学的解析などの多くのデータが必要である．それを個人で行うことは現実的ではない．システマティックに研究を行うにはチームを組むしか方法はない．例えば，教授のリーダーシップ

のもとに，それぞれの実験データを出すことにより，研究およびその訓練が進行する．

③ 中間型

①と②の中間的な研究体制である．多くの研究室は①と②の中間的な体制をとっている．

D) 研究室の精神

研究室は研究を行うところである．前述したように，チームプレイ型の研究室では，若い学生はチームの一員として組み込まれ，研究を行うことになる．しかし，それでは個人の能力に応じた教育や訓練ができない．そこで，これらを両立させるために研究室には研究室ごとの理念が存在する．それが研究のテーマを決め，研究の方向性を決めることになる．**研究室の理念を理解するようにしよう**．意識することでチームの一員として研究を支えたり，研究成果の意義を理解したりできるようになる．

□ コペンハーゲン精神

20世紀初頭に世界の科学をリードしたコペンハーゲンのニールス・ボーア研究所は，**開かれた研究所**と**若い人たちの教育**の2点を構想の柱に開所された．研究所では，研究成果やアイディアをみなで共有して議論するオープン性と，緊張感と活気に満ちた雰

研究室の選択

通常，研究の訓練を受けるためには，研究室を選ばなくてはならない．しかし，研究室を選ぶ方法などは，所属している大学や学部の事情より異なり，自由に選択できる場合もあれば，自由に決定できない場合もある．ここで強調したいことは，基本的には，「研究を行うことに関する訓練が受けられるのであれば，どの研究室でもよい」と考えられることである．研究テーマは多様であるが，研究の方法にはバイオ研究に限らず普遍性があり，その科学的方法を身に付けることが，まずは重要である．その意味で，訓練の場合，研究テーマはそれほど重要ではない．

囲気が併存する場であったとのことである．そんな，カフェのような雰囲気と，最高の知と創造のぶつかり合いという刺激に憧れて，世界中から物理学者が集まり，その顔ぶれは，アインシュタインやハイゼンベルグをはじめ，マックス・ボルン，オッペンハイマー，ノイマン，フェルミ，ヘルツ，オットー・ハーン，エーレンフェスト，ディラック，カシミールなど物理学者の世界のオールスターであった．あらゆる権威を排し，若者もノーベル賞受賞者も対等で，民主的な討論が絶えず交わされ，新しい世界に挑戦し続けることが，ボーア研究所の方針であり，この方針は「コペンハーゲン精神」と呼ばれている．この「コペンハーゲン精神」のもとで，研究を行うことは理想の1つだろう．

2 研究室生活のマナー

研究室は，教授を中心とした小さな，しかしほぼ独立した社会である．したがって，企業のように明確ではないにしても，**お互い気持ちよく過ごすため**にマナーがある．もちろん，研究室により異なるが，以下に一般的なマナーについて具体的に紹介しておく．

研究のインプリンティング現象

日本では，ほとんどの学生は，同じ大学の大学院に進学する．そのことにより，"刷り込み"現象が生じる場合もある．アメリカの大学の場合は，日本と事情が異なる．米国のスタンフォード大学の山本喜久は，『スタンフォード大学の挑戦』と題したエッセイで，次のように書いている〔日経サイエンス，29（2），1999〕．「優秀な学生，大学院生を入学させるためには，可能な限りのあらゆる努力をする．選抜の基準，方法，勧誘の手段は企業秘密なので詳しくは書けないが，他大学との競争は熾烈をきわめる．ただ1つだけ，決してやってはいけないこと，すべての大学がその教育者としての良心に従って守っていることがある．それは，［自分の大学の学部学生を大学院へ進学させないこと］．18〜28歳までの10年間に，学生たちはその人生を通して最も大きく成長する．この大切な時期に，同じ環境とカルチャーの中に学生を閉じこめておくことは，成長する芽をみすみす摘み取ってしまうようなものである．優秀な学部学生を自分の研究のために研究室に残すのは，教育者として恥ずべき行為なのだ．教育という言葉は，やはり研究の成果とは比較すべくもなく重いのである」

これは，日本の研究環境において非常に重要な問題である．動物において，生まれて初めて見る動くものが，親であると脳に刷り込まれる（インプリンティング）現象がある．人においても，若いときに研究したテーマや方法が自分の一生のものであると刷り込まれる傾向があり，研究のインプリンティング現象と呼ばれている．この現象は，若い時期に長い間同じ環境で研究を行うことにより生ずるのかもしれない．博士課程で別の研究室に移るシステムが日本にも取り入れていくべきであるが，そう簡単に制度は変わらない．しかし，自分自身が意識して，自ら自分の芽を保護することで成長していく可能性は十分ある．

研究室での大学院生の1日
(A君：26歳，博士課程2年生，専門分野：発生生物学)

　朝，9時に起床して，食事をせずに研究室に向かう．大学に行く途中のコンビニで朝食を買い，研究室で食べる．研究室には10時までに行くことにしている（マナー1）．朝食をとりながら，メールをチェックし，必要に応じて返信する（マナー2）．当番なので液体窒素を補給しておく（マナー3）．昨晩から培養していた大腸菌を回収し，プラスミド抽出を行う（マナー4）．電気泳動で確認するまでに約1時間かかるので，その間に文献を読む（マナー5）．昼食までに終了するように計画する．午後からはセミナーがあり，有名な教授の講演があるために出席する．実験を再開するのが15時となり，次のプラスミドコンストラクトを作製するためのPCRプライマーを設計して，ネットで注文する．指導している4年生がRNA干渉用の二本鎖RNAを作製するというので，その方法を教える．片付けが雑なので注意する（マナー6）．自分は，同時に in situ ハイブリダイゼーション用のRNAプローブを合成する．実験の結果の考察に教授室へ行き議論する（マナー7）．気がつくと19時になっており，夕食のために大学の近所の食堂に行く．20時に研究室にもどり，切片を作製して，明日の実験の準備をしておく．22時に帰宅する（マナー8）．

マナー1　研究室に来る

1. 研究室には決められた時間までに来る
2. 一身上の都合で休む際，あるいは遅れる際には直属の指導責任者への連絡を忘れずに行う
3. 所在ははっきり，朝，研究室に来たらまず名札などにより居場所を明示しておく（帰宅時には忘れずに帰宅と明示する）．長時間の外出の際は，直接の指導責任者に所在を明示して外出する
4. 教官やスタッフにあいさつをし，実験の予定などを確認する
5. 決められた曜日には，掃除などを行う
6. 研究室内では各自安全性の高い履き物を着用する

◆　◆　◆

マナー2　雑務をこなす

1. コピー機器の使用は原則として研究や公用のみに用いる
2. 個人のデータは個人用の記録メディア（CD-RやUSBメモリーなど）を使用し，個人で管理する
3. 研究室外から電話がかかってきた場合は，研究

研究室での教官の１日
（B先生：52歳，大学教授，専門分野：生化学）

　朝，7時半に起床して，食事を取りながら新聞を読む．8時半に出勤．大学に9時15分ごろ到着する．事務職員はすでに出勤しているが，ほとんど学生は来ていない．教授室に入ると，まずコンピュータを立ち上げ，e-mailを見る．夜のうちに外国からのメールが入っている．1つは学会の案内，プラスミドの分与依頼などである．会議の通知や，Natureなどから毎週木曜日に目次などがメールで送られてくる．いくつかの急ぎのメールに返事を書く．すでに締め切りの過ぎている依頼原稿を書くために，ワープロソフトを立ち上げる．30分ほど集中していると，実験の指示の確認に，学生Aが教授室に来る．15分くらい議論していると，電話が鳴る．B教授から，研究打ち合わせのための日程の問い合わせである．学生Aと議論を再開していると，新製品をもった業者が突然訪問してくる．議論を中断して，製品の話を聞く．試供品の酵素を頼む．学生Aとの議論が終わると，また原稿を書こうとするが，別の学生の実験結果が気になり，実験室に行き，学生を探すがいないので，あきらめ，別の学生と話す．お腹が空いて気がつくと，13時前である．学生を適当に誘って，食堂へ行く．14時前に教授室に戻り，共同研究の打ち合わせにC教授に電話する．学生Bが実験のことで質問に来る．指示を出していると，15時前になり，学内の委員会に出席するために，会議室に行く．17時に会議が終わり，お茶を飲んで，また原稿の執筆を始めるが，電話が鳴り，D先生からの人事の問い合わせである．学生Aが結果をもってきたので議論する．インターネットで文献検索をして，読まなければと思った論文を打ち出し，それをもって帰宅する．気がつけば，19時である．

室名を告げ，丁寧に応対すること．伝言を受けた場合は，指定の用紙に，時間，伝言など指定の項目を書き，必ず電話を受けた者の名前を記入しておくこと．緊急時，および研究連絡などの公用以外での私用電話の利用は認められていない

4 お茶，コーヒーなどはセルフサービスで，各研究室の指定された場所で飲む．ただしカップは自分のものを用意し，来客用カップは使用しないこと．また飲み終わったカップを机の上などに放置したりせずすぐに片付けること．その場所で飲食をしたら後片付けを行い，必ず元よりもきれいな状態にしておく．また使用した椅子は元に戻し，引いたままにしておかないこと（席を立つとき，後ろを振り返る習慣をつけよう）．また，実験室での飲食は組換えDNAの規則などにより，また試薬との混同による事故を避けるため，禁止されている

◆　◆　◆

マナー3　当番の仕事

実験室内でのいくつかの仕事は当番を定めて処理されている．研究室全体の当番には積極的，かつ自主的に参加し，怠慢のため研究室全体が動かなくなることは避けなければならない．自らが研究室に奉仕することによってほかの人の実験の助けにもなり，ひいては自分の実験もやりやすくなるということを知って欲しい．

1. 液体窒素当番：当番は指定された期日までにタンクの口まで液体窒素を補給し，当番表にチェックする
2. 掃除当番：研究室内／共同利用室／動物室／RI室の掃除の当番があり，指導者の指示に従う

◆ ◆ ◆

マナー4　実験の原則

所定の時間内に実験が終了するように実験計画を立て，この時間外の実験は可能なかぎり避ける

◆ ◆ ◆

マナー5　利用のマナー

図書

1. 研究室内図書および雑誌：図書はなるべく研究室の中で利用し，もち出す際は貸し出し簿に，書名と日付，自分の氏名を明記する．最新着の雑誌は研究室からもち出し禁止である．雑誌を見たら机の上に置きっぱなし，見っぱなしにしないでもとの棚に戻す．古いバックナンバーの雑誌は所定の棚に保管する
2. 学科内図書室：使用予定者は原則として事務室にて予約すること．使用に際しては，学科内図書室のルールを厳守する．使用者，日時を所定の使用者ノートに記入する

事務室

事務室のものを使用するときは，機密文書などが保管されているので一言スタッフに断ること．無断で引き出しやキャビネットを開けない

ネット環境

研究室のネット環境はインターネットを教育・研究・大学の事務処理に使うことを目的に設置されている．以下に記載するような犯罪行為・社会常識に反するような行為・教育機関としてのふさわしくない行為は絶対にしてはいけない．

① 自分のアカウントを他人に使わせること
② 公序良俗に反すること
③ 営利を目的とすること
④ 特定の宗教の布教活動を行うこと
⑤ 特定の政治団体・政党・結社による宣伝・政治活動を行うこと
⑥ 誹謗中傷やプライバシーを暴露すること
⑦ 著作権や版権の侵害になる行為
⑧ 他の機関などのネットワークやサーバに対するクラッキング
⑨ その他の非常識な行為

他の行為で一般社会の常識から考えて禁止されていることは，インターネット上でも決して行ってはいけない．

◆ ◆ ◆

マナー6　片付けの原則

1. 実験器具の洗浄はおのおのがその日のうちに行う（第5章参照）
2. 洗浄した器具はドライシェルフで乾燥させておく．乾燥したらすみやかに元の位置に戻す
3. やむをえず翌日洗う場合はその旨と名前を明記し全体を水につけ，汚れがこびりつかないようにする

◆　◆　◆

マナー7　質問と議論について

さまざまな会合などにおいて，一方的なプレゼンテーションの後には，必ず質問の時間が用意されている．一方，大学の研究室でも何かを決定したりする場合には議論を行う（ただし，例えば学部4年生と教員ではあまりにも知識の差があり，議論にならないのが現状である）．

1. 質問しようという積極的な意識でプレゼンテーションを聴く
2. 的を射た質問をするために，あらかじめその内容を調べておく
3. 知識がなく議論に参加できない場合は，その議論の内容を理解できるためには，何を学習しなければならないか？を学ぶようにする
4. いずれにしても，建設的な議論を行うこと

◆　◆　◆

マナー8　帰宅する前に

1. 退出時には各自の使用した機器・実験器具の後始末，安全点検，必要があればごみ処理を行う
2. 最後に研究室を退出するものは，所定のマニュアルに従い，研究室全体の安全点検を行い鍵を閉めて退室する

◆　◆　◆

そのほか

1. 建物の入口は指定の時間は施錠される．その時間帯に建物に入る場合は，暗証番号またはカードなど指定の方法を用いること．早朝および深

研究室を巣立つとき：立つ鳥あとを濁さず

　研究室での経験を生かし，日本あるいは海外の研究室，あるいは企業の博士研究員として，世界に飛翔し活躍しよう．博士研究員になるには，どの研究室でさらに研究を続けるかを考えながら，1年以上前から準備する．
　退籍するときには，以下に掲げるものを担当教官に渡し，教官の許可をもらった後，退籍すること．

- ☐ 研究室入り口の鍵
- ☐ 実験ノート
- ☐ 実験データが保存された記録メディアなど
- ☐ プラスミドDNA一覧表および保存場所
- ☐ 細胞一覧表および保存場所
- ☐ 試薬類一覧表および保存場所
- ☐ 新しい住所と連絡先

夜自分以外に誰もおらず，主実験室を離れる際には，盗難を防ぐために鍵を締める．研究室の鍵の一部は各人に貸与するが，鍵のコピーなどを個人的に行うことは厳禁する．そのほかの部屋の鍵は研究室内の所定の位置にて保管する．使用した際はすみやかに返還すること

❷ 危険防止のため研究室での宿泊は原則として禁止されている．やむをえない場合は，研究室の他の人（望ましくは直接の指導者）と複数で残ることが望ましい

❸ 初心者が夜間・休日に単独で研究室に残ることは避ける

◆ ◆ ◆

3 研究室の行事

研究室内のコミュニケーションを円滑にして，お互いに研究を進展させるために，さまざまなミーティングやイベントが開かれている（図2-3）．

A）プログレス・レポート

研究の進展状況を報告し，議論を行うために，毎週指定された時間に，プログレス・レポートを行う．開始時間は厳守し，全員仕事を中断しミーティング

図2-3 研究室の行事
徳島大学では各学科が阿波踊りの連をもっており，生物工学科は「螺旋連」をもっている．例年8月12日から15日まで徳島市は阿波踊りで賑わうが，その一端を担っている

に参加する．プログレス・レポートでの情報は未発表のものや，他研究室との共同研究のデータを含む場合もあるので，研究室外には口外しない．使用したプリントなどは教官が管理するので，ミーティング終了後スタッフに提出する．

B) ラボセミナー，抄読会

お互いに情報を交換するために，また初心者は発表の訓練のために，**興味ある論文や最近勉強したことなどをお互いに紹介する**時間をもつ．毎週指定された時間に行う．昼食をとりながらランチセミナーとして開く研究室もある．

C) ラボミーティング

研究室の運営に関する打ち合わせのために開くミーティングである．この会に参加することは短時間であれ，当研究室に在籍するものすべての義務とする．研究室内で生じる種々の問題について提議し，話し合うため，積極的にこの場を利用する（ミーティング終了後，全員で実験室の清掃を行う）．

D) そのほかのセミナーなど

1 自主セミナー

自主参加のセミナーを適宜行う．オーガナイザーはその計画についてアナウンスし進行する．

2 グループミーティング

研究室全体で発表するプログレス・レポートのほかに，各グループでインフォーマルで実践的なディスカッションを行う．グループ以外の人でも興味があれば出席を歓迎していることが多い．

3 定期的な研究発表会

研究室，学科，学部単位で定期的な研究発表会が開かれている場合もある．

③ 研究をマネジメントする5つのステップ

　研究者として成長するためには，研究を効率的にマネジメントすることが必要です．研究室にただ在籍するだけでは成長しないのです．特に重要なことは，時間のマネジメントです．1日は24時間であり，これは平等に与えられています．しかし，この24時間をどのように使用するかが，将来を決めると言っても過言ではないでしょう．多くのバイオ研究者の成果は，どれだけ多くの時間を効率的に研究に費やすことができるかに依存するでしょう．そのためには，時間をどのように使用しているかを記録し，時間をまとめて研究に集中できるように自分の時間を管理することが必要です．そのために必要なステップに関する5つの項目，①研究のテーマ，②情報収集，③研究スケジュール，④実験計画，⑤ラボノートについて紹介し，どのように研究をマネジメントすればよいかを紹介します．

1 研究のテーマを決める

A）何でも研究テーマになりうる

　研究のテーマを決めることが，研究の出発点である．研究テーマはどのようにして決めればよいのだろうか？

　大きな学会，例えば日本分子生物学会などに参加すると，約9,000人の研究者が参加し，約4,000題の研究発表をする．もちろん類似した研究もあるが，学会で発表する限りは，新しい知見を含んでいるはずである．「これだけ多くの異なる研究テーマがよくあるな！」と驚くほどである．分子生物学会の研究テーマは，遺伝子に関する研究はもちろん，脳の機能の研究，がんの研究，発生の研究などである．あるいは，基礎的なテーマから応用的なテーマ，ゲノムプロジェクトのような網羅的な研究から1個の遺伝子に着目した個別的な研究，方法の開発などなどである．極端に言えば，何でも研究テーマになりうる．これは当然なことで，生物は多様であり，奥深く，わからないことだらけなので，**研究のためのテーマは無限に存在する**．この無限にあるテーマの中から，自分が実際に研究するテーマを1つまたは2つ決めなければならない．どの研究者も自分のテーマを選択し，研究しているのである（テーマを選択した理由というのは，意外に科学的ではなく，人間関係，研究費，地理的な制約などにより決定されている場合が多いのが実情であろう）．

　もし，研究テーマによいものと悪いものがあるとすると，それはどのように評価されるのであろうか？よい研究テーマとはいったいどんなテーマなのだろうか？ハリーらは**よい研究テーマの条件として，"FINER"をあげている**（表3-1）．しかし，初心者のあなたにとってはどのような研究が実施可能で，価値があり，新しいのかわからないだろう．では，

表3-1 よい研究テーマの備えるべき条件（FINER）

Feasible（実施可能であること）
・対象が適切であること ・研究に要する専門的知識や技術が可能な範囲であること ・研究に要するコスト（時間と経費）が適切な範囲であること ・研究テーマの範囲が広すぎないこと
Interesting（本当に興味をもてるテーマであること）
Novel（新たな知見を加えるものであること）
・過去の知見の再認識，あるいはその問題点を指摘するものであること ・過去の知見を発展させるものであること ・新しい知見を加えるものであること
Ethical（倫理的であること）
Relevant（研究する必要のあるテーマであること）
・科学の進歩に貢献すること ・将来の研究の発展に貢献すること

S. B. ハリー『医学的研究のデザイン』（MEDSi, 2009）より

どのようにしてテーマを決めればよいのだろうか？

B) 初心者の研究テーマ

初心者にとって，さまざまな研究テーマの中から実際に行う研究テーマを1つ決定するのは，非常に困難である．無限なテーマの中から，どれを自分の研究テーマとして選ぶかは，初心者の場合，所属した研究室に依存する．ほとんどの学生が非常に限られた知識に基づき，あるいは個人的な理由，例えば教官が優しそうだとかある教官のテーマがなんとなくおもしろそうだとかに基づき，研究室を選択することを考えれば，初心者の研究テーマは偶然に決まると考えてよい．初心者にとって重要なことは，どのようなテーマであれ，**正しく研究を行うこと**である．つまり，どのようなテーマであれ，研究を行う技術と方法を習得することが初心者にとって重要なのだ．研究を行うことにより，次第に技術が洗練され，知識が豊富になり，いずれ自分自身で研究テーマを選ぶことができるようになるだろう．しかし，たとえ与えられたテーマにしろ，自分自身でそのテーマについて考えて，自分なりの価値観はもっておくべきである．

研究の指導者は，指導する学生に対して，どのように研究テーマを設定するのだろうか？よい研究テーマの条件として"FINER"を紹介したが，どんなにおもしろく，価値がある研究でも，あなたがその研究を実施可能でなければ，机上の空論になる．指導者はまず，さまざまな要因を考慮し，初心者が実施可能なテーマを選んでくれるはずだ．

C) 研究テーマは研究期間に依存する

研究期間は，特に学生にとっては重要である．ある期間内に研究成果を出し，発表しなければならない．医学・歯学研究科では4年，そのほかは博士前期課程を含めて5年の期間に学位に値する研究をしなければならない．医学・歯学研究科以外では，卒

論のための１年間，修士論文のための２年間に高度な実験技術をマスターしている場合もあるので，博士課程において，かなり高度な研究が可能である．一方，医学・歯学研究科の場合は，基礎的な訓練を含めて４年なので，より条件は厳しくなる．しかも，臨床の研究室であれば，さらに時間的な制約がある．このように研究期間が異なる場合には，当然，研究テーマも異なる．ある程度の時間がある場合には問題はないが，短期間で研究成果を出すためには，テーマの選択にそれなりの考慮が必要である．

1 最初の１～２年間の研究テーマ

初心者の場合は，最初の１～２年間は入門期間である．基礎技術の習得，基礎的な勉強が主である．研究テーマは形式的には与えられるが，実際には指導者の研究テーマの一部である．しかしこの期間の努力の仕方によって次のステップにスムーズに移行できるかどうかが決まる．

銅鉄実験という言葉がある．銅鉄実験とは化学の分野でよく言われた，銅を使用して行った実験と全く同じ実験を鉄で行うことである．オリジナリティーのない実験を揶揄して使われる．しかし，生物の分野においては，まだ，実験してみなければ，結果はわからない場合も多い．いずれにしても，初心者が短期間で，ある一定の研究成果をだすためには，このようなテーマが最適である．たまに，驚くべき発見があるので，指導者は，それを期待しながらテーマを決める．

2 ３～５年目の研究テーマ

１～２年間の入門の時期が過ぎると，ある程度の基礎技術を習得し，研究の流れが少しわかってくる．この時点で，指導者の研究テーマではあるが，その中からある程度独自に研究を進めることができるテーマが与えられる．したがって，後に述べる研究プロトコールや実験プロトコールを独自に作成し，指導者と議論をしながら研究を進める．最終的には，論文を書けるように努力する．

研究室にこれまで使用していなかった実験方法，新しい技術の開発，実験材料の開発など，指導者があまり得意でない方法や材料を使用した研究テーマが与えられる場合もある．実際，指導者が研究室に新しい技術を導入したい場合など，技術習得のために，学生を別の研究室に派遣することもある．

オリジナルな研究テーマを選べば選ぶほど，教えてくれる指導者はいなくなる．その場合，学生は自分で，新しいことにチャレンジし試行錯誤しながら研究を進めなくてはならない．

D) 研究テーマは研究費に依存する

研究費が年間１億円もある研究室もあれば，100万円で研究しなければならない研究室もある．当然，研究テーマは異なるだろう．

研究費のシステムは各大学や研究所によって異なる．国立大学であれば，公費と呼ばれる研究費が各教官に割り当てられているが，電気代や電話代なども公費から支払われるので，実質的な研究費として使用できるのはわずかである．**公費だけでは研究ができないので，研究を行いたい教官は，外部資金を獲得しなければならない**（表3-2）．例えば，文部科学省に科学研究費補助金を申請し，採択されれば，研究費が得られる．採択率は20～30％である．他の省庁，各種財団から研究費を獲得することも可能である．また，企業との共同研究も最近は推進されている．いずれにしても，研究を行うための研究費集めは，その研究室の教授（准教授）の最大の任務である．

分子生物学的方法を用いて，かなり活発に研究を行うと，通常，大学院生１人当たり，最低年間約120万円の研究費が必要である（表3-3）．もし，10

表3-2 大学研究機関における研究費の由来

① 公費	大学の予算より各研究室に割り当てられる費用
② 科学研究費補助金	文部科学省,日本学術振興会が公募する競争的研究費
③ 各省庁の公募事業	府省共通研究開発管理システム e-Rad（http://www.e-rad.go.jp/）参照
④ 各種団体からの研究助成金など	公益財団法人 助成財団センターのホームページ（http://www.jfc.or.jp/）参照
⑤ 企業との共同研究	受託研究費や寄付金＝委任経理金

表3-3 分子生物学関連の実験に必要な消耗品の購入費（1人・1カ月の当たり）は約100,000円

(内訳,単位円)

●酵素・キット類		●試薬類		●その他の消耗品	
制限酵素	3,000	緩衝液用試薬	1,000	イエロー・ブルーチップ 〔(1.7円/本)・(1.9円/本)〕	6,000
PCR用酵素キット	21,000	ミネラルオイル	1,000	手袋（7.35円/枚）	1,000
シークエンス用キット	10,000	アガロース	3,000	エッペンチューブ類 （1.5mL：3.9円/本, 0.2mL：8.8円/本）	6,000
cDNA合成キット	4,000	プライマー	8,000	細菌用シャーレ（75円/枚）	2,000
泳動マーカー類	4,000	培地用試薬	2,000	紙類：キムタオル（1.5円/枚） キムワイプ（0.85円/枚）	1,000
その他抽出・精製用キット	25,000	コンピテントセル	2,000		
小計	67,000	小計	17,000	小計	16,000

人大学院生がいれば,1,000万円以上の研究費が必要なことになる.これだけの研究費を獲得するためには,教授は大変な努力が必要である.あなたが,どれだけの研究費を使用することになるのか,知っておいたほうがよい.

私の本棚

『医学的研究のデザイン
　―研究の質を高める疫学的アプローチ 第3版』
S. B. ハリー/著,木原雅子,木原正博/訳,
MEDSi,2009

→本書は疫学的な研究方法に関する手引き書で,その入門から統計的解析までを丁寧に説明している.原本はUCSFの疫学・生物統計部の教科書として使用されている.

2 研究テーマに関する情報収集

テーマを選択したり,与えられたりした場合に最初にしなければならないことは,そのテーマについて,どこまで解決され,いま何が問題であるか？ を調べることである.そして自分なりの仮説とその証明法を提案することが次のステップとなる.

A）与えられた論文を徹底的に読む

指導者は,まず,与えられたテーマに関する論文を紹介するだろう.その論文をスミからスミまで,詳細に読み,理解することから研究は始まる.論文には必ず引用文献があり,その引用文献を調べるこ

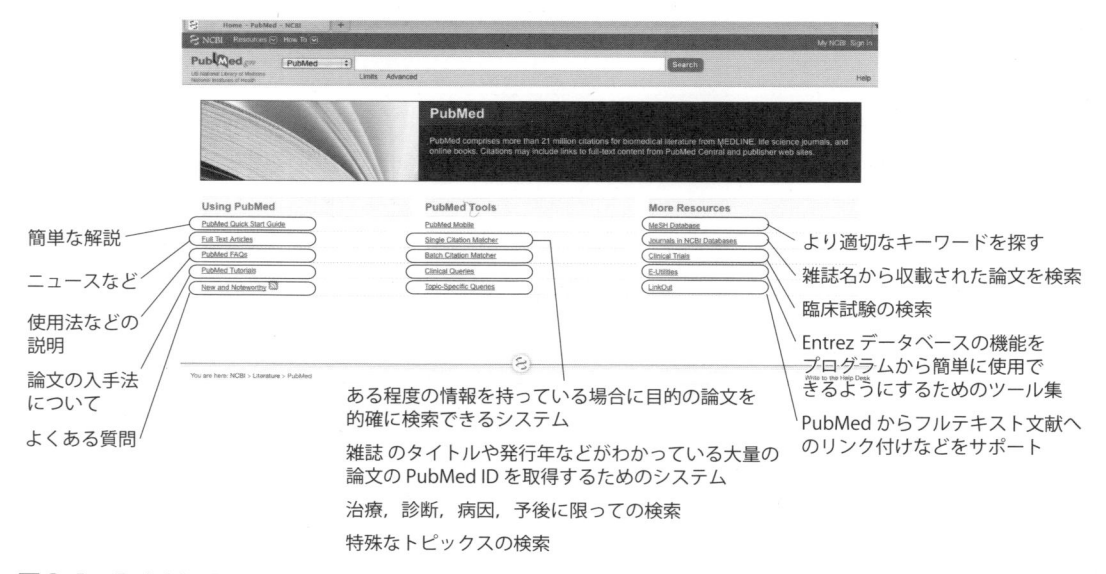

図 3-1　PubMed
http:// www.ncbi.nlm.nih.gov/entrez/

(左側ラベル)
- 簡単な解説
- ニュースなど
- 使用法などの説明
- 論文の入手法について
- よくある質問

(中央ラベル)
- ある程度の情報を持っている場合に目的の論文を的確に検索できるシステム
- 雑誌のタイトルや発行年などがわかっている大量の論文のPubMed IDを取得するためのシステム
- 治療，診断，病因，予後に限っての検索
- 特殊なトピックスの検索

(右側ラベル)
- より適切なキーワードを探す
- 雑誌名から収載された論文を検索
- 臨床試験の検索
- Entrezデータベースの機能をプログラムから簡単に使用できるようにするためのツール集
- PubMedからフルテキスト文献へのリンク付けなどをサポート

とにより，研究や実験の内容がさらに理解できるしくみになっている．引用文献はPubMedにアクセスして検索すれば，通常入手可能である．

通常，英語の論文を読むことになるので，英語の読解力が要求される．英語の小説などと比べれば，わかりやすく書いてあるので，問題は専門用語（technical terms）である．専門用語を訳すためには，当然専門用語の辞書が必要である．どの辞書がよいかは，指導者に相談するのがよい．また，その用語の意味を理解するためには，翻訳された教科書の索引を利用するなどの工夫が必要である．論文の読み方の一例を下記に紹介する．

□論文の内容を完全に理解する．理解できない場合は，引用文献も調べる
□問題意識をもち論文を読む．批判的に論文を読む．どの論文も完璧であることはほとんどなく，必ず欠陥があり，また未解決の問題が多くあるので，それを箇条書きに抜き出す
□自分の研究テーマとの関連を考える
□できれば，指導者や同僚の前で，論文の内容と自分の考えを発表し，議論する

B）文献を探す入口

最も簡単に新しい情報が得られるのは，**PubMed**である．PubMedとは世界約70カ国，約5,000誌に掲載された生命科学関係の文献を検索できるデータベースである．

アクセスしてキーワードを入力すれば，最近の文献が表示され，要旨も読むことができ，関連文献，雑誌のホームページへのリンクも可能になっている．多くの機能があり，それらを図3-1に示した．

PubMedを運営している米国立生物工学情報センター（NCBI）サイトにはMy NCBIと呼ばれるツールがあり，PubMed検索利用時に利用者が自分で使用方法に合わせてカスタマイズできる．例えば，キーワードを登録しておくと，それに関連した論文タイトルがヒットすれば，自分のメールアドレスに送信してくれるツール，メールによるアラート機能がある．これは非常に便利である．

表3-4　チェックしておきたいサイト・データベース

分類	サイト名（正式名称）	運営組織	URL
核酸配列	DDBJ（DNA Data Bank of Japan）	NIG	http://www.ddbj.nig.ac.jp/
	→日本のDNAデータバンクのホームページ．国際的な核酸配列データベース提供に加えて，BLAST，FASTAなどのホモロジー検索システムおよびアライメント解析ツールなどのインフォマティクスツールを提供している．		
	Ensembl	EBI	http://www.ensembl.org/index.html
	→EMBLとEBIの共同プロジェクト．EBIはヨーロッパのEMBLのOutstationの1つであり，DNA，タンパク質情報データベース（EMBL Database）をもつ．		
	GenBank	NCBI	http://www.ncbi.nlm.nih.gov/genbank/index.html
	→米国の世界最大量のDNA情報を格納した核酸配列データベースをもつサイト．		
タンパク質関連	PIR（Protein Information Resource）	UD/GUMC	http://pir.georgetown.edu
	→国際的なタンパク質/アミノ酸配列データベースサイト．		
	SWISS-PROT & TrEMBL	EBI	http://www.uniprot.org/
	→タンパク質/アミノ酸配列データベースをもつサイト．SWISS-PROTは，研究者が人手でハイレベルのアノテーション（付加情報）をつけたタンパク質/アミノ酸配列データベース．TrEMBLは，コンピュータにより自動でアノテーション（付加情報）をつけたタンパク質/アミノ酸配列データベース．		
	GenPept（NCBI Protein Database）	NCBI	http://www.ncbi.nlm.nih.gov/protein
	→英国EBIのサイトから公開されているアミノ酸配列データベース．GenBankに登録されている核酸配列のコード領域を翻訳したアミノ酸配列データベース．		
生物	ヒトゲノム解析センター	東京大学	http://www.hgc.jp/japanese/
使い方	NCBI Mini Courses	NCBI	http://www.ncbi.nlm.nih.gov/Class/minicourses/ （日本語）http://www-bird.jst.go.jp/minicourses/
	東邦大学メディアセンター本館	東邦大学	http://www.mnc.toho-u.ac.jp/mmc/pubmed/index.html
	医学用語を歩く		http://homepage3.nifty.com/sisoken/SonogoPubMed.htm

核酸配列データベースをもつ世界三大サイトGenBank, DDBJ, Ensemblは，三者が情報交換しながら連携して，"国際データベース"として運営・維持されている

c) 最初に押さえておきたい便利サイト・データベース

情報通信技術（Information and Communication Technology：ICT）の発達により，多くの情報がインターネットから入手できるようになった．

NCBIが，**NCBI Mini Courses**において，公開している解析ツールやデータベースの実践的な使用方法を紹介している．NCBI Mini-Coursesは「疾患関連遺伝子の同定」のような問題解決型のテーマや「Map Viewerクイックスタート」のようなNCBIで提供しているサービスについての講習会を全米各地で開催し，その際の講習内容をウェブサイトで公開している．1コースは，1時間半の講義と1時間の実習から構成されている．My NCBIへのアカウントの作り方からMy NCBIを使った検索式の保存方法，メールによるアラート機能，検索時のフィルタ機能の使い方も紹介されている．JSTは，NCBI Mini-Coursesを日本語に翻訳し，独自に補足説明を加え，**NCBIミニコース日本語版**として公開している．

DNAの主なデータベースは，USAの**GenBank**，ヨーロッパの**EMBL database**，日本の**DDBJ**で

ある．タンパク質の主なデータベースはPIR，SwissProtである（表3-4）．生物に関連する主なデータベースは，東京大学医科学研究所ヒトゲノムセンターのデータベースなどの情報に関する部分を参照のこと．

また，PubMedの使用法は**東邦大学医学メディアセンター本館，医学用語を歩く**などのサイトにも解説されている．

D) 学会に参加しよう

アカデミックな情報収集において欠かすことのできないチャンスが学会である．大きな学会，小さな学会，国内の学会，国際学会などさまざまな学会が存在する．それぞれの学会にそれぞれの役割がある．同じ分野で研究する科学者が集まり，お互いの研究について，情報交換し，議論をする場である．国内あるいは国外で，どの研究者が先端を走り，何をめざしているのかを知ることができ，場合よってはその研究者に直接話を聞くこともできることが，論文では経験できない学会のよいところである．また，実際に研究者の発表を聞くことにより，論文を読むだけではわからない人間性を感じることもできる．

① 国内の学会

さまざまな学会や研究会が1年中どこかで開かれている．その数は非常に多い（表3-5）．学会に参加するときは，**何か具体的な目的を設定して参加する**のがよい．例えば，ある実験方法について情報を収集するとか，ある研究者に話かけて議論してもらうとかの目的をもって参加する．既知の仲間だけでおしゃべりするだけでは，せっかくのチャンスを捨てていることになる．また，学会専用のノートを作成し，シンポジストや発表者の内容を細かくメモをとるように心がけるべきである．国内の主な学会について表3-5で示した．興味ある学会には，積極的に自費であっても参加してみるべきである．

また，学会の後援する若手の会もある．例えば，生化学若い研究者の会，生物物理若手の会，免疫学会若手の会，植物生理若い研究者の会などがある．大学院生が中心に運営している場合が多い．同年齢の仲間の動向を知るよいチャンスとなる．

② 国際学会

国際学会にも2種類あり，世界各地から2〜4年に一度，何千人も集まり行われる大きな**国際学会**と少人数の専門家だけが集まる**国際会議**である．専門雑誌などに情報が掲載されるので，注意しておくとよい．いずれの学会においても英会話力が必要である．

③ 小さな国際会議

ヨーロッパやアメリカでは，世界から専門家だけが約100〜150人ほど集まり，4〜5日間，寝食をともにして，その専門分野の研究について情報交換し，議論する会も開かれている．会によっては，学生も参加できることもあるが，通常は，博士研究員以上の研究者が参加する．しかし，そのような会の存在は知っておいたほうがよい（表3-6）．

□ ゴードン会議

さまざまな分野の会議が行われている．会議参加希望者の中から，選ばれた約150人の専門家が月曜の朝から金曜日の昼まで，まさに寝食をともにして，議論する会議である．参加すると，会議の分野の最新の情報が得られ，文献でしか知らない有名な研究者と直接話す機会が得られる．会議の場所はコネチカットやニューハップシャー，ロードアイランドの高校や大学の施設を利用し，参加者は学生寮に泊まる．食事はアメリカ的に豪華である．

表3-5 日本の医学，生物学系の主な学会

学会名	URL	学会名	URL
日本アレルギー学会	http://www.jsaweb.jp/	**日本生化学会**	**http://www.jbsoc.or.jp/**
日本遺伝学会	http://wwwsoc.nii.ac.jp/gsj3/	日本生物工学会	http://www.sbj.or.jp/
日本医学会	**http://jams.med.or.jp/**	日本生物物理学会	http://www.biophys.jp/
日本ウイルス学会	http://jsv.umin.jp/	日本生理学会	http://physiology.jp/
日本エイズ学会	http://jaids.umin.ac.jp/	日本組織細胞化学会	http://www3.nacos.com/jshc/
日本炎症・再生医学会	http://www.jsir.gr.jp/	日本大腸肛門病学会	http://www.coloproctology.gr.jp/
日本解剖学会	http://www.anatomy.or.jp/	日本胆道学会	http://www.tando.gr.jp/
日本化学会	http://www.chemistry.or.jp/	日本蛋白質科学会	http://www.pssj.jp/index.html
日本癌学会	http://www.jca.gr.jp/	日本てんかん学会	http://square.umin.ac.jp/jes/
日本眼科学会	http://www.nichigan.or.jp/index.jsp	日本電気泳動学会	http://www.jes1950.jp/
日本感染症学会	http://www.kansensho.or.jp/	日本糖尿病学会	http://www.jds.or.jp/
日本肝臓学会	http://www.jsh.or.jp/	日本動物学会	http://www.zoology.or.jp/
日本気管食道科学会	http://www.kishoku.gr.jp/	日本動脈硬化学会	http://jas.umin.ac.jp/
日本寄生虫学会	http://jsp.tm.nagasaki-u.ac.jp/	日本毒性学会	http://www.jsot.gr.jp/
日本血液学会	http://www.jshem.or.jp/	日本内科学会	http://www.naika.or.jp/
日本研究皮膚科学会	http://www.jsid.org/	日本内分泌学会	http://square.umin.ac.jp/endocrine/
日本顕微鏡学会	http://www.microscopy.or.jp/	日本乳癌学会	http://www.jbcs.gr.jp/
日本口腔科学会	http://stomatol.umin.jp/	**日本農芸化学会**	**http://www.jsbba.or.jp/**
日本高血圧学会	http://www.jpnsh.org/	日本肺癌学会	http://www.haigan.gr.jp/
日本公衆衛生学会	http://www.jsph.jp/	日本ハイパーサーミア学会	http://www.jsho.jp/
日本呼吸器学会	http://www.jrs.or.jp/home/	日本発生生物学会	http://www.jsdb.jp/
日本呼吸器内視鏡学会	http://www.jsre.org/	日本ビタミン学会	http://web.kyoto-inet.or.jp/people/vsojkn
日本骨代謝学会	http://jsbmr.umin.jp/	日本泌尿器科学会	http://www.urol.or.jp/
日本細菌学会	http://www.nacos.com/jsbac/	日本皮膚科学会	http://www.dermatol.or.jp/
日本サイトメトリー学会	http://www.cytometry.jp/	日本肥満学会	http://wwwsoc.nii.ac.jp/jasso/
日本細胞生物学会	http://www.jscb.gr.jp/	日本病理学会	http://jsp.umin.ac.jp/
日本産科婦人科学会	http://www.jsog.or.jp/	日本分光学会	http://www.bunkou.or.jp/
日本歯科医学会	http://www.jads.jp/	**日本分子生物学会**	**http://www.mbsj.jp/**
日本実験動物学会	http://www.jalas.jp/	日本分析化学会	http://www.jsac.or.jp/
日本獣医学会	http://www.jsvetsci.jp/	日本平滑筋学会	http://www.jssmr.jp/
日本循環器学会	http://www.j-circ.or.jp/	日本放射線腫瘍学会	http://www.jastro.or.jp/
日本消化器病学会	http://www.jsge.or.jp/	日本膜学会	http://wwwsoc.nii.ac.jp/membrane/
日本小児科学会	http://www.jpeds.or.jp/	日本麻酔学会	http://www.anesth.or.jp/
日本食品衛生学会	http://www.shokuhineisei.jp/	日本脈管学会	http://www.jc-angiology.org/japanese/
日本植物学会	http://bsj.or.jp/index-j.php	日本免疫学会	http://www.jsi-men-eki.org/
日本自律神経学会	http://www.jsnr-net.jp/	**日本薬学会**	**http://www.pharm.or.jp/**
日本神経化学会	http://wwwsoc.nii.ac.jp/jsn/	日本薬理学会	http://www.pharmacol.or.jp/
日本神経科学会	http://www.jnss.org/	日本リウマチ学会	http://www.ryumachi-jp.com/
日本心臓病学会	http://www.jcc.gr.jp/	日本老年医学会	http://www.jpn-geriat-soc.or.jp/
日本腎臓学会	http://www.jsn.or.jp/		

※バイオ系研究者として特に知っておくべき学会を**太字**で示した．

表3-6 小さな国際学会

通称（正式名称）	URL
ゴードン会議（Gordon Research Conferences）	http://www.grc.org/
FASEB会議（The Federation of American Societies for Experimental Biology summer research conferences）	http://www.faseb.org/
キーストン会議（Keystone Symposia）	http://www.keystonesymposia.org/
EMBOワークショップ（the European Molecular Biology Organization workshop）	http://www.embo.org/programmes/courses-workshops.html

図3-2 ゴードン会議

言の会話で，知識のレベルがわかってしまうので，勉強してからでないと"失礼"になる場合もある．必ず，アポイントをとってから訪問しよう．

また，学会などの懇親会（交流会）も情報収集のとてもよいチャンスといえるだろう．通常はなかなか話せない研究者と話すことが可能な機会である．**研究者の経歴や調べたり，質問したいことなどをあらかじめ考えておき，チャンスを見つけて話す**努力が必要である．場合によっては，研究室を訪問するキッカケにすることも可能であろう．

◆ ◆ ◆

□ **FASEB会議**

FASEBが開く会議で，ゴードン会議と同じような形式で行われる．

□ **キーストン会議**

ゴードン会議と同じように行われるが，冬のスキーシーズンにスキーを楽しみながらという企画が多い．

□ **EMBOワークショップ**

EMBOはヨーロッパの19の国とイスラエルの援助により運営されている．EMBOが主催でワークショップなどが開催される．

私の本棚

『改訂第2版 バイオデータベースとウェブツールの手とり足とり活用法』
中村保一 ほか/編，羊土社，2007
→遺伝子の配列・機能解析，タンパク質解析，プロテオミクス，文献検索，検索エンジンなどについての知識と技術が掲載されている

E）訪問インタビューと学会懇親会

究極の情報収集は，指導者を含めた関連分野の研究者に対するインタビューだろう．しかし，一言二

3 研究スケジュールを立てる

研究テーマが決定し，文献調査も終了し，いよいよ自分の研究をスタートできる段階に達した場合に，

次は研究スケジュールを立てなくてはならない．どのような調査，観察，実験などを，どのように行えばよいかを決定する必要がある．

A) 時間は限られている

多くの場合，時間が限られているので，その範囲内で何ができるかを考えなければならない．研究プロジェクトには通常，時間の制限があり，ある決められた期間に成果を要求される．学生の場合は，卒業，修了などの時間的制限であり，博士研究員であれば任期がある．また，すべての研究費には研究期間が決められており，通常，3年から5年である．したがって，**研究スケジュールも限定された時間内に立てる**必要がある．また，言語能力などのように，20代から下降するものもあり，若いうちに鍛えておかないと年をとると獲得できない能力もある．実験能力もそのような臨界期があるのかもしれない．

B) 逆算してスケジュールを立てる

1日24時間は平等にあるが，その使い方によっては大きな差がつくのも事実である．ここで，博士後期課程の大学院生のスケジュールについて考えてみよう．

理工学部系では入学から3年間，医学系だと4年間で，学位論文を仕上げなくてはならない．理工学系を例にすると，大学により多少の差異はあるにしても，3年目の10月までには，学位論文の内容に関する論文がアクセプトされている必要がある．逆算すると，通常，論文を執筆してからアクセプトまでは，余裕をみて，6カ月は必要であるので，3年目の4月には論文を投稿できる成果が必要である．実験を行いながらの論文の執筆に6カ月必要だとして，2年目の10月には，論文を執筆できる研究結果のメドが必要である．したがって，約1年半で，研究成果のメドが出るテーマを選択するとスムーズだ．最初の半年は準備期間として，1年間が実際に実験データを稼ぐ時間となる．

このように，時間が限定されている場合は，**逆算して現在何をすべきかを計画した方がよい**だろう．例えば，1年間で成果が出る研究テーマ，となると現実的には研究を開始する時点ですでに何らかのメドがたっているテーマを選択すべきである．もし博士前期課程から後期課程に進学することを前提にテーマを選択し，そのテーマを継続して研究する場合には，約2年間ほど研究時間が追加できるので，時間的に非常に楽になる．より高度な研究が可能になるであろう．

C) 自分の時間割を作成する

何が時間の無駄になるのか？（It's a waste of time.）を述べることは不可能である．無駄であると思っていたことが，実は非常に重要なアイディアが湧くきっかけになったりするからである．例えば，全く無駄な会合だと思って出席した会において，たまたま参加していた研究者と話すことにより，共同研究のアイディアが生まれることもある．これもまた，セレンディピティーの1つの形である．

しかし，定期的な研究室のセミナー，講義，講演会など多くの研究を中断させることがあるため，これらを**どのように研究と組み合わせるかについては，十分に検討する**必要がある．そのためには，自分の時間割を作成しておくことが不可欠である．特に，英文論文執筆，英会話の能力などを訓練するための時間を必ず時間割に入れておくことが重要である．継続は力であり，毎日の積み重ねが人生を築くのは誰しも知っていることである．

ロ) はじめの一歩は研究プロトコールの作成

プロトコール（protocol，プロトコルとも）とは，一般的には複数の者が**対象となる事項を確実に実行するための手順などについて定めたもの**を意味する．例えば，実験プロトコールとは，生物学などの実験において，実験の手順および条件などについて記述したものである．ある実験操作において，プロトコールに記載してあるとおりに実験操作をすれば，操作そのものは必ず成功するはずである．プロトコールとはそうでなくてはならないものである．

1 研究プロトコールは研究室の遺伝情報

学生や大学院生の卒業や修了に伴い，技術の伝承が必要な場合，特にプロトコールは重要である．これは，まさに研究室の遺伝情報であり，生物の遺伝情報と同じで，確実に次の世代に伝えなくてはならないし，また技術の進歩に応じて改良し，進化させなければならない．

2 仮説を立てるときの注意点

実験は，これまでの観察や実験に基づいて立てた**仮説**（hypothesis）が正しいものであるかどうかを調べるために行う．文献による知識や自分自身の観察により仮説を立てるが，意味のない仮説から行われた実験は，実験そのものも意味がなくなる．例えば，「がんは神のたたりである」という仮説を立てても意味がない．これほど極端ではなくても，不思議な仮説はたくさん転がっているので，注意しなけれ

☕ ノーベル賞受賞者の業績を上げた年齢の分布

平成19年版科学技術白書にはノーベル賞受賞者の業績を上げた年齢の分布（1987～2006）が掲載されている．この図から，ノーベル賞を受賞するような優れた業績は各分野とも30代後半に集中しており，少数の例外はあるが，40代後半になると成果を上げた例は非常に少ないことがわかる．これは何を意味するのであろうか．どの世界も同じだと思うが，40歳頃から研究以外の仕事に追われて自分で生データを出すことができなくなるからであろう．もちろん真実は不明であるが，人生の時間配分の参考にしていただきたい．

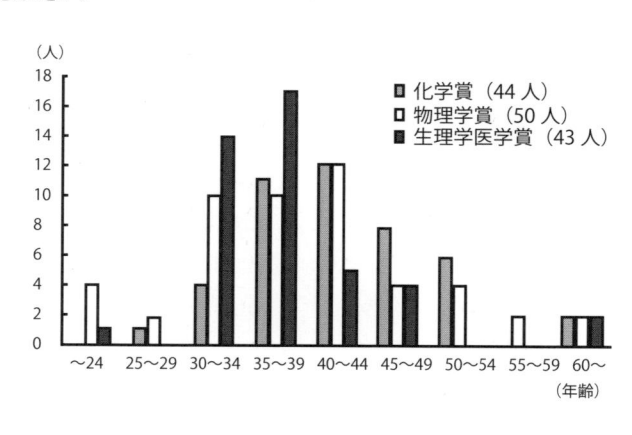

ばならない．

また，多くの生物現象についての既存の仮説が，100％正しいことは稀である．例えば，ドリーが誕生するまでは，哺乳類の体細胞由来のクローンの作製は不可能であるとの説が一般的であった．多くの説は時代とともに変化すると考えておかなければならない．さらに仮説を立てる場合は，実験的に証明できる仮説を考えなければならない．ただし，実験により，数学理論と同じレベルで完全に証明することはできない．生物学の科学的証明は常に"あいまいさ"を含んでおり，この弱点が大発見の原点になることも知っておかなければならない．

E）再現研究の重要性

研究プロトコールの参考になるのは，自分が行う予定の研究と非常に類似した"よい"論文である．それはもちろん所属した研究室から発表されたものであるかもしれない．**実験方法なども含め，その論文の内容の全部あるいは一部について，完全に再現する研究**，再現研究を行うことが重要である．実際，独自に再現できなければ新しい研究もできない．

論文の中のMethods（実験方法）を読み，どのような実験を行った論文であるか，より具体的に読み直す．かなりの実験の経験者であれば，どのような実験が行われたかをMethodsを読むだけで想像することができるが，初心者にとってはそれが非常に困難である．まずは，実際に先輩あるいは指導者が実験を行っている現場を見学し，できれば一緒に体験させてもらおう．

F）「研究する前の論文」

初心者が単独で独自の研究プロトコールを作成することは，非常に困難である．しかし，実は研究テーマが決まった段階で，どのような実験が必要であるか（研究プロトコール）もほぼ決まってくる．初心者には所属している研究室で実施可能なテーマが通常選ばれているので，すでに完成したプロトコールが存在しているであろう．

研究プロトコールは，これから研究を始める研究テーマに関する論文を可能な限りあらかじめ書いておくと考えればよい．奥野良之助は『金沢城のヒキガエル』で，金沢大学のある先生が，

「君たちは，まず研究してから論文を書く，と思っているだろう．それでは大物にはなれないよ．研究する前に論文はできていなくちゃいけない」

と学生に指南したことを紹介している．**"研究する前の論文"こそが，研究プロトコールである**．ある研究のために実験を行うとする．実験を行う限りは仮説があり，よい実験であれば仮説が証明されるか，否定されるかのどちらかである．証明されれば，仮説が事実になる．否定されれば，新たな仮説を考えなければならない．場合によっては，新しい発見につながる可能性がある．いずれにしても，"研究する前の論文"はその意味で書けるのである．大発見に関する論文ほど，実は"研究する前の論文"とは異なるものになるのも事実であるが，初心者はまずはあらゆる手段を用いてよいプロトコールを入手し，自分の研究プロトコールを作成しよう．

G）研究プロトコールの作成時の検討項目

研究プロトコール作成時には，以下の項目について検討しなければならない．

1 テーマに関する仮説を提案する

論文ではIntroductionに相当する．文献などで調べた情報をもとに，現在の状況を把握することが重要である．どこまで解明されており，何が解明され

ていないかを明確にする．特に，世界が注目しているテーマに関しては，最新の，できれば論文としては未発表の情報を入手したい．

② 研究の対象を決める

論文では，Materials and Methods の Materials の部分に対応する．仮説を証明するために最も適した対象を選ぶ．

どのような生物を対象にするかは，用いる実験の方法と密接な関係がある．ヒトを対象する場合は，特に倫理規定に基づき，あらかじめ研究できる環境を整えなければならない．また，調査の規模などは，統計処理の方法との関連で決定する必要がある．遺伝学的方法を用いる必要がある場合は，線虫，ショウジョウバエ，マウスなどを用いる．生理学的実験の場合には，ラットが用いられることも多い．

③ 研究の方法を決める

論文では，Materials and Methods の Methods の部分に対応する．仮説を証明するために最も適した方法を選ぶ．

遺伝学的方法，分子生物学的方法，生理学的方法などさまざまな方法の中から，適した方法を選ぶ．分子生物学的方法の中でも，例えば，遺伝子を単離する方法にもいろいろな方法があり，どの方法を使用するかを慎重に吟味する必要がある（実験をデザインする）．形態学的観察する場合は，対象に応じて，実体顕微鏡，光学顕微鏡，電子顕微鏡など，どの顕微鏡を用いるかを検討すると同時に，染色法，検出法を検討する．

④ 結果を予測する

論文ではResultsに相当する．仮説に従い，観察や実験を行った場合に，どのような結果が予想されるかを演繹する．この論文を完成させるためには，最低限，どの図が必要で，どの表の数値を埋めればよいかがわかる．論文に掲載する図のイメージができていれば，無駄な実験を行わずに研究を行うことができる．

◆ ◆ ◆

私の本棚

『金沢城のヒキガエル－競争なき社会に生きる』
奥野良之助／著，平凡社，2006
→本書は，金沢大学理学部の教員である奥野氏が，金沢城跡に生息するヒキガエルを9年間にわたり追跡した名文の調査記録である．

4 実験をデザインする

A) 遺伝子・タンパク質の機能を知りたい！

新規な遺伝子やタンパク質がどのような機能をもっているか調べる場合，その遺伝子やタンパク質の発現パターンを調べるだけでなく，当然，機能も調べなくてはならない．したがって，次の3つの情報が必要である．これらの情報ができるだけ得られるように実験をデザインする．

① 機能している場所

形態学的観察で，どの組織や器官のどの細胞にその遺伝子が発現しているかを知る必要がある．場合によっては，抗体を用いて，タンパク質を検出する

ことも重要である．

2 loss of function

　目的の遺伝子のノックアウトにより変異体を作製し，機能的に，生理学的にどのような現象が生じるかを調べる必要がある．一方，可能であれば，**ドミナントネガティブタイプ**（dominant negative type）のタンパク質を発現するトランスジェニックマウスなどを作製し，影響を観察する方法もある．

　遺伝子の突然変異などにより，タンパク質の一部のアミノ酸が他のアミノ酸に置換されたり，一部が欠失することなどにより，タンパク質の機能が変化し，共存する正常なタンパク質の機能も阻害される場合がある．そのような変異タンパク質をドミナントネガティブタイプのタンパク質と呼ぶ．優性遺伝による遺伝病には，突然変異によるこのようなタンパク質の産生が原因である場合もある．

3 gain of function

　目的の遺伝子のトランスジェニック動物を作製し，過剰発現したり，異所的に発現させることにより，機能を調べる方法である．変異体をレスキューする方法もある．

　これらの3つのデータが揃って，初めてその遺伝子について多少語れることになる．

B）科学的な実験とするために

　実験をデザインするときの基本は次の3つである．
①何を変化（variable）させるか
②対照実験〔コントロール（control）実験〕に何を選ぶか
③再現実験〔レプリケイト（replicates）実験〕の回数を決める

1 何を変化させるか

　研究テーマに関する観察や以前の実験から得られた知識を基に，新たな仮説を考え，その証明のための実験を行う．研究者は，仮説を証明するために必要なコントロールできる変数をまず選ぶ．変数の種類はさまざまで，**定量的**（quantitative），**ランク的**（ranked），**定性的**（qualitative）なものがある（表3-7）．実験者がコントロールできる変数を**独立変数**と呼ぶ．それを系統的に変化させ，それにより変化する変数（測定変数）を測定する．単純な例として，ある物質の濃度を変化させて，反応速度を測定する実験がある．どの変数を変化させるかが実験の成否を決めると言っても過言ではないであろう．

　注意すべき点は，ある変数が独立に変化していると考えても，実際には他の変数が影響している場合があることである．実際に変数が独立であることを確かめる実験がコントロール実験である．また，個体差やランダムな変化が関与する場合は，個体数を

表3-7　変数の種類

定量的	測定値（連続変数，continuous variable）	体重や身長，血糖値など連続に変化する値をとる変数
ランク的	順位（ordinal variable）	変化の程度をランク付けした変数．大小関係はあるが，間隔は定性的である．例えば，細胞の分化程度，形態の変形程度など
	度数（頻度，カテゴリー変数，categorical variable）	大小関係がなく，例えば遺伝病の種類，がんの種類，など
定性的	度数（頻度，定性的変数，nominal variable）	血液型などの定性的で，記述的な変数

増加したり，同じ条件で繰り返し行う実験（再現実験，レプリケイト）が必要であり，得られたデータの統計的解析が必要である．

2 コントロール実験が研究の質を決める：できるだけ多く

対照実験と日本語では訳されている，コントロール実験が含まれていない実験は，実験とはいえない．コントロール実験は，**行った実験操作により観察あるいは測定したい結果が正しく得られているかを調べる実験**であり，少なくともこの実験だけは予想どおりの結果が得られなければならない．しかし，どのような実験がコントロール実験かを判断でき，きちんとしたコントロール実験を行えるようになるには，実験の経験が必要である．コントロール実験がどれだけきちんと行われているかどうかで，極端に述べれば研究の質が決まるといってもよいだろう．したがって，コントロール実験が計画できる研究者はかなり高度な研究者である．

実験を行うときには，変化させるのは1つの条件だけにしなければならない．例えば，酵素の反応の

再現精度（precision）と絶対確度（accuracy）の概念

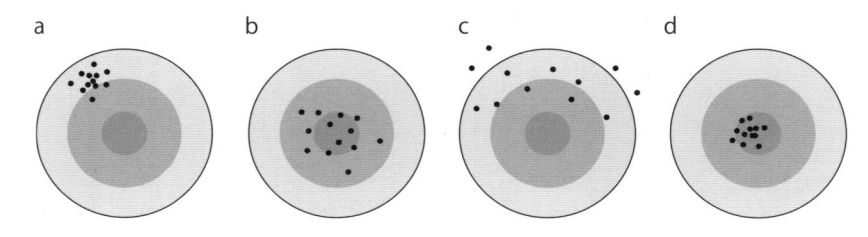

弓で矢を的に向けて何度かうつときに，上図のようなパターンが得られたとする．
それぞれ次のように評価する．a) 精度（再現精度）は高いが確度（絶対確度，正確度）は低い．b) 精度は低いが確度は高い．c) 精度も確度も低い．d) 精度も確度も高い．
精度とは研究（測定）結果が偶然に左右されず，安定な結果が得られる度合いをいう．しかし，それが真の結果かどうかはわからない．
精度を上げる方法は，①プロトコール（実施マニュアル）の完全な実施．プロトコールに書かれてあるとおりに，操作を行うことを徹底する．②研究（測定）者の技術の向上（反復練習），訓練と技術のチェックをする．③装置などが安定に作動しているか，チェックする．できれば，自動化を行う．装置の自動化は誰でもできる．自動化したいと思うことが重要で，自分で装置を組み立てる必要はない．関連する装置のメーカーと連絡を取ってみるとよい．
正確度とは研究（測定）結果が真の結果（測定値）にどれだけ近いかを示す度合い．正確度を下げる原因は，系統誤差（systematic error, bias）と呼ばれている．
正確度を上げる方法は，①装置を用いている場合は，標準試料などを用いて，必ずキャリブレーションを行う．②研究（測定）者または研究対象者の意識などが，結果に影響がでないように，盲検法を用いる．例えば，薬の二重盲検法（double blind test）では，研究者にも対象者にも，投与したのが薬なのか薬でないプラシーボ（placebo）なのかに関する情報を伏せておき，結果を調べる方法がある．

速度は，温度，酵素濃度，基質濃度，pH，塩濃度，緩衝液の組成など多くの条件に依存する．反応速度の温度依存性を調べるためには，温度以外のパラメーターは一定にしておかなくてはならない．直接，反応速度を測定できないので，何かの吸光度の変化を測定したりするのだが，そこにはさまざまな暗黙の仮定が含まれている．例えば，吸光度を測定する装置は正常に働いている，セルは汚れていない，波長は正しく設定されている，溶液は安定である，などなど，考えればきりがない．これらの問題を解決するのが，ネガティブコントロールとポジティブコントロール実験である．

□ ネガティブコントロール実験

酵素の反応を調べるときに，当然酵素が入っていなければ，反応は生じないはずである．しかし，酵素がない条件で，実際に測定してみると，実は装置の故障で反応が生じているような結果がでる場合もあるかもしれない．これは，非常に単純な例だが，実験が高度になればなるほど，**本当に目的の変化を観察や測定しているかどうかを検討できる**ネガティブコントロール実験を考えなければならない．

□ ポジティブコントロール実験

実験が技術的に正しく行われたかどうかをチェックするための実験を，必ず行うようにしなければならない．まず，参考にしている実験とまったく同じ実験を行ってみるのもよい．他の実験がすべて失敗しても，この実験だけは必ず成功するように選ばなくてはならない．

解 説

コントロール実験からノーベル賞

RNA干渉の発見の発見のキッカケはまさにコントロール実験の結果からであった（第9章参照）．

---

3 サンプル数，再現実験回数を決める

測定には必ず誤差がある．特に，生体内での実験，初代培養細胞を用いた実験など，個体差，細胞周期，分裂回数の違いなどのため，完全に条件を同じにして実験ができない場合は，しばしば得られた結果にばらつきが生じることがある．実験の精度（コラム参照）を確かめるため，同じサンプルをいくつか用意して，どれくらいの確率で同じ結果が得られるかを調べる場合もある．その場合，正しい実験結果を得るために必要なサンプル数や実験回数について統計学的に検討しなければならない．実験結果にばらつきがある場合は，どのように処理すべきか調べておこう．

4 統計的な処理

生物を対象とする研究において，通常実験対象の生物は遺伝的に多様であるため，精度の高いデータを得ることができない．例えば，ヒトであるが，医学の研究において，得られるデータは多くの場合個人差が生じる．個人差の由来は主にゲノムのSNPsであると考えられ，遺伝的な背景が異なることである．通常の生物の研究において，測定誤差や個体差などさまざまな要因により，同じ実験を繰り返しても必ず同じ結果が得られることは稀である．したがって，1回の観察結果や1回の実験結果を報告することは許されない．そこで，通常，複数回調査，観察，実験を行い，統計的にデータを処理して，**有意な結果かどうかを科学的に判断しなければならない**．つまり，平均（mean）や標準誤差（standard error）を計算し，統計学的な検定を行い判断しなければならない．このような統計的解析が簡便に行えるパソコンのソフト（例えば，SPSS，Excel）があるので，それを利用するのがよい．本書では，統計処理の基本について第8章で紹介する．

c) 実験操作で悩まないために

実験のデザインがほぼできたら，**具体的な実験操作に関するマニュアル，実験操作プロトコールを作成する**．初心者は，まず研究室にある実験操作に関するプロトコールを入手する（図3-3）．もしまだ研究室のプロトコールが完成していなければ，文献などから情報を得て，プロトコールを完成させる．初心者は，実験操作のトレーニングのため，ポジティブコントロール実験を行い，技術のチェックを行わなければならない．

最近は，多くの出版社からさまざまなプロトコール集が出版されている．理想に近いプロトコールとは『Molecular Cloning』（コラム参照）のようなものであろう．実験において，よいプロトコールを入手，あるいは作成することが，成功の鍵である．成果の上がっているラボには，必ずやよいプロトコールが存在している．多くの研究室が，ホームページでプロトコール集を公開しているので，参考にしていただきたい．

プロトコールを見ながら実験操作を行えば，誰で

図3-3 ラボマニュアル内のプロトコールのリスト

座右の書『Molecular Cloning, A laboratory manual』

私がプロトコールの威力を感じた体験を紹介する．それは遺伝子操作に関するプロトコール集として有名な『Molecular Cloning, A laboratory manual』（T. Maniatis, et al.：Cold Spring Harbor Laboratory, 1982）に関する体験である．

1982年，私は米国National Institutes of Health（NIH）の客員研究員（博士研究員）として研究を行っていた．NIHは米国のバイオ研究の中心で，建物には1から番号が付いており，現在では75番目の建物まである巨大な研究所である（ビルディング テンと呼ばれる10番目の建物は有名な病院である）．私は2番の建物で研究を行っていたが，当時その建物には富沢純一がラボをもっており，分子生物学の最先端の研究が行われていた．私は当時，赤血球に関する生物物理学の研究をしており，分子生物学にはまったく縁がなかったが，そのことに刺激され，日本に帰ったら遺伝子クローニングを行おうと計画していた．そこで，最先端の研究を行っていた研究者数名に次のような質問をした．「遺伝子クローニングの実験をするのに参考になる本を，1冊紹介してください」．答えはすべて，上記のMolecular Cloningであった．「これさえあれば大丈夫ですよ」と．実際，日本に帰ってほとんど独学で遺伝子クローニングを始めるのであるが，Molecular Cloningはまさに座右の書であった．その本には，実験操作の原理から，溶液の作製の方法，溶液を混ぜる順序，そのときの注意すべきことなどが詳細に記述されており，記載してあるとおりに操作すれば，初心者でも遺伝子のクローニングができるようになるのである．たぶん，クローニング技術を世界中に広めるのに，この本は中心的役割を果たしたのではないか．

も同じ実験操作ができ，少なくともポジティブコントロールは必ず同じ結果が得られるのが理想である．いる．ラボノートの意義については，『ラボノートの書き方 改訂版』が詳しい．

5 ラボノートを作成する

A) 実験データなどの管理

研究室において，研究を開始する前に必ず作成しておかなければならないものが，laboratory notebook（通称ラボノート）である．研究は，原則として，仮説の提案，仮説を証明するための観察や実験，得られた結果からの結論，新たな仮説の提案…という一連の過程を繰り返すことになる．各過程において記録する内容は異なるが，**仮説に至る思考過程，実験の方法の検討，実験結果の記録，得られた結果の検討**と，そこから**導き出された結論**を時間軸に沿って記録するのがラボノートの役割である．

実験は研究室の研究費を用いて行われるため，それを記録したラボノートは，個人の財産ではなく，少なくとも大学や企業などの所属機関の財産であり，個人的な日記などとはまったく異なるものである．したがって，卒業や大学院の課程修了，あるいは退社により研究室を去る場合，ラボノートは研究室あるいは知的財産関係の部署において，管理されるべきものである．研究室によっては，規定のラボノートが支給され，記載のしかたが決められている場合もある．アメリカの企業や大学などでは，ある一定の条件を満たしたラボノートは特許の優先権を主張する証拠として使用できるので，その条件を満たすようにラボノートを作成することが義務づけられて

B) ラボノートに要求されること

ラボノートが特許の優先権を主張する証拠となりうる条件とは，次を満たすものである．

- □ 1日の実験は常にページの初めから書く
- □ ノートの右ページの上に日付を書き，ノートはなるべくつめて書く
- □ その日の実験が，終了するとそのノートの場所に線を引き，実験者が署名をする
- □ 余白は，あとで追記できないように斜線を入れる
- □ 第三者による確認と署名など

特に，米国で特許を取得する場合には，重要な発明，発見が世界初であることを証明できる必要がある（先発明主義）．したがって，ラボノートの記載内容が研究者の人生を左右することもある．

ラボノートは保存することが前提であるので，少し厚めの表紙で良質の紙を用いたものがよい．ある研究室では，前述の条件を満たす市販品として会計簿の中の補助帳簿をラボノートとして使用している．私の研究室では，通常のA4版のノートをラボノートとして支給している．ラボノートには必ずページを付け，初めのページを空けておき，あとで目次を書き込むと，便利である．また，生データは必ず保存しておく．保存は，ノートに貼り付ける方法，別のファイルにまとめる方法などデータの種類に応じて工夫するとよい．いずれの場合も，ラボノートと対応がつくようにしておこう．

C) ラボノートの書き方

前述したように，ラボノートは知的財産なので，

その書き方は研究室において規定がある場合もある．規定がない場合は，ここに掲載した書き方を参考にしていただきたい．一般的な注意を次にあげる．

- □ 書いてあることが，後でわかるように書く．できるだけ丁寧に書き，数字などには説明をつけておく
- □ 数値やメモなど，後で記入するのではなく，実験を行ったときに記入しておく
- □ 実験の参考にした資料や先輩からのアドバイスなどは，必ず出所（出典）を明確にしておく
- □ 思考過程や着想をメモしておく
- □ 計算は，別の用紙を用いずに，ラボノートに記入しておく
- □ すでに書いてあることを訂正する場合は，線を引いて消す．決して消しゴムやホワイトを使用してはいけない

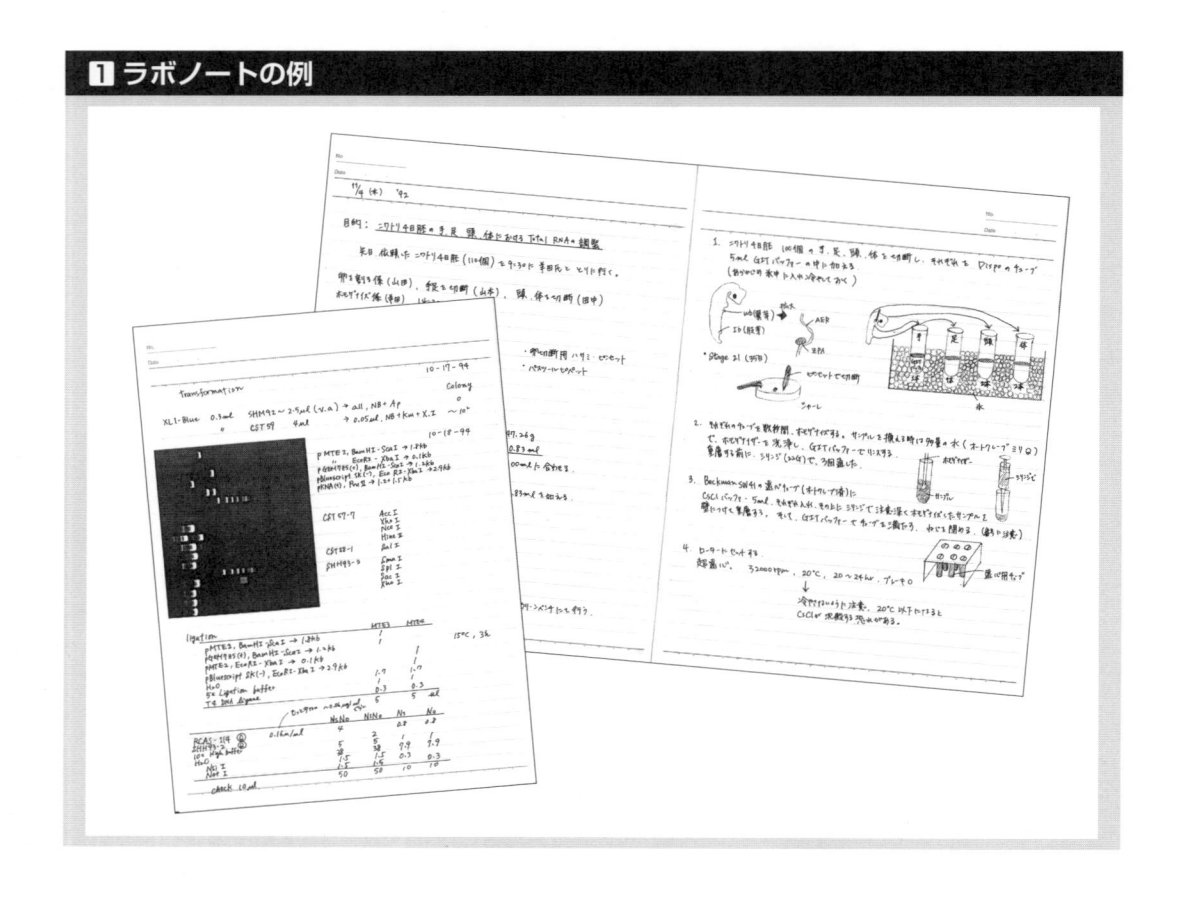

◆　◆　◆

1 ラボノートの例

1. 実験タイトル
2. 実験日（曜日），実験開始時間，天気（湿度などの関係で重要），実験終了時間
3. 用意した器具（プラスチック管，ポッターホモゲナイザー，チューブなど），試薬名（緩衝液，ショ糖）を詳細に記す
4. 実験経過と結果を箇条書きに順番に書いて行く．また，各ステップで気づいたことをできるだけ詳細に記す．図入りで書くとよい
5. 結果の解析．生データを必ず保存するとともに，かつデータを解析して表，図にする．統計的処理も必要である

❻ 結果の評価として考察を書く．また，反省事項を必ず書き留める．さらに，いつ，誰と討論し，どのような意見をもらったか，研究室のセミナーでのコメントをラボノートに必ず記載する

解説

試薬
試薬名とともに必ず試薬ボトルのロットナンバーを記載する（非常に重要）．

実験経過の書き方のコツ
各ステップの時刻（開始と終了）を記載する．「1時間反応」といった書き方ではなく，「午前11時から12時まで反応」と記す．前回のプロトコールをコピーして貼り，修正点だけ直す方法もある．

実験経過の例
ショ糖0.8Mの上清が白濁していた．フィルターを吸収中，8番のホールは引きが悪かった．32番のチューブは反応時間を5分超過した…など．

統計的処理，有意差検定
最近はすべての雑誌において，有意差検定を行うことが要求されている．エクセルなどで解析するとよい．詳細については第8章を参照．

考察
この結果から何が言えるのか．次にどのような問題が生じるのか？ それを解決するためにどのような実験を行うのか？ などを書き留める．

注意点

□ ラボノートは基本的には実験タイトルごとに1つの章をつくる．1つの実験が何日にもまたがることもあるし，2つ以上の実験を同時に進めることもある

□ 新しい試薬を買ったときは，試薬に付いてくる説明書のコピーをノートに貼るとともに，オリジナルを研究室用のファイルに保管しておくこと

◆ ◆ ◆

私の本棚

『理系なら知っておきたい ラボノートの書き方 改訂版』
岡﨑康司，隅藏康一／編，羊土社，2012
→この本が出版されるまでは，ラボノートの書き方についての本は，ほとんどなかった．研究成果が知的財産にかかわる場合は，必読の書である．

電子化されるラボノート

現在のラボノートは，手書き中心である．一方，多くのデータがデジタル化されており，記録はほとんどパソコンあるいはサーバーのハードディスクの中にある．現在は過渡期であり，やがて手書きのラボノートは「電子ラボノート」になるであろう．富士通は，ラボノートに代わり，ユーザビリティがきわめて高く，かつ第三者による客観的な証拠，あるいは先発明主義におけるエビデンスデータとして使えるような知的財産権を保護できる「電子ラボノート」を開発し，実験計画から実験，実験結果の考察，結果レポートなどのサイクルを包括したナレッジシステムを構築している．これまで手書きでは不可能だった外部デジタルデータを使ったナレッジの集積が図られ，同時にノウハウを研究者同士が共有化できることで，効率的に研究開発が進展すると考えられる．現時点では，ラボノートにどこに電子データがあるかを明確にしておくしか対応できないのが残念である．

いずれにしても，いつの段階でどのような研究成果をあげたか客観的に示し，研究不正がないことを証明するラボノートを書くことが大事だ．

4 観察力を養う

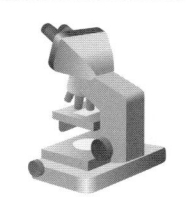

　これからはじめるバイオ研究には，方法論として3つの柱があります．それは①物質科学（遺伝子を中心にした分子生物学や核酸，タンパク質，脂質，糖などに関する生化学など），②形態（生物の形態に関連した解剖学，組織学，病理学など），③機能（生体のもつ機能に関する生理学，薬理学など）です．長年，研究者の間では「形態屋さん」とか「生化学屋さん」などと呼び合う慣習がありましたが，近年は方法論も多様化し，この壁はなくなってきています．形態屋さんでも分子生物学が必要ですし，生化学屋さんも形態学や生理学抜きでは研究が進展しない状況になっているのです．ある生物現象を解明するためには，あらゆる分野からデータを集める必要があります．しかし，それぞれの分野において，解析技術が高度化し，新しい技術や装置が急速に発展する現在では，一人ですべてをこなし，第一線の観察や実験を行い続けることは，残念ながら，大変難しい状況になってきています（こうしたことから，それぞれの専門家との共同研究が，現在では，重要なポイントとなる場合が多いのです）．そうはいうものの，少なくとも基礎的なことはどの分野を専門しようと，理解しておかなくていけません．本章では，バイオ研究の根幹をなす「観察」と「実験」より，まず「観察」の基礎について紹介します．

1 観察力とは

A) 初心者は見ても見えない

　観察は科学における最初のステップであり，また最終のステップでもある．観察は簡単で，単に見ればよいと初心者は感じるかもしれないが，実は非常に奥深いのである．グリンネルは，『The Scientific Attitude：Second Edition』という本を執筆しているが，その第2章は「観察することはどーいうことか」を書いている．例えば初心者は，顕微鏡で組織切片を"見ても見えない"のである．同じ切片を観察しても，病理学者が見れば悪性の腫瘍細胞が見えるのだが，初心者は正常の細胞さえ見えないのである（図4-1）．絵画や陶器などの鑑定もそうであるが，多くのものが解説されて，はじめて見えてくる場合が多い．例えば，ヤン・ファン・エイクの絵の鏡に映っている人物はその絵の作者であるとかは，解説がないと絶対にわからない．グリンネルは「ものを［見る］には概念が必要である，［それがどう見えるのかという概念］が頭の中にできあがっていないと，見ても見えないのである」と指摘している．つまり，観察は見ればわかると考えてはいけない．

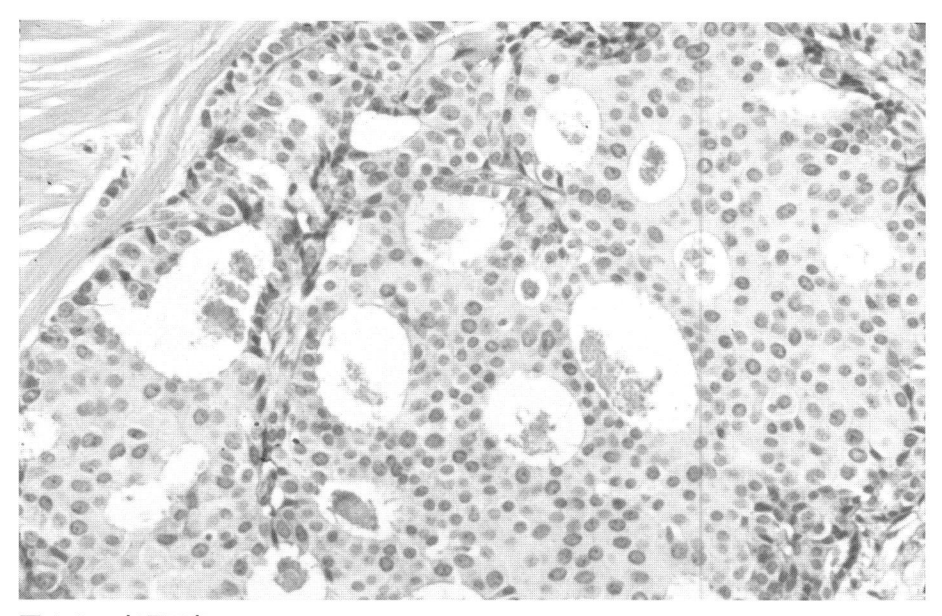

図4-1 病理写真
甲状腺がんをヘマトキシリン・エオシン染色した切片の写真である．病理学者はそれと判定できるが，がん組織に関する知識がなければ，何も判定できない（写真提供：徳島大学歯学部　林 良夫）

B) 観察力向上のための訓練を受ける

　実験は訓練しないとうまくできないが，観察も同じで，訓練しないと観察する能力は得られないのである．英語では，その能力をperception（観察力と訳すことにする）と呼んでいる．観察する訓練を受け，学習すると見えるようになり，見えるようになると興味や訓練を受ける意欲がわき，さらに学習するといった調子で，観察力がpositive feedback loopにより向上するだろう．最近のコンピュータ処理された映像などを観察する場合は注意が必要であるが，観察力があればartifacts（試薬の影響や細胞の死などにより，組織や細胞内に生じた物質または構造で，本来生物の中になかったもの）もわかるだろう．現在では，顕微鏡などを用いて，さまざまな画像が得られるようになり，さまざまな現象が観察できるようになっている．したがって，注意深く観察することにより，仮説を組み立てるための重要な情報を得ることができるだろう．

　観察する場合に，注意しなければならない点をリストする．

- □観察する対象について，調査などにより十分な知識をもっておく
- □観察に適した装置（例えば，顕微鏡），器具について，十分な知識をもっておく
- □観察した条件（日付，画像の倍率など），結果を正確に記録しておく

◆　◆　◆

私の本棚

『グリンネルの研究成功マニュアル―科学研究のとらえ方と研究者になるための指針』
F. グリンネル/著，白楽ロックビル/訳，共立出

❹観察力を養う

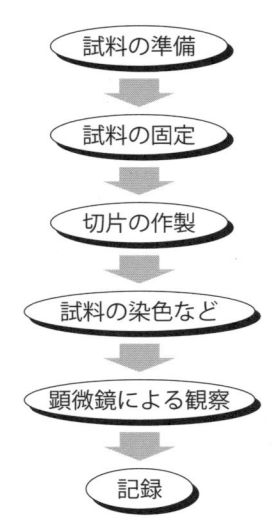

図4-2 顕微鏡による観察の流れ

試料の準備 → 試料の固定 → 切片の作製 → 試料の染色など → 顕微鏡による観察 → 記録

表4-1 顕微鏡の比較

性能 (Property)	顕微鏡のタイプ		
	LM	SEM	TEM
解像度	200 nm	10 nm	1 nm
焦点深度	低	高	中
視野	良	良	限定
サンプル調製	易	易	難
試料調製時間	速い	非常に速い	遅い
装置の値段	低	高	高

LM：光学顕微鏡，SEM：走査型電子顕微鏡，TEM：透過型電子顕微鏡

版，1998
→著者は細胞生物学者で，彼の経験をもとに，科学研究とは？研究者とは？について紹介している．

2 形態を観察する

生物試料を細胞レベルで観察するために，顕微鏡を用いる（図4-2）．顕微鏡には**光学顕微鏡**（light microscope：LM），**走査型電子顕微鏡**（scanning electron microscope：SEM），**透過型電子顕微鏡**（transmission electron microscope：TEM）がある．それぞれの解像度などの特徴を表4-1に示した．目的に応じて使用する．最近では，LMの1つである蛍光顕微鏡で，共焦点蛍光顕微鏡や1分子の挙動を観察できる1分子顕微鏡などが発達しており，高度な観察が容易にできるようになっている．

A）試料の調製

顕微鏡で観察するための試料の調製法は，観察の目的に応じてさまざまである．生物を生きた状態で観察しなければならない場合もあるし，固定して切片を作製しなければならない場合もある．ここでそのすべてを紹介することはできないので，動物の試料作製の基本的な流れのみを紹介する．

なお，解剖学的および病理学的観察を行うためには，動物や植物を処理する必要がある．実験動物については，倫理的な問題が指摘される場合もあるので，取り扱いには十分注意すべきで，いかなる場合も，手厚く取り扱うようにしよう（humane treatment）．また，動物実験はできるだけ有効に，効率よく行うことをより考慮すべきである（maximum benefit）．

実験動物として代表的なマウスについて紹介する．

◆ ◆ ◆

表4-2 系統マウスの特徴

AKR	白血病好発,雄雌ともに70〜90％の発生 寿命は白血病発生のため12〜18カ月 精巣の重量は他の系統より低い
BALB/c	肺腫瘍が雄雌ともに20％程度みられる.リンパ腫の発生が高い.X線に感受性が高い 寿命は20カ月以上 繁殖はよく,繁殖期間も長い
C3H/He	MTV（＋）のものに乳がんの発生が90〜100％みられる.C3H/HeJは免疫反応が低い.肝腫瘍好発（約50〜60％）
CBA	肝腫瘍の発生はC3H/Heと同程度みられる 寿命は17カ月前後 繁殖良好.サブラインによる特性の差がみられる.ビタミンKの不足に感受性
C57BL/6	すべての腫瘍に対して嫌発系 寿命は2年以上と長い 繁殖は良好であるが,飼料や飼育管理によって脱毛がみられる.水頭症の発生が4〜5％みられる
DBA/2	学習能力が他の系統より低い.心臓の石灰沈着が12カ月齢で90％程度みられる 寿命は2年以上 産仔数が少ない,高周波の音に感受性が高く,ショック死することがある
SJL	雄に精巣腫瘍がみられる 繁殖は難しい.産仔数が少ないうえに,妊娠率が低い.雌と雄との相性があり,同居しておくと雄の精巣が傷つけられることがある.雄どうしの同居は不可能
BDF1, CDF1, B6C3F1	腫瘍の発生率が低いので,長期飼育の実験に適している 寿命は2年以上と長い 多くのストレスに強く,飼育しやすい

『実験動物の基礎と技術2 各論1989』（日本実験動物協会,丸善）pp3の表をもとに作成

❶近交系マウス　inbred line mouse

実験用マウス（ハツカネズミ,mouse,複数型mice,学名 *Mus musculus*）.写真はC57BL/6（通称B6）マウス

特　徴

　成獣において,体重約30 g,体長7〜8 cm,寿命2年前後,染色体2n＝40,雑食性,マウスの性成熟は約60日（8週齢）,受精後18〜21日で出産.

　近親交配により得られたマウスの系統を近交系と呼ぶ.理想的な近交系は純系であり,交配しても形質が変化しない.主な系統マウスの特徴を表4-2に紹介した.

◆　◆　◆

❷ トランスジェニックマウス
transgenic mouse

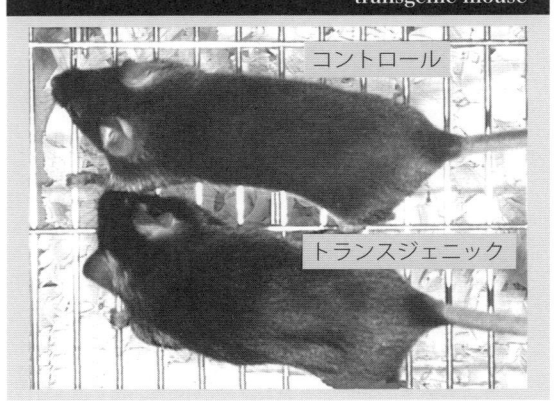

コントロール
トランスジェニック

BDF1マウス（上）とマイオスタチンドミナントネガティブ発現マウス（下）．写真（下）は，正常マイオスタチンの機能を抑制したマウスで筋肉が肥大化する．

特　徴

さまざまなモデルマウスが作製されている．例えばEUCOMMのホームページを参照すると情報が得られる．詳細は第7章参照．

♦ ♦ ♦

③ マウスの飼育

　通常，研究施設には専用の実験動物施設があり，マウスなどはそこで専門家により管理されている．したがって，動物実験においてその施設を使用する場合は，その施設に関する教育・訓練を受けなくてはならない．動物飼育施設には**通常**（conventional）**飼育施設**と**SPF**（specific pathogen free）**飼育施設**がある．特に，いわゆる微生物に感染していないマウスを飼育するための施設，SPF飼育施設においては，微生物の環境を厳しく管理しており，専門家により定期的に微生物モニタリングが行われている．使用者はそのことを十分に意識し，飼育しなければならない．2004年から遺伝子組換えマウスなどの管理が厳しくなっており，カルタヘナ法（第5章参照）に基づき，遺伝子組換えマウスの作製はもちろん，譲渡，輸送するだけでも必要書類を準備しなければならない．

♣♣♣♣ 近交系の歴史

　『マウス』（勝木元也／編）によると，1907年にハーバード大学の遺伝学者キャスル（Willam E. Castle）は，動物にもメンデルの法則があてはまるかどうかに興味をもっており，マウスを用いて研究することを考え，マウスの毛色の遺伝を調べることにした．キャスルの指導の下で，'09年にリトル（Clarence, C. Little）は毛色の遺伝の研究のために，数年かけて近交系のマウスDBAをつくり，'13年には，バッグ（Halsey, J. Bagg）がBALB/cの起源であるBagg albinoをつくった．その後，この2つの系統からDBA/2，C3H/Heなどの系統がつくられた．'29年にリトルにより，「遺伝的に制御された実験動物の研究を通じて，人類自身に対する知識を増加する」目的で創設されたアメリカのJackson研究所では，世界で最も多くの系統マウスを維持している．

B) 光学顕微鏡

光学顕微鏡には，**実体顕微鏡**（dissecting microscope）と**双眼顕微鏡**（binocular microscope）の2種類がある．通常の光学顕微鏡においても，さまざまな観察方法が開発されている．

1 明視野顕微鏡

通常の顕微鏡のことである．試料を色素などで染色して観察することが多い．

2 暗視野顕微鏡

特殊なコンデンサーを用いて，試料から散乱された光のみが観察できる．オートラジオグラフィーにおける銀粒子の観察や，ショウジョウバエの歯状突起などの微細な構造の観察に使用する．

3 蛍光顕微鏡

色素あるいは色素を含んだ化合物などの中に，吸収した光（励起光）のエネルギーを一部放出するものがあり，放出される光を蛍光と呼んでいる（厳密には，放出する電子の状態によって名称が異なる）．蛍光顕微鏡はフィルターなどを用いて光の波長を選び，色素を励起し，蛍光を観察する．したがって，蛍光顕微鏡には励起光を照射するための装置が必要である．ヒト染色体の解析に蛍光ラベルしたプローブを用いる場合，あるいは組織を蛍光でラベルした抗体を用いて免疫染色した場合など蛍光顕微鏡を用いて観察する．最近は，GFP（green fluorescent protein，コラム参照）などの蛍光を観察することも多い．

4 位相差顕微鏡

透明な物質を観察できるように，周囲の物体と観察したい物体の屈折率の違いを利用し，光の干渉作

生きたままで観察できるGFPなどの蛍光

GFPの発見による功績で，2008年のノーベル化学賞が下村脩に授与された．海中で光るクラゲ（発光オワンクラゲ，*Aequorea victoria*）のもつ光る物質エクオリンを抽出精製する過程で単離されたのが，GFPである．エクオリンの青色の光は，タンパク質により波長変換されて緑の蛍光になる．この波長変換タンパク質が，緑の蛍光を発することから，GFPと名づけられた．遺伝子操作により，より実用的な人工GFPが開発されている．このタンパク質に紫外線をあてると蛍光を発するので，GFPは生体に存在しても光が透過すれば，生きたままでその蛍光を観察することができる．この性質を利用して，GFPは蛍光イメージングに利用されている．GFPなどでラベルした特定の分子が，いつ，どこで，どの分子と連関して機能しているかを可視化する技術が開発された．現在では，生命科学の研究者にとっては必要不可欠な技術となっている．現在では，さまざまな海洋生物から蛍光タンパク質を単離したり，遺伝子改変して人工的な蛍光タンパク質が作製されている．複数の蛍光タンパク質を用いて，同時に異なる分子の挙動を観察するといったマルチカラーイメージング技術も開発されている．その典型的なものは，細胞周期を色の変化で観察できる宮脇敦史らが2008年に開発したFucciがある．

用を利用して，試料の像のコントラストを上げることができる．観察に最適な条件を設定しなければならない．

5 微分干渉コントラスト（ノマルスキー）顕微鏡

透明な物質を眼で見れるように，偏光を利用してわずかにずれた2つの光をつくり，その光が物体の厚みや屈折率の傾きにより変化することを利用し，その変化を明暗や色の変化に変換することにより，三次元的な像が得られる．

6 共焦点レーザースキャン顕微鏡

基本的には蛍光顕微鏡である．非常に細かく焦点を絞ったレーザーを用いて，蛍光を観察する．試料の各点でそのデータを蓄積して再構成することにより像をつくる．蛍光を発する物質の三次元像を得ることができる．共焦点顕微鏡の主な特徴は，厚い試料であってもボケのない像を得られることである．この顕微鏡の原理はマービン・ミンスキーによって1953年に開発されたが，理想に近い光源としてレーザーが実用化されるまで一般化せず，1980年代になってようやく普及するようになった．通常のポイントスキャン型では，イメージは微小なポイントごとに撮られ，それをコンピュータで再構成して全体の画像が得られる．

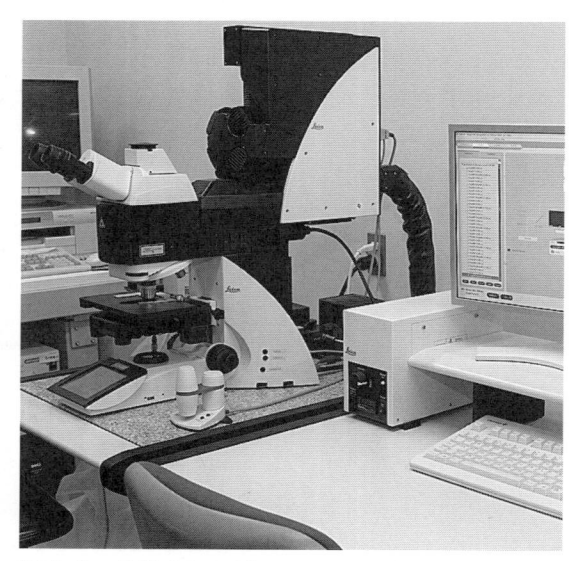

◆ ◆ ◆

図4-3　共焦点レーザースキャン顕微鏡

7 光学顕微鏡の使用方法

| 時間 ★☆☆ | コスト ★☆☆ | 難易度 ★☆☆ | 危険性 ★☆☆ |

以下の手順はオリンパスBX50を例にとった手順であるが，他の顕微鏡にもほぼ同様にあてはまる．

操作手順

1. 電源を入れる．調光つまみ（⑭）を適度な明るさに設定する
2. 10Xの対物レンズ（③）を光路に入れる
3. ステージ（④）の上に標本をセットする．Y軸ハンドル（⑤），X軸ハンドル（⑥）を回し，標本が光路に入るように移動する
4. 右眼で右側の接眼レンズ（②）を覗きながら粗動ハンドル（⑬）を回し，標本にピントを合わせる．だいたいのピントが合ったら微動ハンドル（⑫）で微調整する

5 接眼レンズの幅を自分の眼の幅に合わせる．調整した幅（眼幅，interpupillary distance）（①）をメモしておくと便利である．視野が1つの円になる
6 コンデンサの芯出しをする
7 使用する対物レンズを光路に入れ，光量，ピントを合わせる

解 説

オイルの使用

顕微鏡の解像度を上げるために，対物レンズとスライドグラスの間にオイル（immersion oil）を入れる．オイルは，専用のオイルを使用する．オイルの存在により，レンズと空気の境界で生じる反射や屈折がなくなり，解像度があがる．40×レンズから使用する．

コンデンサの芯出し

1) コンデンサ上下動ハンドル（⑮）を回して，コンデンサを上限位置まで上げる
2) 10×対物レンズで標本にピントを合わせる
3) 視野絞り環（⑧）を回して，絞りを最小にする
4) コンデンサ上下動ハンドル（⑮）を回して，絞りの像が視野内にはっきり見えるようにする
5) 左右コンデンサ芯出しつまみ（⑦）を回して，視野の中心に視野絞りの像を移動させる
6) 視野絞りを徐々に開き，その像が視野に内接する状態になれば芯が出たことになる

開口数目盛を利用する場合

対物レンズに記載されているNA値（開口数）の80％程度にコンデンサの開口数目盛を合わせる．対物レンズに20×/0.50と記載されている場合は，NA＝0.65なので，$0.65 \times 0.8 = 0.5$となり，開口数目盛を0.5に合わせる

注意点

□ ランプハウスは非常に熱くなるので注意．また，眼にいきなり強い光があたらないようにも注意．
□ モノクロコントラストを上げる場合などに，単品フィルタ（直径45mm）を入れる．鏡体内蔵フィルタ：色温度転換用（⑨），光量調節用（⑩，⑪）．

c) データ記録時の3つのポイント

顕微鏡の画像はデジタルカメラをコンピュータに接続し記録する．デジタル画像は，Photoshopなどの画像処理ソフトで，画像のサイズ，方向，色調，コントラストなどの変更や，文字などの挿入が簡単にできる．単に画像を取り込むだけでは，観察の記録にならない．デジタル画像で記録する場合の注意を紹介する．

1 画像を撮る目的を明確に

まず画像を撮る目的は何かを明確にする．何を撮り，なぜ撮るのか？を常に考えておく．そのためには画像のテーマ，あるいは図の説明のタイトルを決めておく．常に，最高の品質の画像を得るように努力し，そのまま論文に使用できるのが望ましい．

2 倍率をメモする

例えば，細胞の種類を示したいのであれば，細胞の種類がわかる倍率で画像を撮らなければならない．一方，組織全体の変化を示したいのであれば，低倍率で撮らなければならない．倍率などの撮影条件は記録しておく．

3 被写体の向きには慣例がある

画像における被写体の向きは，例えば，生物の背側は画像の上側に，遠位は右に，前側は左，または上側になるようにするのが，慣例である（図4-4）．被写体により，慣例が異なることもあるので，すでに発表されている論文を参考にし，確認しておく．

◆　◆　◆

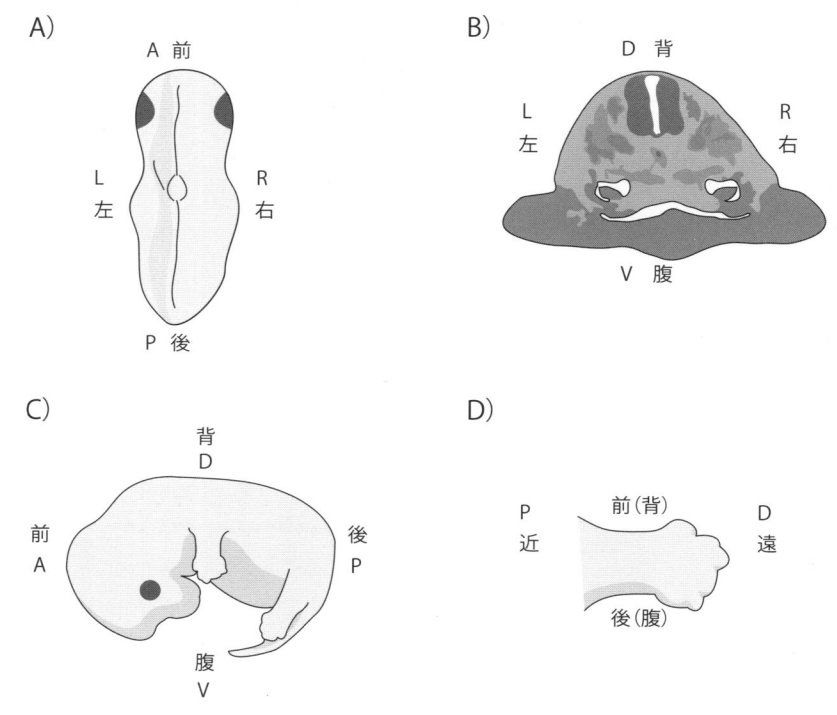

図4-4 論文用図における被写体の向き
写真をとる場合に，軸の向きと写真の枠を考えて撮影すること．自由な角度で撮影することは，通常はない．
A) 前後（A/P）軸，左右軸（L/R）が含まれている場合は，前側を上に，後側を下にする．
B) 背腹軸（D/V），左右軸（L/R）が含まれている場合は，背側を上に，腹側を下にする．
C) 前後軸（A/P）と背腹軸（D/V）が含まれている場合は，背側を上に，腹側を下にする．
D) 遠近軸（P/D）と前後軸（A/P）が含まれている場合は，前側を上に，後側を下にする．
　　遠近軸（P/D）と背腹軸（D/V）が含まれている場合は，背側を上に，腹側を下にする．

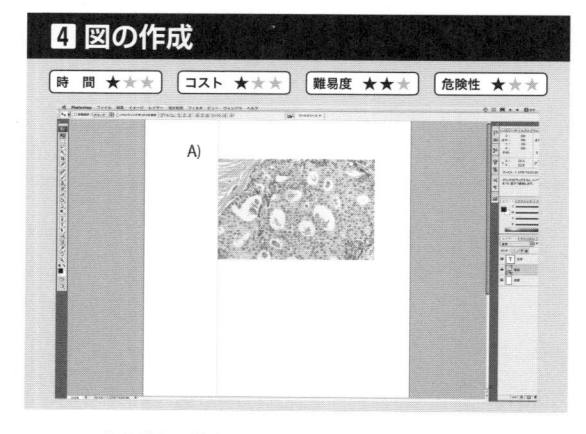

4 図の作成

時間 ★☆☆　コスト ★☆☆　難易度 ★★☆　危険性 ★☆☆

ここでは代表的な画像処理ソフトであるAdobe Photoshopを用いて画像をメインとする図の作成のしかたをみてみよう．

操作手順

1. 背景の色を任意に変えることができるようにしておくため，背景を設定してから，レイヤー1に写真画像を並べる．ガイドにそって画像パネルを並べても，パネル間の間隔が同じでない場合，コントラストのよい背景色にして，パネルの端を切り取って間隔をそろえる

2. レイヤー2にA, B,など文字を入れる．図の中の説明文字は小文字，12ポイント以下（小さくしすぎないこと）

3. 切片の写真には大きさを示すbarを入れる（8pxなど統一する）．100μmのbarを入れる（長すぎる場合は25μmなどと明示して入れる）

4 Figureが完成したら，余白はできるだけ切り取ってファイルの大きさを小さくしておく

5 保存は原則としてphotoshopでレイヤー構造のまま保存する

注意点

□ ビットマップ/ラスター画像の場合，画像解像度は300 ppi以上にする．原則として写真は，ファイルの大きさを変えずにそのまま並べる．ファイルが大きくなりすぎるようであれば，300～600 ppiに設定する．ベクトル画像は600ppi以上など，投稿規定にならう．画像解像度を下げることはできても，上げることはできない．解像度のよい原図ファイルを保存しておくこと．解像度の高いよい写真は，投稿ジャーナルの表紙を飾ることもできる

□ 入力ごとにレイヤーが別々にできてくる（Photoshop ver.5以上）から，あとから同じレイヤー（画像はレイヤー1，文字はレイヤー2のように）にまとめる．レイヤーが多すぎると扱いにくい．また，ファイルの大きさが非常に大きいとき，原図ファイル（文字などはいっていない）がきちんと残されていれば，保存はレイヤー構造のままでなくてもよい

□ ファイルの保存形式は，投稿投稿ジャーナルによっては，投稿時にはjpeg，アクセプトされたらtiffファイルを求められることがあるため，原図ファイルはなるべくtiffファイルで保存する

解説

ビットマップ/ラスター画像
　主に写真

ベクトル画像
　直線，曲線で描かれたオブジェクト画像，グラフや系統樹など

ppi
　pixels per inch. per cmでない．pixelは画素のこと

jpegとtiff
　jpeg：非可逆圧縮の画像フォーマット
　tiff：可逆圧縮

D）捏造との境界：科学的に適切で，許容な画像処理とは

科学の不正は次の3つに分類される．
① **捏造**：存在しないデータを作成すること
② **偽造**：データを改ざんすること
③ **盗作**：他人のデータを使用すること

　頻度が高い不正は，②偽造であろう．基本的にデータを操作してはいけない．しかし，画像データであれば，コントラストの補正，色調の補正，擬似カラー表示などは図を作成するために不可欠な操作であり，偽造との限界は微妙である．

　科学雑誌は，画像処理に関するガイドラインを設定しており，それに従った画像データの取り扱いが要求されている．J. Cell Biol.誌というジャーナルでは，Scientific misconduct防止（不正防止）のためのガイドラインを示し，具体例も掲載されている（J. Cell Bio., 166, 11-15, 2004）．画像データについては，決して操作してはいけないが，もし他の関連データと足す場合は，そのことが明確になるように線などをいれなければならない．明暗，輝度，コントラスト，カラーバランスなどを部分的ではなく画像全体について変更することは問題ないが，そのことによりデータの内容が変化しないことが条件である．また，非線形の調節（例えば，γセット）を行った場合は，図の説明にその旨を記載する必要がある．いずれにしても，オリジナルなそのままのデータを必ず保存しておくことが重要である．論文を雑誌に投稿した場合に，編集者から生データを要求されるかもしれない．

◆　◆　◆

私の本棚

『マウス―DNA生物学のゆりかご』
勝木元也/編，共立出版，1997
　　→マウスに関する入門書で，マウスについての

さまざまな知識が得られる．

『顕微鏡の使い方ノート 改訂第3版』
野島 博 / 編，羊土社，2011
　→顕微鏡を使用した研究を行う方々の必読の書．

『世界は分けてもわからない』
福岡伸一 / 著，講談社，2009
　→「生物と無生物のあいだ」で有名になった著者のエッセイ集の1つである．第8〜12章がスペクターの捏造の話である．

『クローン羊ドリー』
G. コラータ / 著，中俣真知子 / 訳，アスキー出版，1998
　→クローン羊誕生についてのドキュメンタリーである．その歴史的背景がわかる．

捏造事件

韓国においては，空港で活躍する麻薬捜査犬のクローン犬が活躍していると聞く．2008年に黄禹錫（ファン・ウソク）元ソウル大教授が率いる研究チームが犬のクローニングに成功し，クローン犬の商業化に本格的に乗り出すことが報じられている．優秀な捜査犬を育てるには時間がかかるが，優秀な捜査犬のクローンであれば，効率よく捜査犬を飼育できるらしい．2005年末に発覚したヒト胚性幹細胞捏造事件（ES細胞論文の捏造・研究費など横領・卵子提供における倫理問題）により，ソウル大学は黄禹錫を免職処分としていたのだが，犬のクローンについては問題なかったようである．

がんの研究分野でも有名な捏造事件（マーク・スペクター事件）があった．その内容については，福岡伸一の著書『世界は分けてもわからない』に詳細に紹介されている．1981年にコーネル大学の大学院生マーク・スペクターは，タンパク質のリン酸化によるがん発生のメカニズムについて大発見をしたと発表した．指導教授は有名なエフレイン・ラッカーだったのでその成果を多くの科学者は疑わなかったが，追試が成功しなかったことから実験データの捏造がわかった．

マウスのクローンの作製についても，問題が生じている．1981年スイスのジュネーブ大学のカール・イルメンゼーとアメリカにあるジャクソン研究所のピーター・ホッペらは，マウスのクローン作製に成功したとCell誌に発表した．しかし，その実験は他の研究室で再現することができなかったため，結果が疑われることになった．その後，哺乳類ではクローンを作製するのは困難であるとの一般的な印象が広がった．そのような背景があったので，1997年の羊のクローンドリー作製成功のニュースに多くの研究者が驚いたのであった．詳細は，『クローン羊ドリー』に紹介されている．

科学における不正行為としては，実験のデータの改竄（かいざん）や捏造，他人の論文の剽窃（ひょうせつ），他の科学者のアイディアの盗用，実験データを記録した媒体（USBメモリ，CD-Rなど）の窃盗およびコピーなどがある．不正がわかると，そのまま研究者として科学界で生きることは困難で，科学者生命が終わることもある．また，懲戒解雇などの処分により地位を失うこともある．さらに，共著者やコレスポンディング著者もその責任を追及されることがある．

5 プロトコールに載らない実験前後6つの基本

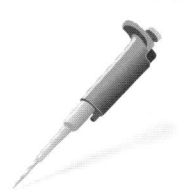

「実験」は，仮説を証明するための1つの手段です．一口に実験といっても，初歩的な実験から高度な実験までさまざまな種類があり，高度な実験になるほど，高度な技術が要求されます（もちろん，通常の技術を用いても，実験のデザインがよければ高度な実験になりえます）．いずれの実験においても，周到な準備が必要となりますが，その際，まず考慮しなくてはならないのは，実験の倫理の問題と安全性についてです．例を挙げましょう．スコットランドのロスリン研究所のウィルムットとキャンベルらの研究グループが，1997年に「体細胞の核を用いてクローンのヒツジが生まれた」と発表しました．これは，研究者のそれまでの常識を覆す画期的な研究でしたが，同時に，社会的にも大きなインパクトを与えました．マスコミが「クローン人間を作製できるかもしれない」と報道したためです．バイオ研究は，すべての実験を行う場合に，①倫理の問題と安全性の問題を常に考えておかなければいけないことを強調しておきます．例えば，あなたがこれから遺伝子組み換え実験を行おうとする場合は，どの大学であっても，安全委員会に実験を届け出，承認される必要があります．次に，②実験の安全性についても検討しなければなりません．たとえエタノールでも条件によっては爆発することがあります．さらに，③実験で必要な計算，④溶液調製，⑤後片づけ，⑥実験がうまく行かないときの対処について，その基本を紹介します．

1 倫理の問題

バイオ研究にかかわる倫理的問題として，実験動物の扱い，遺伝子組換えによるバイオハザードの規制，遺伝子組換え作物による遺伝子汚染などに関する問題，ヒトに関しては，がんや着床前診断などの遺伝子診断，人工妊娠中絶，代理母出産，脳死，臓器移植，安楽死・尊厳死，終末期医療，看護倫理，ヒトクローンなどに関する問題がある．基礎研究において，動物愛護の観点から実験動物の扱いについてはさまざまな議論があるので，必ず所属機関の方針を確認し，その倫理規則に従った対応をしなければならない．生命科学の倫理の問題は重く，それだけに安易に述べるのは問題であるが，その基本原則だけでもまずは紹介しておく．

A）ヘルシンキ宣言

ヘルシンキ宣言とは，1964年，世界医師会総会で採択された「**ヒトを対象とする生物医学的研究に携わる医師のための勧告**」をいう．ヘルシンキ宣言の日本語訳に関しては，文部科学省のホームページから日本医師会訳のPDFファイルが入手できる（表5-1）．

表5-1 知っておきたい倫理規則

通称	正式名称	URL
ヘルシンキ宣言	人を対象とする生物医学的研究に携わる医師のための勧告	http://www.mext.go.jp/a_menu/shinkou/sangaku/gijiroku/04090601/010.pdf
ヒトゲノム宣言	ヒトゲノムと人権に関する世界宣言	http://www.mext.go.jp/unesco/009/005/001.pdf
NIH動物実験指針	—	http://www.med.akita-u.ac.jp/~doubutu/info/USA.html
カルタヘナ議定書	生物の多様性に関する条約のバイオセーフティに関するカルタヘナ議定書	http://www.lifescience.mext.go.jp/bioethics/carta-expla.html

生物医学的研究は，最終的にヒトを対象とした試験によらなければ，実際の医療に寄与するものにならない．現在の臨床試験は1964年のヘルシンキ宣言を倫理的基盤としている．このヘルシンキ宣言の重要な原則として，ヒトを対象とする臨床試験を実施するためには，次の3項目が必須とされている．

☐ 科学的・倫理的に適正な配慮を記載した試験実施計画書を作成すること
☐ 治験審査委員会で試験計画の科学的・倫理的な適正さが承認されること
☐ 被験者に，事前に説明文書を用いて試験計画について十分に説明し，治験への参加について自由意思による同意を文書に得ること（インフォームドコンセント）

わが国においては，これらのヘルシンキ宣言の精神に基づいた医薬品の臨床試験の実施に関する基準が，1990年から施行されている．

B) ヒトゲノム宣言

ユネスコでは1993年に国際生命倫理委員会が設置され，そこでの議論をもとに1997年にユネスコ総会で「**ヒトゲノムと人権に関する世界宣言**」（ヒトゲノム宣言）が採択されている．その一部を紹介する（図5-1）．全文の仮訳については文部科学省のホームページで入手可能である（表5-1）．

C) NIH動物実験指針

動物実験指針は，動物の倫理的扱いを具体的に指示するものである．米国では全国統一の指針〔NIH

インフォームドコンセント

治験に参加する被験者（正常人，患者）に対し，治験に関するすべてについて十分に説明した後に，被験者がこれを理解し，自由な意思によって治験への参加に同意したことを書面によって確認することをインフォームドコンセント（informed consent）という．治験審査委員会が設置され，ここで承認された同意説明文書を用いて治験責任医師あるいは治験分担医師は同意を文書にて得なければならない．

したがって，各大学などは，ヒトの医療に関する倫理委員会があり，ヒトに関連する実験については倫理委員会の承認が必要である．

指針，現在は，全米科学アカデミーの下部組織である実験動物研究協会（ILAR）の指針，ILAR指針と呼ばれている〕が制定され，世界に周知されてきた．動物実験の適正な実施に重要な役割を果たしている．**実験動物を倫理的に扱うことは，研究を行ううえで基本であり，すべての実験は倫理的な配慮のもとに行わなければならない**というのが基本概念である．日本では行政指導によって各研究機関がそれぞれ指針をつくり自主管理に用いている．内容は全国的にほぼ同じで，ILAR指針とそれほど変わらない．

D）カルタヘナ議定書

生物多様性に関する最初の会議が，1999年コロンビアのカルタヘナで開催されたことに由来して，カルタヘナ議定書との名前が付いた．この条約では，生物多様性に悪影響を及ぼすおそれのあるバイオテクノロジーによる**遺伝子組換え生物**（living modified organism：LMO）の移送，取り扱い，利用の手続きなどについての検討も行うこととしている．

これを受けて，2003年には，遺伝子組換え作物などの輸出入ときに輸出国側が輸出先の国に情報を提供，事前同意を得ることなどを義務づけた国際協定，バイオセーフティーに関する**カルタヘナ議定書**（カルタヘナ議定書，バイオ安全議定書）が発効した．なお，日本ではこれに対応するための国内法として**遺伝子組換え生物等の使用等の規制による生物の多様性の確保に関する法律**〔遺伝子組換え生物など規制法，カルタヘナ法（従来の組換えDNA実験指針に代わるもの）〕が制定され2004年に施行された．各大学などにおいては，これに基づき，遺伝子組換えに関する安全委員会が設置され，安全性の審査や教育訓練を行なっている．

A.人間の尊厳とヒトゲノム

第1条　ヒトゲノムは，人類すべての構成員の根元的な単一性並びにこれら構成員の固有の尊厳及び多様性の認識の基礎である．象徴的な意味において，ヒトゲノムは，人類の遺産である．

第2条　(a) 何人も，その遺伝的特徴の如何を問わず，その尊厳と人権を尊重される権利を有する．

(b) その尊厳ゆえに，個人をその遺伝的特徴に還元してはならず，また，その独自性及び多様性を尊重しなければならない．

第3条　ヒトゲノムは，その性質上進化するものであり，変異することがある．ヒトゲノムは，各人の健康状態，生活条件，栄養及び教育を含む自然的・社会的環境によって様々に発現する可能性を内含している．

第4条　自然状態にあるヒトゲノムは，経済的利益を生じさせてはならない．

⋮

図5-1　ヒトゲノム宣言

2 安全な実験のために

A) 実験を安全に行うための三原則

実験において，研究室の同僚および他の不特定の研究者に危険を及ぼさないように行動することはもちろん，自分の安全を守ることは，最低限の義務である．いかに必要な実験であっても，安全を犠牲にして達成されるべきものではない．一般に，**未知のものはすべて危険を伴うと疑ってかかる必要がある**．実験室に新たにもち込む機器，試薬，これまで行ったことのない実験に伴う危険性をその都度明らかにし，その対策を立てなければならない．各大学や研究所には安全の手引きなどが用意されているので，それを参照するのもよい．実験を安全に行うための三原則を以下に示す．

1 正当性（justification）

その実験に十分な意義が認められるか，不必要な実験によって危険を引き起こしはしないか，実験が危険性に見合うだけの意義を有するかどうかを考えなければならない．

2 最低限の危険（minimization）

実験に十分な意義が認められたとしても，実験に伴う危険は最小に抑えなければならない．同じ成果をより少ない危険性で達成する方法のあるときは，危険性の少ない方法を選択しなければならない．

3 許容限界（limitation）

リスクが所定の許容限界を超えるときは実験を断念しなければならない．

事故の例

- **電気泳動装置の操作中，感電死**
  電気泳動を行う場合は，感電に注意すること．通電中はもちろん，通電していなくても電源のプラグがコンセントに差し込まれている状態でゲルなどの操作をしてはいけない．例え，100Vの電圧であっても注意が必要である．また，条件によっては，火災が発生することがあるので電極の状態など常に確認しておく必要がある．

- **換気不足による死亡事故**
  締め切った部屋でガスストーブを使用すると，室内の酸素が減少し，やがて不完全燃焼による一酸化炭素中毒で死亡することがある．また，低温室など締め切った部屋で，ドライアイス，液体窒素などを使用すると，窒息死する場合がある．

- **装置の加熱による火災**
  真空ポンプなどの長時間使用する装置については，におい，煙などが発生していないか，装置の状況を必ず定期的に確認すること．

B) 危険性の評価

1 毒物・劇物など，危険性のある物質

フェノール，クロロホルム，NaOHなど実験に通常使用している試薬の中に，劇物や毒物が含まれている．安全に実験を行うためには，あらかじめこれらの試薬についての知識が必要である．新しく使用する予定の化学物質については，**化学物質総合情報提供システム**（CHRIP, http://www.safe.nite.go.jp/japan/db.html）などにおいて，必ず危険性を確かめておくことが必要である．また，新しい試薬などは，試薬の販売店に問い合わせれば情報が得られる．通常の使用法では安全でも，ある条件では非常に危険性をもつ物質がある．例えば，エチルアルコールでさえ，ある条件下では引火して爆発する場合がある．扱う物質の性質をよく知っておくことで，危険性を回避できる．

2 実験装置・器具を扱う

実験に使用する装置や器具の中にも危険性があるものがある．必ず使用説明書を読み，安全に関する知識をもっておくことが重要である．コラムに事故例を紹介する．

3 放射性同位元素を扱う

放射性同位元素（redioisotope：RI）は生命科学の実験において非常に有用である．特に，薬物の体内でトレース，分子生物学におけるライブラリーのスクリーニング，サザンやノーザンブロット法における遺伝子の検出，RIでラベルした抗体を用いたラジオイムノアッセイ，RIラベルしたタンパク質を用いた受容体の検出など多くの実験で使用されている．非常に便利である一方，使用法を誤ると放射線を被曝することになり，障害を受けることになる危険性がある．そのため，日本の法律では**RIの管理区域を定めて，その区域でしかRI**（厳密には定義がある）**を取り扱うことができない**ことになっている．したがって，RIを使用するためには，所定の登録を行い，健康診断や教育訓練を受けなければならない．その管理区域には必ず放射線取扱い主任者が指名されており，法律を遵守しているかどうか管理している．アメリカの実験室では，日本のように管理区域が特

放射性同位元素の性質

よく使用する各種は，トリチュウム（^3H），^{32}P, ^{35}S, ^{125}Iなどである．

^3H：放射線はベータ線で実体は電子である．放射線のエネルギーは弱いので，体外からの被曝よりも空気中の水から体内に取り込まれて生じる内部被曝に注意すること．

^{32}P, ^{35}S：放射線はベータ線で，エネルギーが高い．特に^{32}Pを扱う場合は，アクリルがベータ線の遮蔽に有効なので，アクリル板などを用いて，外部被曝しないように注意すること．常にガイガーミュラーの放射線測定器をそばにおき，放射線をモニターするべきである．

^{125}I：放射線はガンマ線であり，実体はエネルギーの高い電磁波である．遮蔽には鉛を用いる．特に高い濃度の化合物を用いる場合は，ヨウ素タブレットをあらかじめ服用しておくと，^{125}Iの標的組織である甲状腺への蓄積が予防できる．

別に設定されていないが，実験室そのものが管理区域になっており，定期的に検査などが行われている．しかし，日本の研究室においては，絶対に管理区域以外でRIを取り扱ってはいけない．

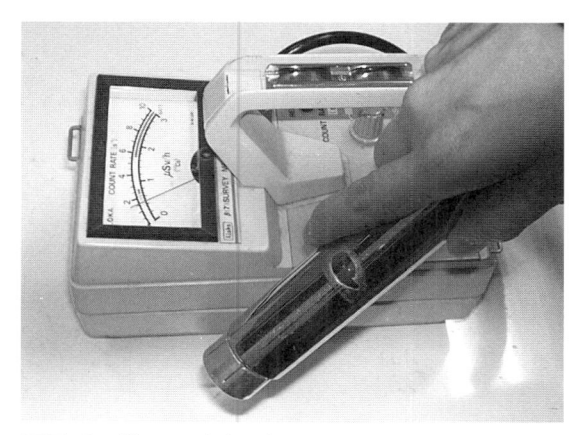

4 RIの使用法

| 時間 ★☆☆ | コスト ★★☆ | 難易度 ★☆☆ | 危険性 ★★☆ |

図5-2 サーベイメーター

手順

1. 使用する前に必ず担当者に相談する（初めてRIを使用する者は必ず指導者のもとに実験を行う）
2. 実験に使用し廃棄するRI量をあらかじめ使用簿に記入する
3. 手袋，黄衣，フィルムバッジ，防護用アクリル板，保護シートなどを用いて安全な実験を心がける．黄衣で室外に出ることは禁止
4. サーベイメーター（図5-2）で使用前の汚染をチェックする．汚染されている場合にはRI担当者にただちに連絡する．サーベイメーターはサーベイ用のシリンダ部分を本体に固定したまま使用する
5. 実験は裏打ち濾紙を机の上に敷き，さらに実験に必要な大きさの濾紙を重ねて敷き，その上で行う．心当たりがあれば実験中にも汚染をチェックする
6. 共通の機器（バイオイメージングアナライザー，液体シンチレーションカウンタ，オートガンマカウンタ，動物飼育装置ほか）を使用する際は，所定のノート，用紙に記入する
7. 汚染物は原則として実験終了後ただちに廃棄する．液体は二次廃棄までを汚染物とする．流しには三次廃棄以降を捨てる
8. 使用後にも汚染をチェックし，必要に応じ除染する（特に床，机上の濾紙）
9. 退出時身体着衣の汚染をチェックし，サーベイメータをオフにする

注意点

- □ RIの注文は放射線管理室（主任者）を通じて行う．実験予定者は各講座の指導者と相談のうえ，どの核種をどのくらいの量購入するかを決定し，注文書と申込書（三枚綴り）に記入のうえ，放射線管理室（主任者）にもっていく．
- □ RIは定められた場所以外に貯蔵してはならない．RI貯蔵室よりRI実験室にもち出して使用する際は，使用簿に使用量廃棄量を記入する．
- □ 規定に従って，可燃物，不燃物など分別廃棄すること．容器が一杯になったら管理室に連絡して集荷してもらうこと．

□ 毎週定められた時間帯に，RI実験室の掃除，実験室の汚染チェック，実験台，流し，床，冷蔵庫の中の清掃，整理整頓を行う．

3 実験で必要な計算，単位に強くなる

A) 測定値と単位の取扱い

日本では，すでに尺貫法からメートル，キログラムの単位系に移行しているが，米国ではインチ，ポンドなどが使用されている．身長が何フィート，何インチであるか，体重が何ポンドであるか，ガソリンを何ガロン入れるのか，速度制限が何マイルなのかなど米国での生活で最初に戸惑う原因である．

科学の世界では，そのような問題を解消するために，**国際単位系**（The International System of Units，略称：SI）を使用している．SIは，物理的な量を計測するための認められた科学的表記法である．最も基本的な単位である，長さ，質量，時間は，それぞれキログラム，メートル，秒である．基本的な国際単位のリストは，表5-2に示している．他のすべての単位は，これらの基本的な単位から導くことができる．例えば，体積は立方メートルまたはm^3となる．同様に，密度は単位体積当たりの質量で，立方メートルあたりのキログラムまたは$kg\ m^{-3}$となる．いくつかの重要な組立単位は，個別の名前がある．例えば，力の単位（$kg\ m\ s^{-2}$）は，ニュートン（N），圧力（$N\ m^{-2}$）の単位はパスカル（Pa）と呼ばれている．重要な**組立国際単位**のリストは，表5-3に示している．

表5-2　基本国際単位と補助国際単位系

	計測量	国際単位	シンボル
基本単位	長さ	メートル	m
	質量	キログラム	kg
	時間	秒	s
	物質の量	モル	mol
	温度	ケルビン	K
	電流	アンペア	A
	光度	カンデラ	cd
補助単位	平面角	ラジアン	rad
	立体角	ステラジアン	sr

表5-3　重要な組立国際単位系

	計測量	単位の名前	シンボル	定義
力学	力	ニュートン	N	$kg\ m\ s^{-2}$
	エネルギー	ジュール	J	$N\ m$
	仕事率	ワット	W	$J\ s^{-1}$
	圧力	パスカル	Pa	$N\ m^{-2}$
電気	充電	クーロン	C	As
	電位差	ボルト	V	$J\ C^{-1}$
	抵抗	オーム	Ω	$V\ A^{-1}$
	伝導率	ジーメンス	S	$Ω^{-1}$
	電気容量	ファラド	F	$C\ V^{-1}$
光	光束	ルーメン	lm	$cd\ sr^{-1}$
	照明	ルクス	lx	$lm\ m^{-2}$
その他	周波数	ヘルツ	Hz	s^{-1}
	放射能	ベクレル	Bq	s^{-1}
	酵素活性	カタール	kat	$mol\ substrate\ s^{-1}$

B) 測定値の記載のしかた

SIシステムのような標準システムを使用することによる問題は，その単位が必ずしも便利ではないことである．例えば，0.0000000001 kgの重量の生物から，100,000 kgの重量の生物まで存在するので，その記載のしかたを変える必要がある．そこで使用されるのが，**接頭辞**である．接頭辞を表5-4に示す．これを使用すると，0.0000000001 kg＝0.1 μg，100,000 kg＝0.1 Ggと記載できる．

表5-4 単位の接頭語記号（prefixes symbols）

10^{-3}	milli	m	10^{3}	kilo	k
10^{-6}	micro	μ	10^{6}	mega	M
10^{-9}	nano	n	10^{9}	giga	G
10^{-12}	pico	p	10^{12}	tera	T
10^{-15}	femto	f	10^{15}	peta	P
10^{-18}	atto	a	10^{18}	exa	E

1 計算のときは科学的記数法を使用する

計算を実施するときには，接頭辞を使用すると問題が生じるので，データを**科学的記数法**により表現するとよい．科学的記数法とは有効数字と10のべき数の積の形である数を表す方法である．例えば，123は，1.23に10の2乗または10^2をかけたものに等しい．ここでは，指数は2であるので，それで1.23×10^2と書くことができる．同様に，0.00123は，1.23に10の3乗の逆数あるいは10^{-3}をかけたものに等しい．したがって，1.23×10^{-3}と書く．

2 リットルと濃度

SIシステムに適合しないが，まだ広く使われている単位で最も重要なものは，リットル（1 dm^3または10^{-3} m^3）であり，溶液の濃度の計算に使われる．例えば，1リットルが2モルの物質を含んでいる場合，その濃度は，2 Mまたはmolarとなる（モルは，国際単位である）．物質の1モルの質量は，グラム単位のその分子量である．溶液の濃度を計算するとき使用するほとんどのガラス製品がリットルの目盛りになっており，小さいおもりがグラム単位である．このことがこれらの単位が使われ続けている理由である．

溶液のモル濃度Mは，以下の通りに得られる．

$$M = \frac{モル数}{溶液の体積（L）} = \frac{質量（g）}{分子量 \times 溶液の体積（L）}$$

3 計算結果の表示と桁についての注意

すべての計算を終了したとき，計算結果をどのように表現するかを考えなければならない．第一に，結果は測定値の精度と少なくとも同じレベルでないといけない．例えば結果が0.343となり，測定値の有効数字が2桁であれば，0.34と記載しなければならない．

c) 溶液の希釈法

よく使用する溶液は，高い濃度のストック溶液から希釈して使用する．希釈の方法は，通常，ストック溶液を溶媒で希釈するだけである．使用する容器としては，メスシリンダーやメスフラスコなどを使用する．

数字と精度

数字を書くときは，有効数字に気をつけなければならない．54,000,000 gと書いた場合は，53,999,999.5から54,000,000.5の間に真の値があることを意味する．例えば，54×10^6と書いた場合は，53.5×10^6から54.5×10^6の間に真の値があることになる．

1 希釈系列を作製する

測定装置のキャリブレーション用の標準曲線や検量線を作成する場合は，希釈系列を作製する．希釈系列には，①線形希釈系列，②ログ希釈系列，③調和希釈系列がある．

☐ 線形希釈系列

例えば，タンパク質の濃度が0, 0.2, 0.4, 0.6, 0.8, 1.0 μg/mLなどのように，等間隔で希釈する場合である．

☐ ログ希釈系列

非常に変化量が大きい実験においては，Decimal希釈（10倍希釈）を行う．つまり，1/10, 1/100, 1/1000, 1/10000に希釈する．Double希釈（2倍希釈）は，1/2, 1/4, 1/8, 1/16と希釈する．観察したい現象に応じて，希釈系列を選択しなければならない．

☐ 調和希釈系列

1, 1/2, 1/3, 1/4, 1/5のように希釈する．

2 ラベルを書く

ボトルのラベルに必要な情報を記載する．必要な情報とは，次の5つである．

①物質名
②濃度
③毒性など
④調製日
⑤作製者名前

4 溶液の調製と減菌操作

A) 溶液調製でミスしない

バイオ実験を行うために必要な基礎技術は，試薬溶液の調製である．初心者の実験の失敗の多くは，正しく溶液が調製できていないことが原因である．溶液の調製といえども，単に溶かしたり混ぜたりするだけではなく，なぜこの試薬はこの濃度で使用するのか？なぜこのpHなのか？なぜ減菌するのか？などを理解して調製しなくてはならない．この理解が不足していると，とんでもない間違いをすることになる．ある研究室で，マウスを注文してくださいと頼まれた学生が，マックですか，NECですかと質問したとか，PCRの実験が失敗ばかりするので，指導者がチェックすると，タックのポリメラーゼではなく，タックの制限酵素を入れていたとか，ここまでひどくないにしても絶句する間違いもある．溶液を調製するための最低限の知識を以下に紹介する．

ストック溶液

ストック溶液（stock solution）を作製しておくと，便利である．実際に使用する濃度よりも10倍くらい高濃度の溶液を作製し，それをストック溶液としておく．同じ試薬の溶液の異なった濃度の溶液を作製する場合や，あらかじめ混ぜておくとよくない場合などに使用すると便利である．

B) 液量を測定するための器具

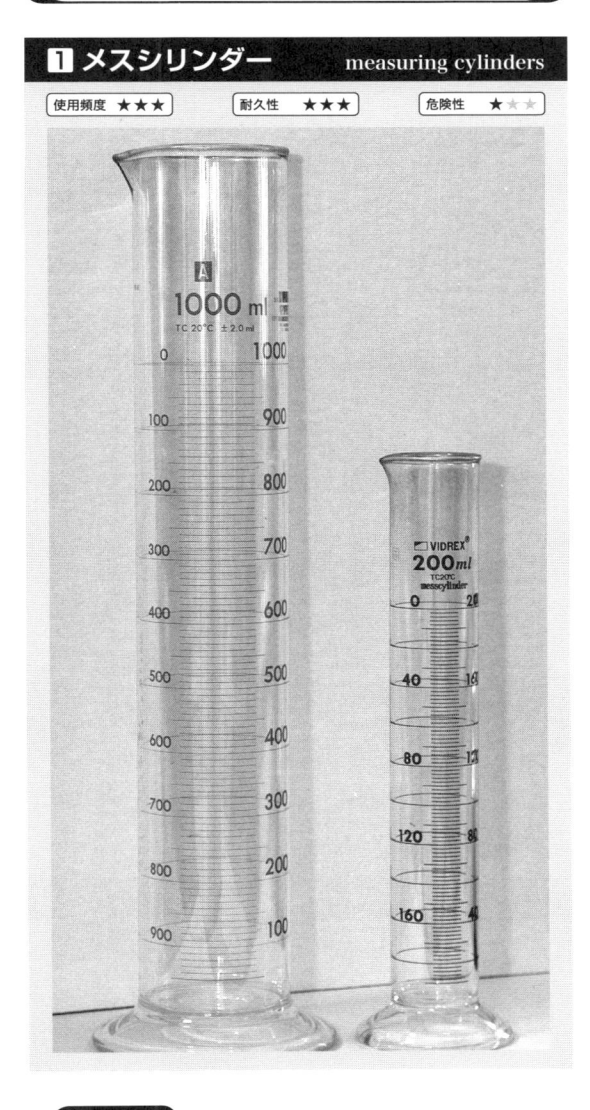

1 メスシリンダー　measuring cylinders

使用頻度 ★★★　　耐久性 ★★★　　危険性 ★☆☆

用　途

5〜2,000 mLの溶液量を扱うためには，メスシリンダーが適している．水平の机の上に置き，目盛りの少し下まで液を入れ，試薬をよく溶かした後，パスツールピペットなどで最終的な量にする．パスツールの代わりに，プラスチックの試薬ビンに水を入れておくと便利である．

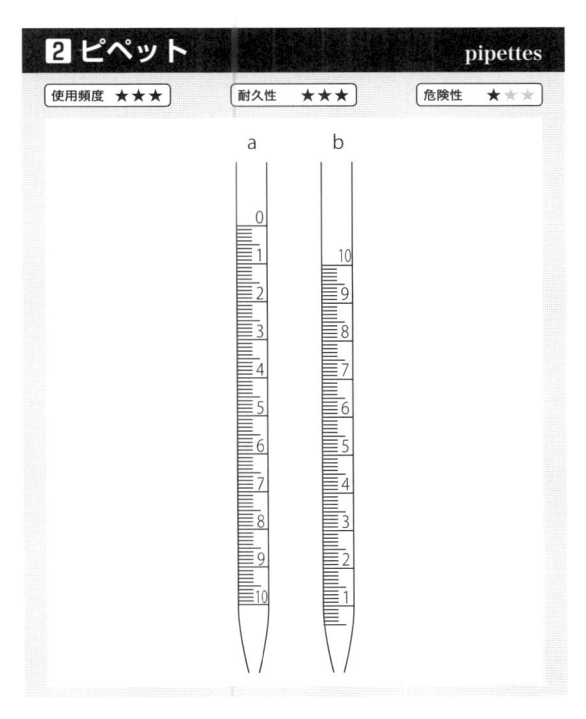

2 ピペット　pipettes

使用頻度 ★★★　　耐久性 ★★★　　危険性 ★☆☆

用　途

1〜50 mLの溶液量を扱うときには，ピペットを用いる．目盛り付きピペット（graduated pipette）には，2種類ある．目盛りの付け方が逆なので，注意しなければならない．ガラス管の先を長く細く引き伸ばしたピペットをパスツールピペットと呼び，ゴム製ニップルなどで発生させた陰圧で溶液を吸引する．

注意点

☐ 溶液を口で吸い上げるのがふつうであったが，最近は，安全性に対する考慮と器具の発達により，口では吸わないように指導しているところが多い

3 ピペッター pipettors, autopipettors

使用頻度 ★★★　耐久性 ★★★　危険性 ★☆☆

- プッシュボタン (push button)
- plunger
- チップ用押しボタン (tip ejector button)
- 調節リング (adjustment ring)
- 体積表示 (volume scale or volumeter)
- 胴体 (barrel)
- チップ脱着装置 (tip ejector)
- チップ (disposable tip)

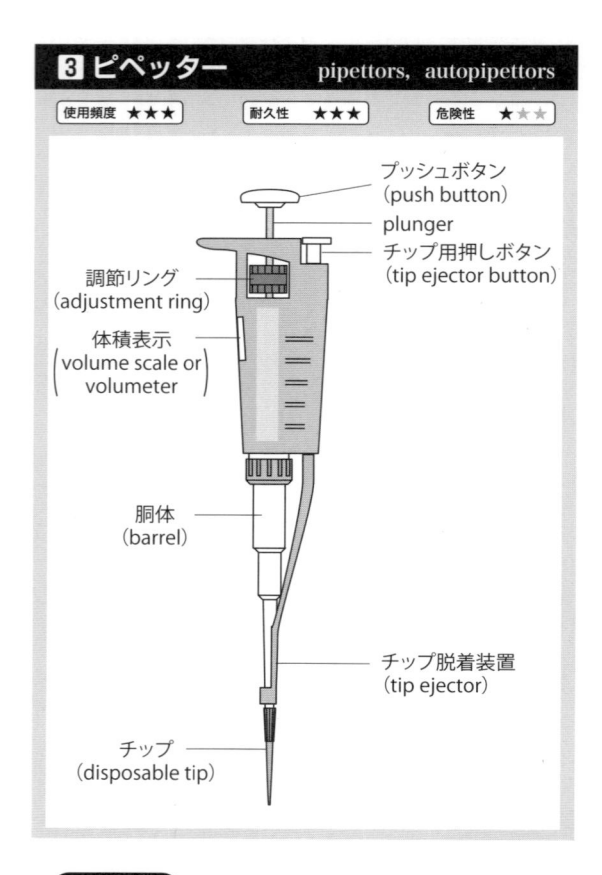

用途

1 mL以下の溶液を扱う実験には，ピペッターが多く使用されている．例えば，フランスのギルソン社のピペットマンがよく使用されている．ピペットマンには主に3種類のタイプ，p20，p200，p1000があり，使用したい量に応じてタイプを選ぶ．p20は1～20 μL，p200は10～200 μL，p1000は，100～1,000 μLの量について正確に計量することができる．

手順

1. 調節リングを回して，目盛りを目的の量に合わせる
2. チップを先に付ける．きちんと装着されるように，2，3回軽く押す．チップの種類もピペッターにより異なるので注意すること
3. ピペッターを垂直にもち，プッシュボタンを抵抗がでるまで親指で押す．チップの先を溶液に浸ける．親指で調節しながら溶液をゆっくり吸引する．溶液がチップの中に入るのを確認する
4. 眼でチップの中の液量が正しいかどうかを判断
5. チップの先を器壁に付け，ゆっくりとプッシュボタンを押す．液がチップから出るのを確認する．さらに最後までプッシュボタンを押して，チップに残っている液をすべて出す
6. チップ用押しボタンを用いてチップを捨てる

掃除と精度，確度の確認

1. 分解して汚れがないかなどチェックする
2. 正しい計量が行われているか確認する．水が1 mg＝1 μLであることを利用し，電子天秤で量を計り確認する．電子天秤の皿の上にパラフィルムをのせ，そこに水滴をつくり，秤量し，記録する．許容誤差は1％である

注意点

- 溶液の粘度が高い場合は，吸引をよりゆっくり行う
- 溶液とチップ内の液面の位置を覚えておくこと

c) 容器

溶液の性質や用途に応じて適切な容器を選ぶことが重要である．

1 ガラス製容器・試験管

使用頻度 ★★★　耐久性 ★★★　危険性 ★☆☆

ガラスのビンに樹脂性フタがついている，いわゆるメディウムビンが溶液の保存にはよく使用される．オートクレーブ可能である．パイレックス（Pyrex）ガラスは熱，衝撃に強い．ガラス容器の欠点は，イオンやある種の分子を吸着したり，イオンが溶液に溶出したりすることである．特にアルカリ溶液では注意する必要があり，アルカリ溶液の保存に使用してはいけない．ガラス器具が壊れたときは，ガラスの破片などが残らないように，きれいに掃除すること．指導者に報告し，場合によっては事後処理についての指示を仰ぐ．

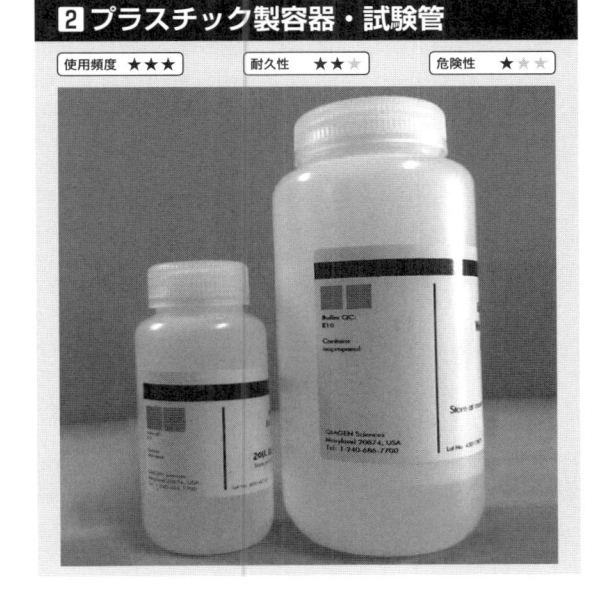

◆ ◆ ◆

❷ プラスチック製容器・試験管

使用頻度 ★★★　　耐久性 ★★☆　　危険性 ★☆☆

ポリプロピレンとポリスチレン容器の区別のしかた

　ポリスチレン容器を使用する場合は，注意が必要である．ポリプロピレンは不透明，弾性あり，耐薬品あり，耐遠心力あり，オートクレーブ可能であるのに対し，ポリスチレンは透明，固い，オートクレーブ不可である．耐薬品性について，バイオで主に使用するエタノールなどについてもポリスチレンは耐薬品性が低い．耐遠心性の指標は，最大遠心強度（RCF）で表示する．15 mL，50 mLのポリプロピレンコニカル遠心チューブは12,000〜16,000 RCF，ポリスチレンは1,800 RCFである．ポリプロピレンであれば10 cmの回転半径であれば，目安として10,000回転/分まで耐遠心性があるが，ポリスチレンであれば，4,000回転/分までとなるので，注意が必要である．

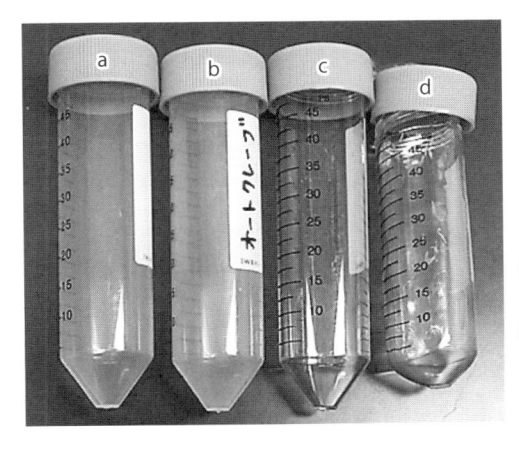

図　ポリプロピレンチューブとポリスチレンチューブ
a, bがポリプロピレンチューブでbはオートクレーブしたもの．c, dがポリスチレンチューブでdはオートクレーブしたもの．c, dは透明感があり，オートクレーブによって変形する

ガラス容器は衝撃に弱く，割れやすいがプラスチック容器は比較的強い．ディスポーザルな容器としても使用されている．しかし有機溶媒，熱，紫外線に弱い．容器によっては，化学物質が溶出し，酵素などの活性に影響がでる可能性がある．ポリプロピレン容器はオートクレーブ可能であるが，他のプラスチック容器と区別が付きにくいので，注意が必要である．ポリスチレン製の容器はオートクレーブできない（コラム参照）．

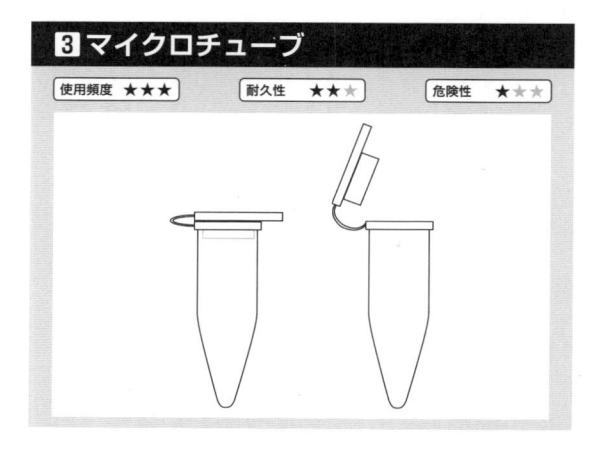

◆ ◆ ◆

❸ マイクロチューブ

使用頻度 ★★★　耐久性 ★★★　危険性 ★☆☆

エッペンドルフ社の作製したチューブが有名で，エッペンチューブとも一般に呼ばれている．最近では，さまざまなチューブがあり，これも実験の目的に応じて最適なものを選ぶのがよい．カタログを見ればすぐにわかるだろう．

D）水

バイオ系の実験に用いられる水は，必要な純度に応じた精製法により純化され，名前がつけられている．

水の純度の評価法として，水の比抵抗値が使用される．水の中に不純物があれば，電流が流れやすくなり，抵抗値が下がる．理想的な純水の比抵抗値は約 $18\,\mathrm{M\Omega \cdot cm}$ である．表5-5に精製法と得られる水の比抵抗値と最近使用されている比伝導度（μS/cm）を示す．目的に応じて水を使い分けなければならない．

表5-5で示した精製法について，簡単に紹介しておく．**イオン交換水**とは，通常，まず水道水をフィルターに通し水中の粒子を除去し，さらに水中のイオンをイオン交換樹脂を通して除去することによって得られた水である．**超純水**は，活性炭，イオン交換樹脂，限外濾過膜，精密濾過膜を通すことにより，不純物を除去して得られた水である．**限外濾過**とは，ある分子量以下の物質しか通過できない膜を用いた濾過である．また，水の純度が上がるにつれて，容器の洗浄度も問題になってくる．

表5-5　精製法と得られる水の比抵抗値と比伝導度

	精製法	比抵抗値（MΩcm）	比伝導度（μScm^{-1}）
水道水	—	0.01以下	100以上
イオン交換水	濾過，イオン交換	0.1〜1.1	1〜10
蒸留水	イオン交換水を蒸留	2〜4	0.2〜0.5
超純水	イオン交換，限外濾過	10〜18	0.1〜0.06

E）試薬の取り扱い

バイオ研究はさまざまな試薬を用いて行われる．したがって，研究室にはさまざまな試薬がある．特に，その中には危険物や毒物が含まれており，法律によりそれらは厳重に管理することが義務づけられている．もちろん，危険物ではなくても研究室内の試薬を管理することは，研究を円滑に推進するうえで非常に重要である．最近では，パソコンを用いた試薬の管理も可能である．初心者は各研究室の決められたルールに従って，試薬を使用しなければならない．以下のことは最低限守らなくてはならない．

1 すでに購入してある試薬を使用する場合

- □ 試薬の純度，残存量，残存状態，有効期限を調べ，実験に使用できるかどうかを確認する．また，毒性なども確認しておく
- □ 使用した試薬は必ず，元あった場所に返却する
- □ ストックから最後の1ボトルを開封したとき，すみやかに注文するための手続きをとる
- □ 特に理由があって同時に2本以上のものが開封された状態にあるようなときは，その旨明記する
- □ 空になったもの，使えなくなったものはすみやかに処分する

2 研究室にない試薬を注文する場合

研究室によりルールが異なるが，次はその一例である．

- □ 実験に必要な試薬を注文する前に，すでに注文に出されていないかどうかを注文ファイルまたはノートなどを見て確認する
- □ 注文されていなければ，ファイルまたはノートに日付，品名，製造会社名，カタログ番号，定価，個数，注文者名などを記入する
- □ 責任者は，その試薬が必要なものか，以前に注

酵素類

遺伝子組換えを行う場合に，DNAを切断する制限酵素，DNAをラベルするための修飾酵素，DNAやRNAを合成する酵素など多くの酵素を扱う．そのほとんどすべての酵素が不安定なため，グリセロールなどの不凍剤を入れて，－20℃で保存する．酵素を取り扱う際は，手からの汚染を防ぐために手袋を着用し，使用直前にフリーザーから取り出す．失活を避けるため必ずフリーズボックスとアイス・ボックスを用意し，フリーザーから取り出したらただちにフリーズボックスに移し，使用後はすみやかにフリーザーに戻す．

ピペットマンで酵素をとるときは他の酵素，あるいはDNAの混入を避けるため，必ず滅菌済みの新しいチップを使用する．もし，誤って使用済みチップを入れた場合はその旨申し出て適宜処理する．大量の酵素を初めて開封し使用する場合は，分注して順番に使用していく．

酵素は高価なものであるのでDNA量から使用量を計算し，使い過ぎないようにする（制限酵素はたくさん入れたからより切れるとは限らない．酵素量は反応液の10％以上入れると反応が阻害される）．酵素を使い切ることが予測されたら，すみやかに所定の手続きによって注文する．使用頻度の高い酵素T4DNA ligase, DNA pol I Large fragment, T4PNK, CIAPやそのほか主要な制限酵素については予備を常に1本用意しておく．予備を開封した時点で注文し，新しい予備にする．

文されていて在庫があるかどうかを検討した後，注文する
- □納入時の処理：業者が品物を納入し，それを受け取ったら納入伝票を所定の場所にしまい，注文者に知らせる．注文者は受取日をファイルまたはノートに記入する．必要があれば，研究室全員に掲示して知らせる．その際，保管条件（冷凍，冷蔵）に注意する

F）溶液の調製の実際

バイオ研究において，溶液を用いて観察や実験を行うことが多い．したがって，目的の溶液を正しく作製することは，観察や実験を成功させるための最初の重要なステップである．

◆ ◆ ◆

1 溶液の濃度と純度を計算する

時間 ★★★　コスト ★★★　難易度 ★★★　危険性 ★★★

手　順

1. 溶液をつくる試薬の濃度と純度を決める．単位はモーラー（M）を用いる
2. 必要な量を決める．実験の期間と溶液の安定性の関係などに依存する
3. 試薬の分子質量を調べる
4. 溶液の中に入れる試薬の重量を計算する
5. 試薬を容器から取り出し，必要重量を計る
6. 最終量よりも少なく水（溶媒）を加える
7. 撹拌や温めることにより，試薬を完全に溶かす
8. 必要があれば，pHの調節をする
9. 水を加え，最終的な量にする
10. 溶液を保存用容器に移す

解　説

一定量の溶液に溶かす試薬の量（g）の計算式

　試薬の量（g）＝分子量×モル濃度×溶液の量（mL）/1000

ある量の試薬を溶かして溶液（mL）をつくるときの計算式

　溶液の量（mL）＝1000×試薬の量（g）/分子量/モル濃度

注　意

- □すべての化学物質は危険性があると考えて，使用すること
- □試薬は安全性および安定性を考慮して保管してあるので，使用後は正しい位置に戻す．可燃性の試薬，有機溶媒，酸，揮発性の試薬はドラフトチャンバー内に保管する．有機溶媒は毒性のあるものが多く，酸は蒸発して金属の機器を傷めるのでドラフト内で分注する
- □試薬棚の扉は忘れず閉める
- □使用頻度の高い試薬，および培地用の試薬は，予備が最低1本は置かれているようにする．基本的に最後の1本を開封したら新しい試薬を注文する．新しいボトルを開封したときは日付，開封者名をボトルに書いておく

◆ ◆ ◆

2 バッファーを調整する

時間 ★★★　コスト ★★★　難易度 ★★★　危険性 ★★★

原　理

水素イオン（H^+）は，生物において非常に重要である．その濃度の目安は，$pH = -\log_{10}[H^+]$で，ここで，$[H^+]$は水素イオンの活動度（activity）である．水溶液に溶けている多くの物質の性質はpHに依存して変化するので，水溶液のpHを正確に調節する必要がある．そこで用いるのがpHバッファー（buffer）である．溶液のpHとバッファーに用いる電解質Aの酸解離常数pKaとの関係は，

Henderson-Hasselbalch 方程式

$$pH = pKa + \log_{10} [A^-] / [AH]$$

で表すことができる．[A$^-$] ＝ [AH] のときに，pH＝pKaとなる．pH＝pKaの値の前後1単位に緩衝効果があることになる．図5-3によく使用されるバッファーのpKaとバッファーとして有効なpH領域を示した．

手　順

1 ガラス電極の先端を蒸留水で洗い，過剰な水を

---

pHの測定法

■pH電極を用いる方法

通常pH電極として使用されているガラス複合電極の構造を下図に示す．

この電極は2種類の電極が1つになっている．H$^+$により生じた電位を測定するために，比較電極（reference electrode）とガラス電極がある．比較電極はH$^+$に応答せず，ガラス電極はH$^+$の濃度（活動度）に依存して応答し，ガラス膜の内外で電位差が生じる．pHメーターはその電位差をpHに変換して表示する．比較電極用の内部液（飽和KCl-AgCl，または4MKCl）は，溶液に浸すと，セラミック液絡部から流れ出すので，使用頻度に応じて補充しなければならない．最近は，温度補償電極も中に組み込まれたタイプの電極もある．pHメーターの電極は非常に壊れやすいのでその扱いには注意する．また使用中，使用後に電極を乾燥させないよう注意する．ゴム栓の閉め忘れにも注意し，KClの水位が下がっていたら交換，補充する．

一方，ガラス電極の代わりに，FET電極（field effect transistor electrode）を用いることもできる．FETアダプターを用いればガラス電極用pHメーターにも接続して使用可能である．

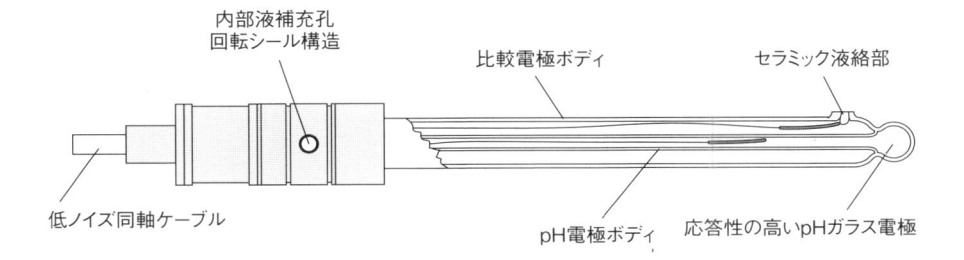

■pH試験紙などを用いる方法

pHにより色調が変化することを利用して，pH指示薬として使用されている色素がある．これらの色素の色の変化で正確なpHの測定はできないが，だいたいのpHを測定するのに便利である．例えば，フェノールフタレイン（phenol-phthalein）は，アルカリ（pH8.3～10）で赤色になるので，アルカリ側の滴定の終点を決めるのに使用される．あるいは，フェノールレッド（phenol red）はpHが弱アルカリ（pH8.2）から中酸性側（pH6.8）になると赤から黄色に変化するので，細胞培養液のpH変化をモニターするのに使用される．これらのpH指示色素は，紙などに吸着させてpH試験紙にも使用されている．

キムワイプなどの紙でやさしくふきとる

2 pH標準液に電極を浸け（液絡部が浸かるように），pHメーターを校正（calibrate）する

3 電極を洗浄し，過剰な水をキムワイプなどの紙でやさしくふきとる．別のpH標準液を用いて校正する

4 電極を洗浄し，過剰な水をキムワイプなどの紙でやさしくふきとる．サンプルのpHを測定する

5 溶液のpHが期待と異なる場合は，その理由を明確にしておくこと．場合によっては溶液の組成を間違えた可能性がある．pHを大きく調整したい場合は，バッファーの種類や組成を検討し，溶液を新たに作製しなければならない．微調整の場合は溶液の組成や使用目的をよく考慮して，最も適当な種類と濃度の酸，あるいはアルカリで調節する．単純にHCl，NaOHを用いればよいわけではないので注意すること

注　意

- 電極の表面は乾燥させてはいけない
- 必ず校正用バッファー（25℃でpH 7.00，pH 4.00）があるのでそれを利用する．温度とpHの関係に注意し校正すること

◆ ◆ ◆

G）溶液の混合と撹拌

多くの生物学，分子生物学の実験は，溶液を混合し，撹拌することが基本となっている．初心者が遭遇する実験の失敗の原因の1つが，混合，撹拌のミスである．例えば，A溶にB液をピペットで入れただけでは，すぐには両者は完全に混合しない．特に

酸または塩基	pKa値（s）
酢酸（Acetic acid）	4.8
炭酸（Carbonic acid）	6.1, 10.2
クエン酸（Citric acid）	3.1, 4.8, 5.4
グリシルグリシン（Glycylglycine）	3.1, 8.2
フタル酸（Phtalic acid）	2.9, 5.5
リン酸（Phosphoric acid）	2.1, 7.1, 12.3
コハク酸（Succinic acid）	4.2, 5.6
トリス（TRIS）	8.3
ホウ酸（Boric acid）	9.2
MES	6.1
PIPES	6.8
MOPS	7.2
HEPES	7.5
TRICINE	8.1
TAPS	8.4
CHES	9.3
CAPS	10.4

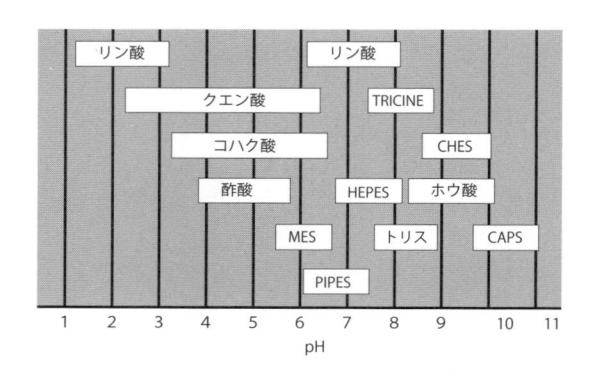

図5-3　主なバッファーのpKaとバッファーとして有効なpH領域
トリス（TRIS）は吸湿性（hydroscopic）なので，デシケータに保存することが望ましい

粘度が高ければ均一に混合するまでにかなりの時間を要する．ところが，初心者は液を入れただけで混合したと思ってしまうのである．たとえ透明な液体を混合しても，よく観察していれば屈折率の変化などで混合の様子を知ることができる．したがって，溶液を混合する場合は必ず撹拌操作が必要である．もちろん，決して撹拌せずじっと均一になるのを待つ特殊な場合もある．何事にも例外はある．通常の精度の実験においては，水溶液の希釈や混合は体積変化を無視している．したがって，5 mLのA液を95 mLの水で希釈すれば，1/20の濃度のA液が得られる．

液体は単に混ぜただけでは，均一に混合または反応するのに時間がかかる．そこで，以下のようなさまざまな道具を使用して撹拌を行う．

◆ ◆ ◆

❷ ボルテックスミキサー　vortex mixer

使用頻度 ★★★　　耐久性 ★★★　　危険性 ★☆☆

試験管やエッペンチューブの中の少量の液を撹拌

◆ ◆ ◆

❶ 磁石スターラー　magnetic stirrer

使用頻度 ★★★　　耐久性 ★★★　　危険性 ★☆☆

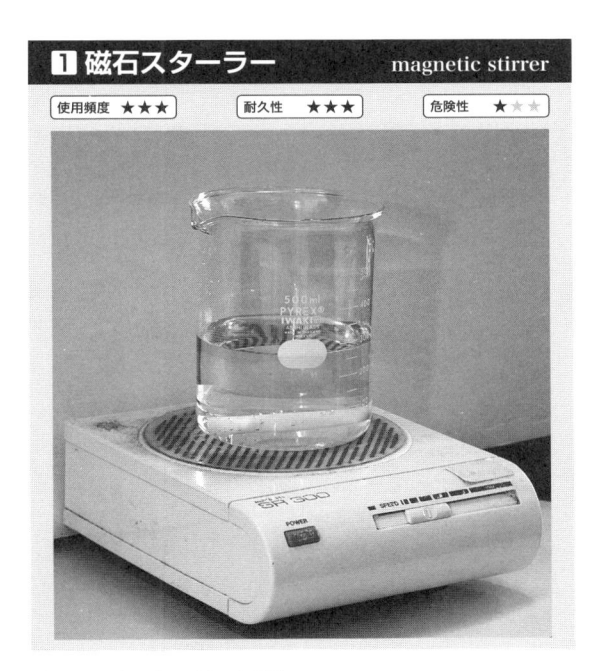

磁石バー（flea）を用いた撹拌

◆ ◆ ◆

❸ 振盪インキュベーター　shaking incubator

使用頻度 ★★★　　耐久性 ★★★　　危険性 ★☆☆

温度を一定にして，撹拌

◆ ◆ ◆

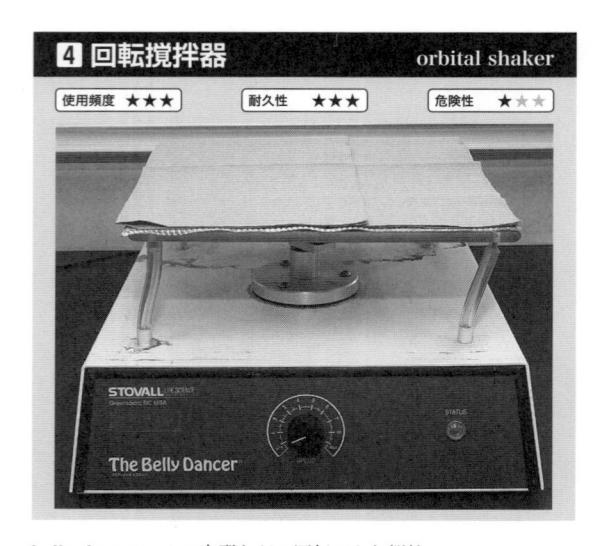

4 回転撹拌器　orbital shaker

| 使用頻度 ★★★ | 耐久性 ★★★ | 危険性 ★☆☆ |

belly dancer，8の字型などの回転により撹拌

◆　◆　◆

5 回転培養器　bottle roller

| 使用頻度 ★★★ | 耐久性 ★★★ | 危険性 ★☆☆ |

細胞培養中の培養ビンなどを回転させて撹拌

◆　◆　◆

注　意

　溶液を混合する場合に順序が非常に大切な場合とそうでない場合がある．濃い塩酸に水を加えてはいけないし，純粋な水に酵素を加えてはいけない．実験プロトコールを作成する場合に，試薬を加える順番を意識して作成しなければならない．

H）滅菌操作

　細菌培養や細胞培養などを行う場合は，通常，不要な細菌などのコンタミネーションを避けるために，使用する器具や溶液を滅菌して用いる．熱に安定な器具などは，熱をかけて滅菌する**乾熱滅菌**を行う（図5-4）．一方，熱に安定な溶液は**オートクレーブ**にかける．熱をかけることのできない溶液については，**濾過滅菌**を行う．以下に，各方法について紹介する．

◆　◆　◆

1 ガラスピペットの乾熱滅菌　dry heat sterilization

| 時間 ★★★ | コスト ★☆☆ | 難易度 ★☆☆ | 危険性 ★★☆ |

用　途

　乾熱滅菌とは熱処理によりガラス器具などを滅菌する方法である．乾熱滅菌装置を用いて，160℃で少なくとも2時間処理する．装置は連続運転をせず，タイマーを使用して時間を設定する．

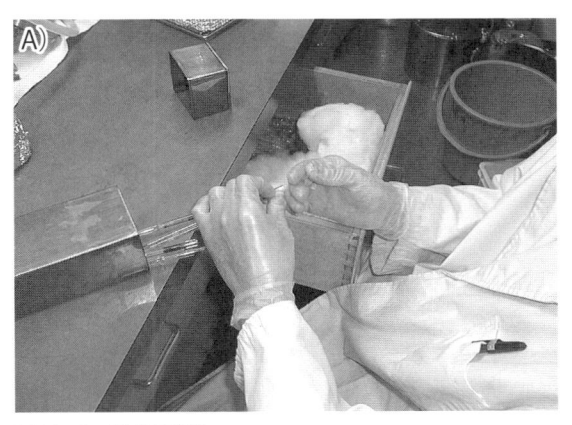

図5-4 乾熱滅菌
細胞培養用ピペットを乾熱滅菌する際は口に綿を詰める．B）詰める綿の量．『改訂 細胞培養実験ノート』（井出利憲，田原栄俊/著，羊土社，2010）より転載

装置のドアには，設定温度を表示しておく．

手　順

1. 洗浄したガラスピペットなどを十分に乾燥させる
2. Cotton house またはピンセットにより綿を詰める
3. ピペットを滅菌缶に7割程度入れ，ライターでピペットからはみでた綿を焼く
4. 温度が上昇したかどうかを確認するために乾熱用滅菌テープを貼る．日付を書く
5. 乾熱滅菌装置に入れ，少なくとも160℃で2～3時間乾熱滅菌を行う
6. 温度が下がったところで取出し，所定の場所に保管する

注　意

□ 綿の量が少ないと脱落やコンタミの原因となる．多いとピペットエイドで吸入できなくなる．破損したピンセットはピペットエイドの口を傷めるので除外する
□ 乾熱滅菌装置に入れるときは，器内の対流を考え，缶の間隔をあけて置く
□ 温度が下がり切らないうちに乾熱滅菌装置の戸を開けると，急に外気が入りこむので，内部が室温に戻るまで戸は開けない
□ 日付の新しい缶はできるだけ下に置く
□ 高温80℃以上で使用する際はプラスチック製品など変形・溶解するものを入れてはいけない

◆　◆　◆

2 オートクレーブ
autoclave, moist heat sterilization

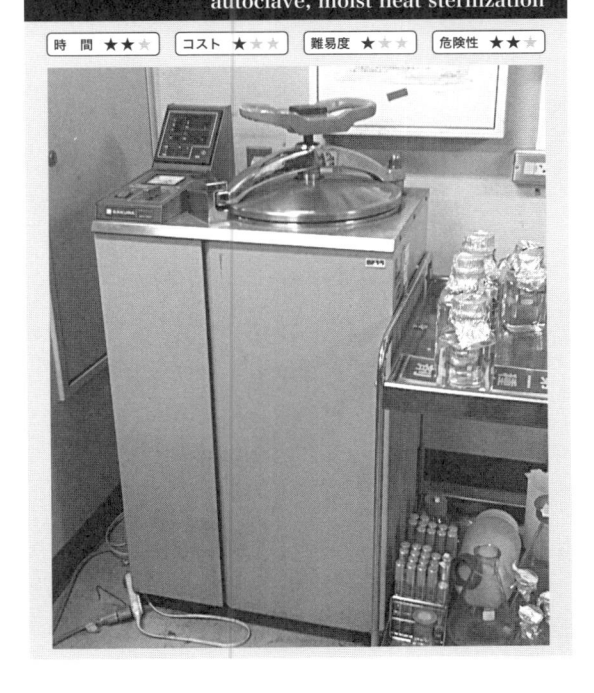

時間 ★★☆　コスト ★☆☆　難易度 ★☆☆　危険性 ★★☆

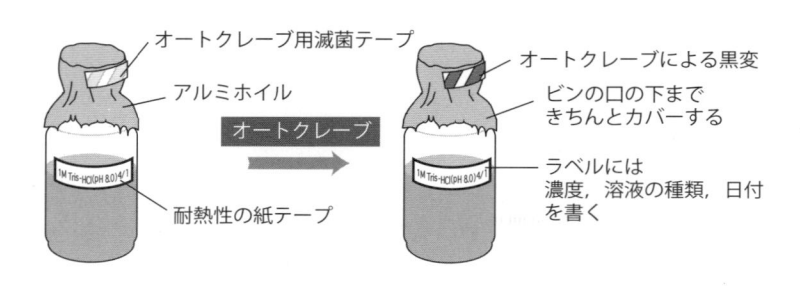

図5-5　滅菌テープを用いた減菌の確認

用　途

溶液の滅菌を行うためには，オートクレーブを使用する．もちろん，熱に不安定なものは濾過滅菌などを行い，溶液が冷めてから加える．通常，121℃，20分で処理する．処理条件が高温でかつ高圧であるため思わぬ事故を招くことがあるので，その扱いには細心の注意が必要である．

手　順

1. オートクレーブ内の水位の確認を行う．足りない場合は水道水を指定のレベルまで追加する
2. オートクレーブしたい器具などはアルミホイルで包む．溶液の入った容器は，フタの部分から汚染されやすいので，それを防止するため図5-5のようにアルミホイルをかぶせる．メディウムビンを用いていれば高圧によるガラス容器の破損などの問題はないが，オートクレーブ後，フタが開きにくくなるのを防ぐため，フタは少し緩めておく．これらにはオートクレーブ用減菌テープを貼り，日付を書いておく
3. オートクレーブの中のカゴに，滅菌する溶液，器具を入れる
4. フタを閉め，排気になっていないことを確かめて，スタートを押す
5. 終了後は，自然冷却する
6. オートクレーブをかけ終えたものは乾燥機の中で乾燥可能である．乾燥後はすみやかに各自整頓する
7. 中に試薬や培地がこぼれた場合は水洗いする

注　意

- 温度が下がっていない場合は，決してドアを開けてはいけない
- 突沸が生じることがあるので，溶液の温度にも十分に注意すること

◆　◆　◆

3 濾過滅菌　filter sterilization

時　間 ★★★　コスト ★★★　難易度 ★★★　危険性 ★★★

用　途

熱に対して不安定な（heat-labile）な溶液，例えば抗生物質，酵素，細胞増殖因子などのタンパク質，血清，ある種のホルモンなどの溶液を滅菌するには，通常細菌などが通過できない穴（pore size，直径 0.22 μm）をもったフィルターを用いて濾過する．ただし，ウイルスは通過するので，除去できない．

注　意

- 濾過滅菌する溶液の量に応じて，さまざまなフィルターが販売されているので，それを使用するのが簡単で安全であるが，コストは高くなる

5 実験終了後の後片付け

A) 廃棄物の処理

通常は，医療廃棄物と一般廃棄物に区別してごみの処理を行っている．

1 一般廃棄物

一般廃棄物は現在は可燃物，ビニール類，缶類，ビン類を区別している．ごみ箱に捨てる際には**区別して捨てる**こと．ごみ箱が一杯になったら内容物を自主的に大学内の指定の場所へ捨てにいく．

2 ガラスごみ，金属ごみ，医療廃棄物

専用のごみ箱をそれぞれ研究室内に1カ所設置しておく．危険を伴うものなので必ず，そのごみ箱に捨てる．またエチジュウムブロマイド（EtBr）で汚

洗い方の原則

ビーカー，メスシリンダー，フラスコ類（ガラス器具）など一般の洗い物
1. 洗剤をつけてこすり，汚れを落とす．場合によっては洗剤液につけておく
2. 泡が切れるまですすいでから，さらに10回水道水ですすぐ
3. 脱イオン水で2回すすぐ
4. ドライシェルフに伏せて風乾，もしくは乾燥器中で乾燥する
5. ほこりが入らぬよう，アルミホイルでフタをして棚に戻す

プラスチック類
ガラス器具に準ずる．ただし強くこすり傷をつけないようにする．乾燥は60℃以下で行う．遠心機のチューブはスポンジで洗う．

ピペット洗浄
1. 使用後のピペットは乾燥しないように，各実験台に備え付けの洗剤入りピペット槽に先端を下にしてつける．ピペットをピペット槽に入れる際には，他のピペットと衝突し破損させないように十分注意して入れ，決して投げ込まないこと．ピペットは完全に水中に沈めること．汚れがひどいときは15分以上超音波処理する
2. 洗浄槽に水を循環させて2〜3時間以上洗う．この際サイホンが作動していることを確認する
3. 洗浄用脱イオン水中で5回上下してピペットをすすぐ．さらに洗浄用脱イオンを交換し水中で5回上下してピペットをすすぐ
4. カゴにピペットを移し，ほこりをかぶらないようにアルミ箔をかぶせて乾燥器で乾燥する
5. 乾燥したら，ピペット用の引き出しに分類してしまう

染されたもの，注射筒（使用目的にかかわらず）は，**医療廃棄物**である．医療廃棄物はたまったら，所定の箱に入れて指定の日時・場所に廃棄する．

③ 使い捨てプレートの処理

使用済みの使い捨てのプレートなどは，所定の缶にオートクレーブバックを二重にして廃棄する．フタをきっちり閉めること．一杯になったらオートクレーブし，通常のプラスチックごみとして廃棄する．

④ 使用済み試験管，ガラスプレートの処理

大腸菌などの培養液が入ったままフタを閉じ，所定の場所のラックにいれる．その際試験管の周りに貼ったテープなどは剥がしておく．当番の人はある程度たまったところでオートクレーブしてフタを外し，洗浄する．

B）廃液の処理

EtBrやそのほかの毒物，フェノール，クロロホルムなどの有機溶媒などは流しに流さず，定められた分類に従ってドラフトチェンバー内の**廃液ボトル**に蓄積しておく．銀染色試薬，銅を用いたタンパク質定量試薬，そのほか重金属含有試薬についても，定められた分類に従ってドラフトチェンバー内の廃液ボトルに蓄積しておく．フェノール水層は**含水有機廃液ボトル**に貯める．ボトルが一杯になったら廃棄物責任者は，所定の日に廃棄する．EtBrを含む廃液は漂白剤で不活化（色が消える）してから捨てる．

① アクリルアミド，アガロース

ゲルをつくった残りのアクリルアミド，アガロースは通常の**不燃物ごみ箱に捨てる**．流しには決して流さないこと．配水管が詰まる原因となる．アクリルアミドは重合させてから捨てる．モノマーは神経毒である．

② 大腸菌を含む培地，カビの生えた培地

大腸菌を含む液体培地はオートクレーブしてから廃棄する．カビの生えた培地類はコンタミネーションの原因になるので，フタをあけずにそのままオートクレーブにかけてから廃棄する．

6 実験がうまくいかないときの対応

A) コントロールの結果がでない場合

　コントロール実験の結果から，その単純ミスがどこにあるか判断できる場合が多い．多くの汎用的な実験プロトコールの成書では，必ずトラブルシューティングが書いてあるので，それを参照する．多くの場合は，試薬を入れ忘れた，濃度を間違えた，バッファーを間違えたなどの**単純な実験操作のミス**である．ミスがなかったかを検討し，もう一度，同じ実験を繰り返すことが解決につながる．もし，プロトコールに同様なトラブルが書いてない場合は，追加しておく．単純な実験ミスが大発見のきっかけになる場合がある（コラム参照）．

B) 再現性が得られない場合

　実験を行うたびに結果が異なる場合や，以前はよい結果が得られたのに，その後は異なる結果が得られるなど，再現性が得られない実験を経験することもある．コントロール実験は問題ないのであれば，**想定していなかった条件が変化している可能性**がある．単純ミスでなければ，大発見に繋がる場合がある．例えば，O. プルキエがニワトリの体節形成における遺伝子発現を調べているときに，in situ ハイブリダイゼーションの結果に再現性がなく悩んでいたが，やがて，遺伝子発現が周期的に変化しているこ

白川英樹の発見

　白川英樹は2000年に電気を流すことのできるプラスチック（ポリアセチレン）の発明によりノーベル化学賞を受賞した．ポリアセチレンはポリエチレンと同様にプラスチックの一種で，ポリアセチレン自体は白川が発見したものではなく，すでに1955年には合成が報告されていた．しかし当時のポリアセチレンは真っ黒な粉末としてしか得られておらず，そのままでは性質を調べることもできなかった．

　1967年の秋，当時東工大の助手であった白川のもとに，一人の韓国人留学生から「ポリアセチレンの合成をしてみたい」と申し出があり，白川は報告されていた触媒を溶かした液にアセチレンガスを吹き込み，溶液中で重合させて合成する方法を紙に書いて渡し，実験を行わせた．ところが，できたものは予期された黒い粉末ではなく，ラップのようにしなやかな銀色のフィルムだった．原因は，彼が必要な量の1,000倍もの触媒を加えていたからであった．彼が単位のm（ミリ）を見落としたらしいが，白川の書き間違いかもしれない．このためふつうは溶液の中でゆっくり進む反応が溶液の表面で一気に起こり，薄い膜ができたのである．フィルム状態の高分子は，粉末と異なり，いろいろな試験が可能になるので，ノーベル賞に繋がった．

　1976年，たまたま東工大を訪れたマクダイアミッド（ノーベル賞を白川と同時受賞）はこの金属光沢のあるフィルムを見て驚き（銀色であるというのは，金属に近い性質を反映している），すぐさま共同研究を申し出た．こうして白川はアメリカへ渡り，やがてドーピングによる導電性の発現という大発見に至ることになる．

とにより，固定した時間に依存して発現パターンが変化することを発見した．それが，体節時計（segmentation clock）の発見のきっかけであった．

c) まったくよい結果が得られない場合

コントロールの実験は問題ないが，予想した実験結果が得られないこともある．多くの場合，これは**仮説の構築が間違っていることを意味する**．したがって，仮説を構築するところから見直す必要がある．このような場合にも大発見が生まれる可能性がある．

例えば，大阪大学微生物病研究所の審良静男らの自然免疫に関する論文は，論文引用数が非常に多いことで有名であるが，そのきっかけはよい結果が得られない実験（だと思っていた）による発見であった．1997年，審良はMyD88というシグナル伝達分子の機能を知るために，ノックアウトマウスを作製したが，特に異常は観察されないのでがっかりしていた．その異常がないマウスを医学部の学生が行う実習に使用した．その実習は，敗血症の実習で，グラム陰性菌の成分であるリポ多糖（LPS）を腹腔内注入すると，野生型のマウスのほぼすべてが注入後10時間以内に敗血症ショックで死亡する実験であった．学生がMyD88遺伝子のノックアウトマウスにLPSを投与したところ，全く死亡しないことを報告してきた．当時は，LPSはどんな細胞の膜にも非特異的に結合し，ストレスを感じた細胞が免疫反応を起こすと考えられていた．しかし，MyD88がないと反応しないことは，何か受容体があることを意味していた．その後，Toll-like receptor（TLR）の4番がLPSの受容体であることがわかった．これがきっかけで，自然免疫と獲得免疫の概念を塗り替える一連の研究が進展し，アレルギーや自己免疫疾患の治療，感染症の予防といった応用の分野にも大きな影響を与えることになる．

◆ ◆ ◆

私の本棚

『新・現代免疫物語－「抗体医薬」と「自然免疫」の驚異』
岸本忠三，中島彰／著，講談社，2009
　→最近の免疫研究の流れがわかる本．審良らの発見のエピドードもわかる．

自然免疫システム

ヒトは，病原体の体内侵入を察知し排除する免疫システムをもっており，感染症を防いでいる．ヒト免疫システムには，自然免疫系と獲得免疫系があり，病原体が生体内へ侵入すると，まず自然免疫系が病原体の侵入を察知し，自然免疫系細胞を活性化する．興味あることに，無脊椎動物や植物などは自然免疫系しか存在しない．ヒトでは，自然免疫系の活性化から，さらに病原体の抗原特異的な獲得免疫系の活性化が誘導され，病原体のさらなる感染に備えている．

これまでの免疫学では，獲得免疫系が研究の主流であり，自然免疫系は，下等動物から存在する原始的防御システムであって，哺乳動物ではほとんど機能していない非特異的な免疫系と考えられていた．しかし，審良らによるTLRの発見，解析を通じて，自然免疫系が病原体の生体内侵入を特異的に認識し活性化されることが明らかになってきた．

6 実験機器取り扱いの基本

バイオ研究の実験では，ウォーターバスのような単純な機器から，何千万円もする高価な機器まで，目的に応じて使用します．最近の高価な機器はコンピュータにより制御されており，画面に出る指示に従って操作すれば大きなトラブルが発生することはありません．しかし，機器の作動原理や使用上の注意事項は必ず知っておく必要があります．

1 機器の使用上の一般的な注意

A) 責任者を知っておく

通常，各機器にはその管理・維持のための責任者が決めてある．ある研究室では責任者の名前が機器の表面に表示してある．各責任者は担当機器について使用方法，故障の際の連絡先，トラブルシューティングについて熟知しているはずなので，トラブルなどが生じた場合には，必ず報告するようにしよう．

ある機器をはじめて使用する場合は，各機器の取り扱いマニュアルをまず熟読し，所定の責任者（場合によっては経験者）の立会いのもとに操作する．

B) 使用記録簿に必ず記入する

機器には，通常使用記録簿が備え付けてある．それに所定の事項を必ず書き込む必要がある．機器の状態，消耗品の寿命などを誰もが把握でき，常にベストな状態で機器を使用するためには，記録は不可欠である．

C) 故障の際の処理

機器に関してトラブルが生じたときは，所定の各機器責任者に報告し，責任者はすみやかにトラブルを確認し必要な処理を行い，状況を研究室全員に通知する．

D) オーバーナイトの機器使用

オーバーナイトの機器使用は最小限に抑える．長時間あるいはオーバーナイトの使用に際しては，日付と使用時間と使用者を明示したメモを残す．特に，火災の原因となる可能性のあるホットプレート，乾熱滅菌装置，オートクレーブについてはオーバーナイトの使用は避けたほうがよい．またウォーターバスは帰宅前に必ず水量を確認し，十分な量の水を補充して使用しなければならない．

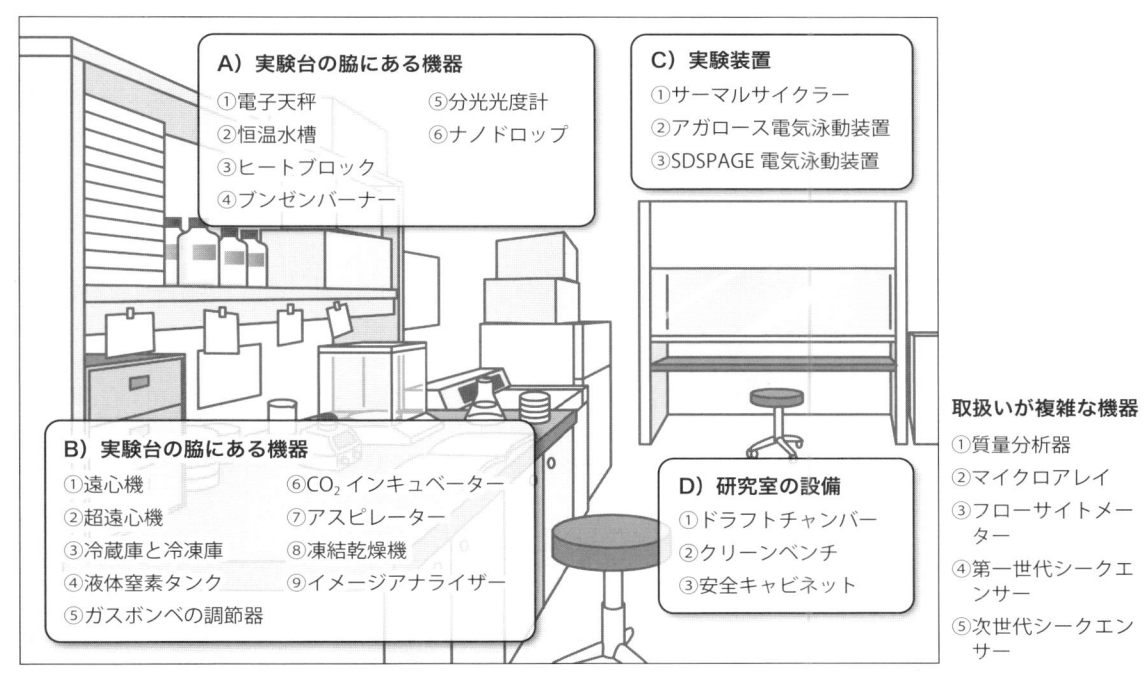

```
A) 実験台の脇にある機器          C) 実験装置
  ①電子天秤      ⑤分光光度計       ①サーマルサイクラー
  ②恒温水槽      ⑥ナノドロップ     ②アガロース電気泳動装置
  ③ヒートブロック                   ③SDSPAGE電気泳動装置
  ④ブンゼンバーナー
```

```
                                   取扱いが複雑な機器
B) 実験台の脇にある機器              ①質量分析器
  ①遠心機        ⑥CO₂インキュベーター ②マイクロアレイ
  ②超遠心機      ⑦アスピレーター    ③フローサイトメー
  ③冷蔵庫と冷凍庫 ⑧凍結乾燥機        ター
  ④液体窒素タンク ⑨イメージアナライザー ④第一世代シークエ
  ⑤ガスボンベの調節器                ンサー
                D) 研究室の設備      ⑤次世代シークエン
                  ①ドラフトチャンバー  サー
                  ②クリーンベンチ
                  ③安全キャビネット
```

図6-1　本章で解説する機器一覧

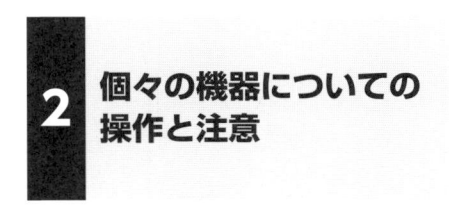

2　個々の機器についての操作と注意

A) 実験台にある機器

1 電子天秤　electric balance

使用頻度 ★★★　　耐久性 ★★☆　　危険性 ★☆☆

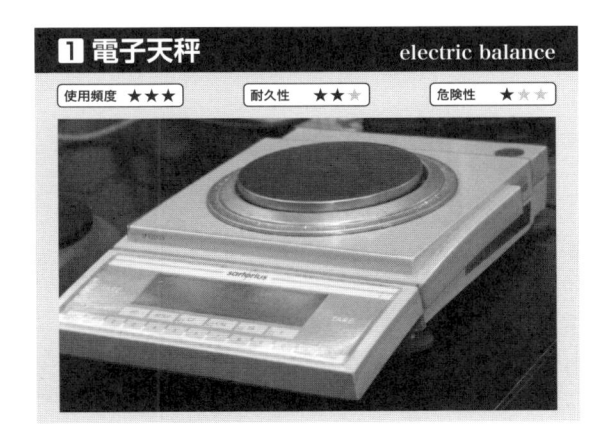

用途

試薬の重量を測る．

手順

1. 秤が水平に置かれているかどうかを調べる
2. 秤皿の上に，薬包紙，アルミホイル，ビーカー，フラスコなどを置き，ゼロ点調節を行う
3. 試薬を容器から注意深く落とす（解説参照），あるいは，スパチュラを用いて取り出す
4. 秤の値は必ず記録すること

解説

容器からの試薬を直接落とす方法

試薬は純度が命である．試薬を秤量するときに汚染される可能性が高いので，秤量は注意深く行わなければならない．試薬の秤量のために試薬の容器にスパチュラなどを入れることが汚染の原因になる場合がある．そこで，扱いやすい試薬はスパチュラを使用せず，容器を傾けて直接薬包紙などの上に試薬を出す方法により秤量するのがよい．はじめは，難しく感じるかもしれないが，慣れると意外に細かい量までコント

❻実験機器取り扱いの基本　87

ロールすることができる．

注　意

□ 秤が水平に設置されていることを確認する
□ 大量のサンプルを計る場合はアルミホイルなどを利用し，試薬をこぼさないようにする
□ 原則として，電源を落としてから秤の上の試薬を回収する
□ 使用後は必ず秤の周辺を確認し，試薬など飛散しているときは雑巾がけをしてきれいに保つ．ビーカー，メスシリンダーなどの置き忘れのないことを確認し，試薬を所定の位置に戻す．アクリルアミドや色素などを計った場合は，気づかなくとも粉末が飛散していることがあるので必ず水ぶきする
□ スパチュラは試薬ごとに取り替え，いったん容器から出した試薬は容器に戻さない．スパチュラを使用した場合はただちに洗浄し，風乾する．風乾し終わったらすみやかに所定の位置に戻す
□ 大腸菌，酵母用の培地はP2内の秤を使用する（P2についてはコラムを参照）．この場合も秤の周辺の清掃を励行する
□ RNA用試薬はRNaseの混入を避けるため他の用途には使用しない．まとめて所定の位置に保管する

◆　◆　◆

P2実験室

　物理的封じ込めのレベル2（P2）の実験は，P2レベルの設備のある実験室で行わなければならない．P2レベルの設備とは，組換え体が外部に漏れないように，安全キャビネットが設置してあり，オートクレーブが備えられていることなどが主で，その他実験室に関する細かい規定がある．P3，P4と封じ込めレベルが上がるにつれて，遺伝子操作した生物が絶対に外部に漏れないように厳重に管理されることになる．

P2実験室の使用上の注意

□ 遺伝子組換え実験に用いる細菌や細胞の処理，増殖実験は，P2実験室などの指定された場所で行う．P2実験室は規定上，靴を履き替え白衣を着替えることになっているため，スリッパが内側に，白衣のハンガーが部屋の外側に設置されている
□ 培地もP2実験室でつくりそのままオートクレーブしてもよい
□ 組換えDNAの廃液としては酵母，および大腸菌の培養上清が主である．漂白剤を入れて色が変化したら殺菌されているのでそのまま流しに捨てる．大量の場合はオートクレーブしてから廃棄する
□ P2実験室では危険なウイルスなどを用いた実験はしない
□ 使い終わったら必ず後片付けをし雑巾がけをしてきれいに保つ

2 恒温水槽（ウォーターバス） water bath

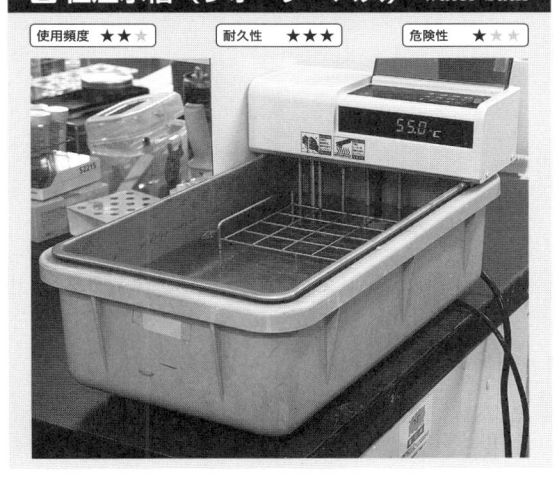

使用頻度 ★★☆　耐久性 ★★★　危険性 ★☆☆

用 途
酵素反応，細菌の培養など，温度を一定に保った条件が必要なときに使用する．エバポレーターを用いて有機溶媒を蒸発させる場合にも使用する．通常，37℃のウォーターバスをよく用いる．

原 理
サーモスタットを用いて一定温度に保つようにヒーターで調節

操作手順
温度を調節し，希望の温度になったことを温度計で確認してから，使用する．

注意点
☐ 水が蒸発して火災の原因となる可能性があるので，オーバーナイトではなるべく使用しない（オーバーナイトで使用する場合はエアインキュベーターを用いるのが好ましい）

☐ イオン交換水に細菌などの繁殖を防ぐため0.02％ NaN_3 を加えたものを入れる場合もある．イオン交換水のみでもよいが，カビが繁殖しやすいのでこまめに洗う

◆ ◆ ◆

3 ヒートブロック heat block

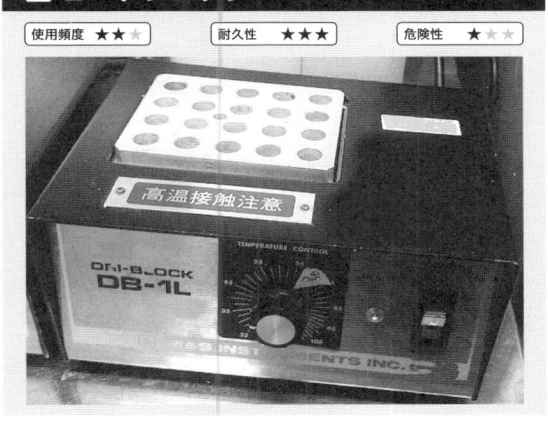

使用頻度 ★★☆　耐久性 ★★★　危険性 ★☆☆

用 途
冷却および加熱が可能なので，低温から高温の条件を必要とする実験に使用可能．

原 理
ヒートブロックの温度をサーモスタット，ヒーター，ペルチェ素子によって調節．

特 徴
水の代わりに，ヒートブロックを使用し，溶液の温度を一定に保つ．

操作手順
1. 90℃以下で使用する場合，ブロックの穴に水を入れる（水を入れると温度が均一になりやすい）
2. 温度が一定になったことを，温度計で確認する
3. チューブを立てる

注意点
☐ 必ず希望の温度になっていることを装置の表示ではなく，温度計で確認すること

◆ ◆ ◆

4 ブンゼンバーナー　Bunsen burner

使用頻度 ★★☆　耐久性 ★★★　危険性 ★☆☆

用途
サンプルを熱する，無菌操作などに使用

原理
1855年ドイツのブンゼンが考案したガス燃焼器具．ゴム管からのガスは下部のノズルから噴出し，その力で空気孔から空気を吸い込んでバーナー内で混合，上端で点火され，空気孔の大きさを調節して炎の状態を加減する．

操作手順
空気孔を閉じて，ガスを出し，着火する．

注意点
□ まわりに有機溶媒など引火しやすいものはないか，確認してから着火すること

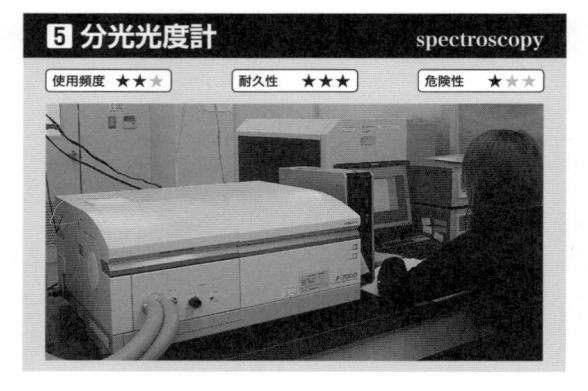

◆　◆　◆

5 分光光度計　spectroscopy

使用頻度 ★★☆　耐久性 ★★★　危険性 ★☆☆

用途
可視・紫外線吸収スペクトルの測定．溶液の吸収スペクトルを測定すると，溶液に含まれる化合物の①同定が可能で，②濃度が決定できる．また③構造決定が可能で，④反応を追跡できる．

原理
多くの化合物はその化合物に特徴的に，ある波長の光を吸収したり，発光したりする性質をもっている．

溶液中の物質の光を吸収する量（吸光度）は，物質間の相互作用がない場合，物質の濃度，光が通過する長さ（光路長）に比例する．この法則は，ランバート－ベヤー（Lambert-Beer）の法則と呼ばれ，次式で表すことができる．

吸光度（Absorbance），Aの定義は，

$$A = \log_{10} (I_0/I) = \varepsilon l C$$

ここで，I_0は入射光の強度，Iは溶液から出てきた光の強度である．εは分子吸光係数（absorption coefficient），lは光路長（cm），Cは濃度である．ランバート－ベヤーの法則に従う物質では，AとCは比例関係になる．光の波長450 nmの吸光度はA_{450}と表示する．分光光度計の簡単な構造を図6-2に示した．

可視光（340～700 nm）の吸光度は，光源にタングステンランプを用いる．一方，紫外線（UV，200～340 nm）の吸光度は，重水ランプ（Deuterium lamp）を光源に用いる．物質の性質に応じて使い分ける．波長の可変にはモノクロメーター（monochromator）を使用する．

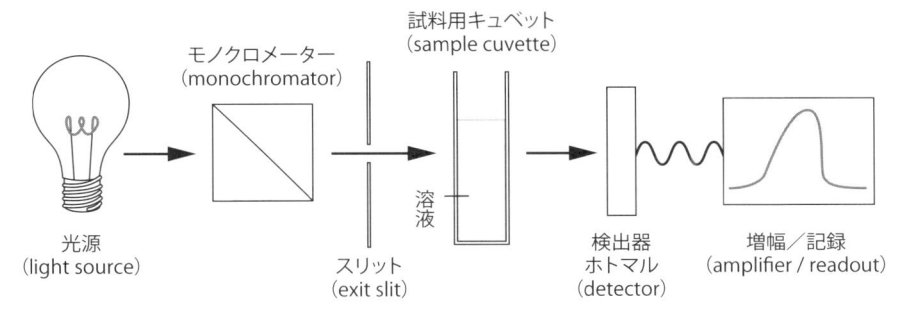

図6-2　分光光度計の構造

準備

キュベット（cuvette）

通常の吸光度計は，1 cmの光路長のセル，キュベットにサンプル溶液を入れて測定する．通常のガラスや使い捨てプラスチック製のキュベットは，可視光の測定に使用できるが，UVの測定はできない．UVの吸光度を測定するには，石英のキュベットを用いなければならない．

操作手順

例：DNA量の決定

1. 分光光度計の電源をONにする．最近の装置はコンピューター化されているので，その指示に従い操作する
2. DNAの吸極大は，260 nmにあるので，UVの測定範囲を選ぶ．重水ランプを選ぶ．ランプが安定になるまで，約30分間待つ
3. 水を入れて，ベースラインをゼロに補正する（通常のガラスキュベットやプラスチックキュベットはUV領域に吸収がある）．キュベットの中の水を捨て，できるだけ水を取り除く
4. 新たにDNAサンプル溶液を少量入れ，キュベットの器壁を洗う
5. 液を捨て新たにサンプル溶液を加えて，260と280 nmの吸光度を測定する
6. DNA濃度を計算する
7. 測定が終了したら，キュベットを洗浄しておく．指示どおりに保管する
8. ランプをOFFにする．ノートに使用時間を記録する．電源をOFFにする

解説

DNA濃度の計算

DNAの濃度が50 μg/mLのとき，$A_{260} = 1.0$となる．したがって，測定した$A_{260} = 0.5$であれば，キュベットの長さを1 cmとすると，DNAの濃度は25 μg/mLとなる．RNAの場合は，40 μg/mLのときに$A_{260} = 1.0$となる

注意点

- 微生物測定用キュベット，DNA測定用のキュベットは区別する．使用後は必ずキュベットを取り出し水洗いし，容器内の洗浄水につける
- 光源ランプは寿命があり高価であるので，消し忘れのないように気をつける
- 吸収スペクトルを測定する場合は，長波長側からスキャンすること
- A_{260}/A_{280}が1.6以下の場合は，タンパク質などの280 nm付近にUV吸収をもつ物質が存在していることを意味している．フェノール処理などで，DNAを精製する必要がある

◆　◆　◆

6 ナノドロップ　nano drop

使用頻度 ★★☆　　耐久性 ★★★　　危険性 ★☆☆

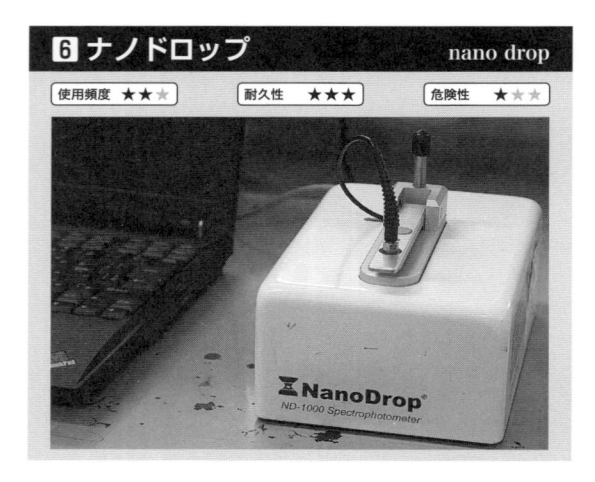

写真は古い型のもの．

用途
微量のサンプルの定量などに使用．

原理
セルを使用せずに，0.05 mm〜1 mm の間隔の試料保持システムにサンプルが保持され，そこに光を通過させることにより吸光度などを測定する．

特徴
□ これまでの分光光度計のようにキュベットやキャピラリーが不要で，5秒以内の短時間での測定が可能．また低波長側の測定能力をさらに高め，ペプチドを205 nm で測定可能

□ 必要な試料の容量は，0.5 μL から．dsDNA 換算で 15,000 ng/μL までの測定に対応することができ，さらに高濃度試料の希釈の必要がない

操作手順
1. ナノドロップのアームをあげ，試料を直接台座の上にのせる
2. アームを下げると，試料の柱ができる 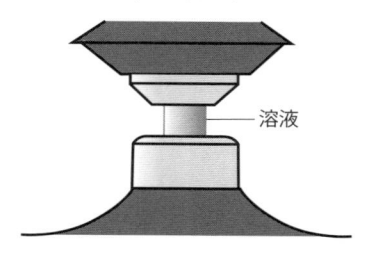
3. 台座が自動的に試料に最適な光路長となるように移動（0.05 mm〜1 mm）
4. 測定
5. 測定完了後，試料を拭き取り，次の試料を測定

◆　◆　◆

B）実験台の脇にある機器

1 遠心機（遠心分離法）　centrifugation

使用頻度 ★★★　　耐久性 ★★★　　危険性 ★☆☆

用途
遠心機は，遠心力を用いて物質を分離する装置である．

低速遠心機
最大回転数が 3,000〜6,000 rpm の遠心機．細胞，大きなオルガネラ（核など），抗原-抗体複合体などの分離に用いる．

高速微量（冷却）遠心機
最大回転数が 12,000 rpm の遠心機．1.5 mL

のエッペンドルフチューブなどを用いて，遠心する．DNA，RNAなどのエタノール沈殿やポリエチレングリコール沈殿の分離に用いる．

冷却高速遠心機
最大回転数が25,000 rpmの遠心機．大腸菌の集菌や細胞のオルガネラ（ミトコンドリア，リソソームなど）の分離に用いる．

解説
遠心機の回転数と遠心力の関係

ローターの回転速度［relvolution per minute (rpm)］と相対遠心力の関係は，以下の式で関係している．

相対遠心力（g値）= $1.12 \times r \times (rpm/1000) \times (rpm/1000)$

ここで，rは回転半径（mm），gは重力加速度（$g = 9.80$ m/sec×sec）である
半径100 mmのローターを10,000 rpmの速度で回転したときの相対遠心力は，
$1.12 \times 100 \times 10 \times 10 = 11,200$ g
となる．

原理
溶液中の粒子は，その形や密度などにより，遠心力による沈降速度が変化することを利用している．遠心分離法には主に2つあり，遠沈法と密度勾配法である（図6-3）．

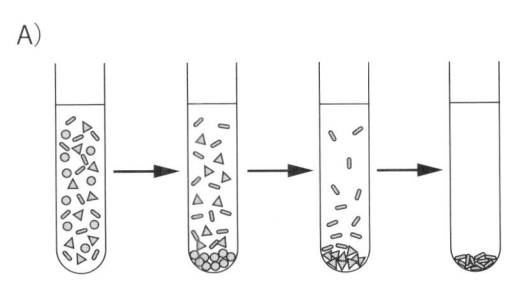

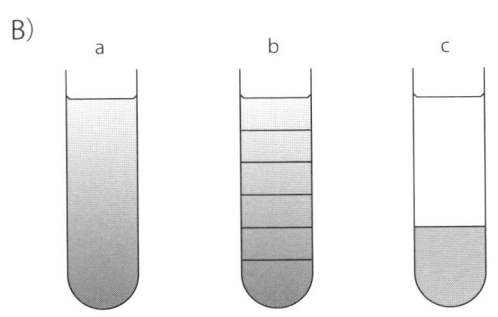

図6-3 遠沈法（A）と上清を遠沈分別する密度勾配法（B）による分離法
a) 連続変化，b) 不連続変化，c) 2段階変化

♣ 遠心機関係の後始末

ローターは使用後毎回洗うのが原則である（ボタンロック式のローターのフタは洗わない）．特に試料がもれた場合，ローター内に水滴がついている場合は必ず洗う．ローターに付着した汚れは事故の原因となる．
□ パッキングのグリースが落ちたときは適宜補充する
□ 洗ったローターはふせて風乾する．目的によっては，ローターは4℃で保管する
□ ローターは塗装に傷がつくとアンバランスの原因になるので，洗浄の際には柔らかいスポンジを用いる．また机の上には直接置かず，発砲スチロールの上などに置くようにする
□ チューブの洗い方はガラス器具に準ずる（5章の洗い方の原則参照）．ただし遠心機用のバイカーボネートチューブは傷がつきやすく，傷がつくとDNAのコンタミネーションの原因となるので，専用のスポンジ付きブラシで洗う
□ 乾燥は60℃以下で行う

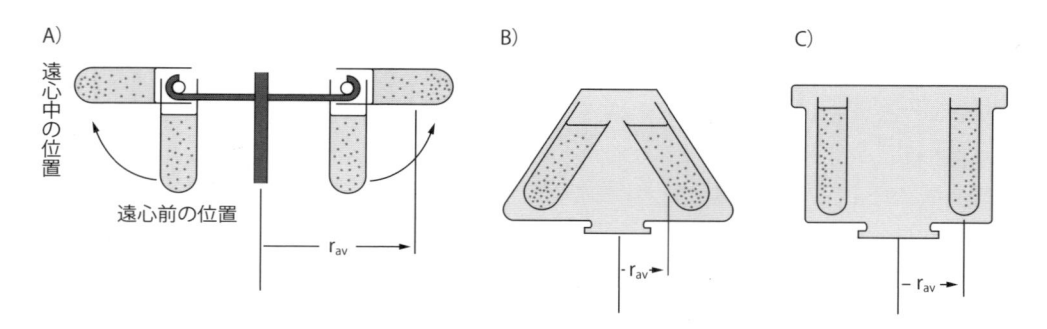

図6-4 ローターの構造
A) スイングローター，B) アングルローター，C) 垂直ローター．r_{av}：平均回転半径

遠沈法
遠心力（ローターの回転数）を変化させ，大きな粒子や密度の高い粒子からしだいに小さな粒子や低密度の粒子を分離する方法．

密度勾配法
遠心管の中で，底に向けてしだいに密度が高くなるように（密度勾配）溶液を入れ，その密度勾配を利用して物質を分離する．特に，遠心により勾配が形成される溶液を使用する場合が多い．このような方法を等密度遠心法（isopycnic centrifugation）と呼んでいる．密度勾配法に使用する物質としては，ショ糖（sucrose），セシウムクロライド（CsCl），Ficoll，Nycodenzなどがある．これらの物質の溶液と分離したい物質を加えて遠心すると，物質の密度と同じ密度の位置にバンドが形成される．

特　徴

スイングローター（swing-out rotor）
図6-4に示すように，回転数の上昇とともにバケットが水平になる．通常，低速で使用する．細胞の回収などに便利である．

アングルローター（fixed-angle rotor）
最もポピュラーなローターで，超遠心にも使用する．

垂直ローター（vertical tube rotor）
短時間で密度勾配を形成できるため，密度勾配法に用いる．遠沈には用いない．

遠心チューブの種類
遠心チューブは，さまざまなタイプがある．回転数，ローターの種類に応じて使い分けなければならない．正しいチューブを使用しているかどうか，必ず遠心機のマニュアルを読み確認しておく必要がある．特に，超遠心機のチューブには特別な保護キャップを用いるので注意しなければならない．

操作手順
チューブのバランスを必ず取ってから遠心をはじめる．

注　意　点
□ ローター内部あるいは遠心機内部に溶液をこぼしたら，ただちに洗浄しふき取ること
□ アンバランスの音がしたら，ただちに遠心機を止めバランスをとり直すこと
□ 微量遠心機は使用頻度のきわめて高いものであるので必ずタイマーを使用し，ホールドでは使用しない
□ 冷却高速遠心機のローターは使用後必ず洗浄する（こぼれた培地が腐ることがある）

◆　◆　◆

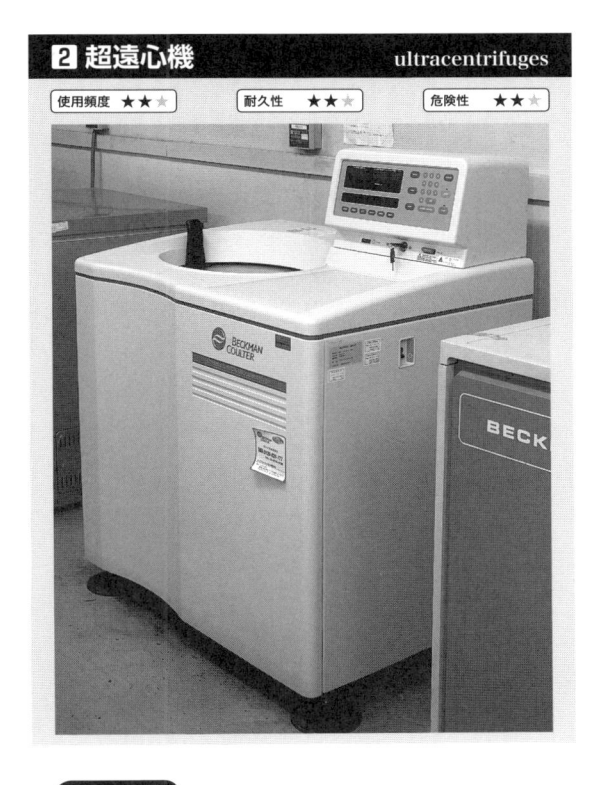

❷ 超遠心機　ultracentrifuges

使用頻度 ★★☆　　耐久性 ★★☆　　危険性 ★★☆

❸ 十分に減圧してから回転をスタートし，必ず目的の回転数に上がり，回転が安定するまで確認し，その間少しでも異常を感じた場合はただちに機械を停止する

❹ ローター内部あるいは超遠心機内部に溶液をこぼしたら，ただちに完全にふき取る

❺ 使用記録も正確に記録する

注意点

□ 超遠心機はきわめて高価で，かつ使い方によっては大事故につながる装置なので，初心者は慣れるまで経験者の立会いのもとに使用すること．また，使用方法に少しでも疑問のあるときは，必ず経験者に聞き，独断で解決しない．

□ 超遠心機は使用可能な最大回転数が決められている．例えば，LS-50は50,000 rpmまでL-70は70,000 rpmまで使用可能である．

◆　◆　◆

用　途

リボソームや膜粒子などの分離に用いる．分子生物学的方法においては，主にプラスミドの精製を行うときに使用する．プラスミドの精製にはエチジュウムブロマイドによる環状DNAの密度の変化を利用して，CsClの密度勾配法により染色体DNAと分離する．しかし最近は，カラムを使用した方法が普及している．どちらを使用するか，検討してから使用する．

原　理

最大回転数が70,000 rpmの遠心機．回転に伴う摩擦熱が発生するのを防ぐために，冷却装置，真空装置が装備されている．

操作手順

❶ 超遠心機には予約表，使用記録があるので，使用予定の時間，ローターの種類，使用者名を書き込み予約する

❷ チューブのバランスは天秤を使って正確にとる（遠心機はバランスをとればとるほど長持ちする）

❸ 冷蔵庫と冷凍庫　refrigerator & freezer

使用頻度 ★★★　　耐久性 ★★★　　危険性 ★☆☆

用途

溶液や試料の冷却，保存．

原理

庫内と庫外の間を循環する冷媒に熱を運搬させて，庫内の熱を庫外に放出して温度を調節している．その鍵となるのはコンプレッサーによる冷媒圧力の調節と潜熱の利用である．

操作手順

入庫の手順

1. あらかじめ，保存するものには試料名，日付，名前を記入しておく
2. どこの位置に保存するかを確かめてから，戸を開ける
3. すばやく，入庫し，戸を閉める
4. 入庫した場所について，ラボノートに記録しておく

出庫の手順

1. 冷蔵庫の場合は，あらかじめアイスボックスを用意しておくこと．冷凍庫の場合は，クーラーボックス（実験室用）に入れてから取り出すこと
2. 必ず位置を確かめてからボックスを取り出し，戸を完全に締めてからボックス内のサンプルを探す
3. 戸の開閉はすばやくするが，確実に閉まっていることを確認する

注意点

- 冷蔵庫，冷凍庫は庫内の温度上昇を避けるため，戸を開けたままサンプルを探さない．−80℃，−130℃のディープフリーザーは戸を長時間開けていると霜がついて戸が閉まらなくなるので注意する

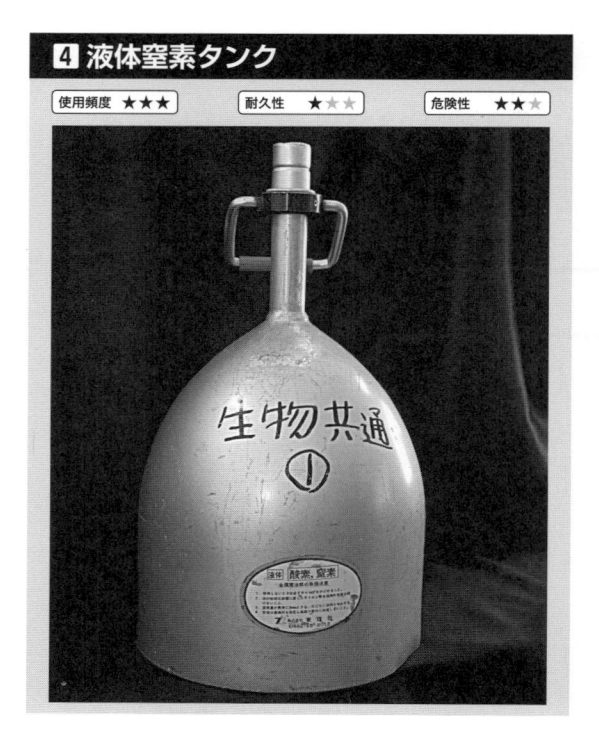

◆ ◆ ◆

④ 液体窒素タンク

使用頻度 ★★★　耐久性 ★★★　危険性 ★★★

液体窒素は誤った用い方をすると重大な事故を引き起こしかねない危険なもの．正しい用い方を日頃より心がけなければならない．

用途

細胞などの保存．

原理

液体窒素の沸点は 77 K，−196 ℃．

特徴

気化するので，定期的補充が必要．

操作手順

保存の手順

1. 液体窒素での保存の実績のあるチューブ（インナーキャップ）を選択する
2. あらかじめ，保存するものには試料名，日付，名前を記入しておく
3. どこの位置に保存するかを確かめてから入れる
4. 入れた場所について，ラボノートに記録しておく

維持の手順
1. 液体窒素の保存容器の中にどの程度残っているかを調べるために，重量計（体重計）を用いる
2. どの程度の期間で補充が必要か記録しておく

取り出しの手順
1. 保存した場所を確認する
2. あらかじめアイスボックスなどを用意しておく
3. 必ず位置を確かめてからチューブを取り出す
4. ラボノートに記録しておく

注意点
- 生体組織に付着すると容易に凍傷を引き起こすが，軍手を使用してはいけない．低温専用の手袋があるのでそれを使用すること
- 凍結保存用チューブのキャップはインナーキャップとする．液体窒素で保存するときにアウターキャップのチューブを使うと，解凍する際に密閉状態で液体窒素が気化し，チューブが爆発することがある
- 液体酸素が溜まる恐れがあるので，長い間空気に曝してはいけない．液体酸素は非常に不安定で有機物に反応して爆発する
- エレベーターや車などでの運搬は注意：小型の寒剤容器（液体窒素，液体ヘリウムなど）はできる限り，階段などにて運搬．エレベーターや車で運搬するときは閉鎖空間で窒息する危険を防ぐため酸欠事故を防ぐ措置をとって移動

◆ ◆ ◆

5 ガスボンベ（シリンダー）の調節器

使用頻度 ★★★　耐久性 ★★★　危険性 ★★☆

用途
シリンダーからガスを取り出すには，調節器を装着する．この調節器を使用して供給するガス圧を調節することができる．例えば，細胞培養に必要な二酸化炭素ガスが研究室に配管されていない場合は，炭酸ガスボンベ（シリンダー）からガスを供給することになる．研究においては，他に，酸素ガス，窒素ガスなどを使用する．

操作手順
ガスボンベの使用開始の手順
1. 排出用タップが閉まっていることを確認する（反時計回りにゆっくり回してみる）
2. シリンダーヘッドのタップをゆっくり回して，シリンダー用のゲージの針が動くことを確認しながら，ガスをシリンダーから調節器に出す
3. 排出用のゲージの針を見ながらゆっくり排出用タップを開き，目的のガス圧にする

ガスボンベの使用後の手順
使用後の手順は，開始の手順と全く逆にする
1. 排出用タップを閉める
2. シリンダーのタップを閉める

注意点

□ 地震により倒れないように，固定しておくこと
□ ガスボンベと日本では呼んでいるが，これは英語では毒ガス爆弾という意味らしい．英国ではシリンダーと呼ぶ

◆ ◆ ◆

6 CO_2 インキュベーター　CO₂ incubator

使用頻度 ★★★　耐久性 ★★★　危険性 ★☆☆

用途

庫内の温度とCO_2濃度を制御し，CO_2を必要とする培養細胞などを培養する．

原理

ヒトの動脈血二酸化炭素分圧（$PaCO_2$）は 35〜45 Torr（mmHg）．5％CO_2は，38 Torr（大気圧 760 Torr の 5％）となり動脈血二酸化炭素分圧の値に対応している．緩衝液として，CO_2 ＋ $NaHCO_3$ という組み合わせが採用されている．

操作手順

設定値は，温度 37 度　CO_2 濃度 5％　湿度 95％ が標準．

注意点

□ 両手を 70％ エタノールにより消毒後，機器に触れること．細菌などの汚染に注意すること
□ 用途別にインキュベーターを使い分けている場合があるので，どのインキュベーターを使うか指導者と相談して決める．また，炭酸ガスボンベの目盛をみて，ガスが切れないように注意する
□ CO_2インキュベーターのトレイに水があることを確認する．蒸発した場合は，滅菌したトレイにオートクレーブしたイオン交換水を入れ，交換する．インキュベーターによってはトレイにヒビテンなどの消毒液を加えている場合もある．使用済みのトレイは洗剤で洗い，乾燥してからアルミホイルに包んで乾熱滅菌にかける．カビが繁殖した場合などは細胞培養室の外に出してから捨てる．培養室の中では絶対にこぼしてはいけない

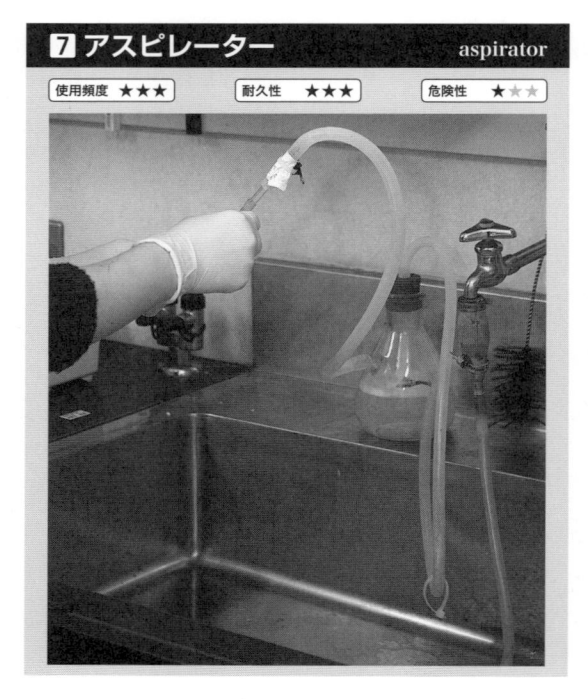

◆ ◆ ◆

7 アスピレーター　aspirator

使用頻度 ★★★　耐久性 ★★★　危険性 ★☆☆

用　途

簡単に減圧状態を得るために使用

原　理

例えば，途中が細くなったガラス管に水を流すと，管内の細くなった部分で流速が増すため，ベンチュリ効果によって圧力が低下することを利用．ただし水温 25℃ であれば，24mmHg までしか減圧できない．

注意点

□水道水を利用する場合には，流れ出た水が完全に排出され，流しなどに溜らないことを確認する．また，ホースが蛇口に固定されていることを確認すること

□オーバーナイトで使用する場合に，研究室の洪水の原因となる場合があるので，特に注意すること

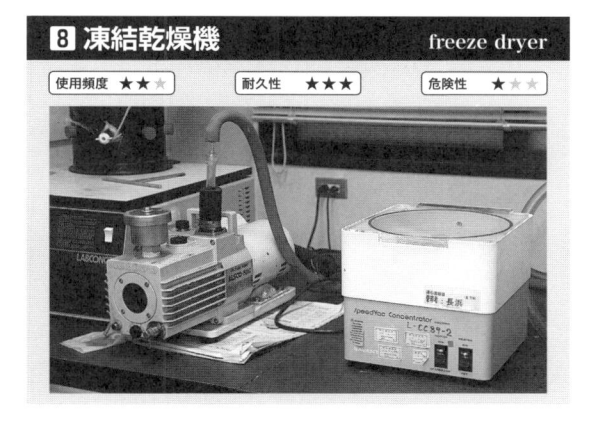

◆　◆　◆

8 凍結乾燥機　freeze dryer

使用頻度 ★★★　耐久性 ★★★　危険性 ★☆☆

用　途

タンパク質，糖などの濃縮や保存のために，凍結乾燥を行う機械である．

原　理

あらかじめ溶液を凍らせ，容器を真空にすることにより，水などは気化する．水などがある場合は，気化熱により温度は低く保たれる．逆に，試料容器の温度が室温になれば，乾燥終了である．

準　備

ドライアイス–アセトン

操作手順

1. トラップ内に廃液がないことを確認する．冷却装置のスイッチを入れる
2. トラップにドライアイスを入れて十分に温度が下がった後（−50℃）に真空ポンプのスイッチを入れる
3. 試料はあらかじめドライアイス–アセトンの入った容器内で回転させながら凍結する（試料の氷の層が何重にもつくられることにより，短時間で効率よく乾燥でき，試料の回収もしやすくなる）
4. 十分に減圧された後サンプルを連結する
5. 終了時は大気圧に戻してからポンプのスイッチを切る（順序が逆転すると油が逆流するので気をつける）
6. トラップの水が溶解した後廃棄し，乾燥させておく

注意点

□酸性の溶液を乾燥させる場合は，酸耐性のポンプに連結されている乾燥機を使用する．他のもので酸性の溶媒を乾燥させるとポンプが腐食し故障の原因となる

□ポンプの油の定期的な交換が必要

◆　◆　◆

9 イメージアナライザー image analyzer

使用頻度 ★★☆　耐久性 ★★★　危険性 ★☆☆

用途
各種データのコンピュータへの取込み，電気泳動後サイバーグリーン染色したゲルのパターン，サザンなどで化学発色させたメンブレン，X線フィルム．

原理
マルチタイプ画像解析システムであれば，青色（473 nm）から近赤外（785 nm）までの幅広い波長に1台で対応している．低濃度サンプルの検出用には，近赤外励起レーザーを用いる場合もある．

特徴
化学発光，生物発光，蛍光検出，可視検出，画像解析に対応．

スキャナータイプ画像解析装置
マイクロアレイ解析から二次元電気泳動解析まで，幅広いアプリケーションをたった1台でカバー

CCDカメラタイプ画像解析装置
化学発光検出に最適．蛍光（EtBrほか），可視検出にも対応

操作手順
サンプルをガラス面に載せ，蓋を閉めて，スキャンを行う．通常，20×25 cmゲルのサンプルを約5分でスキャンできる．

注意点
□サンプルを置くガラス面の汚染に気を付ける

c) 実験装置

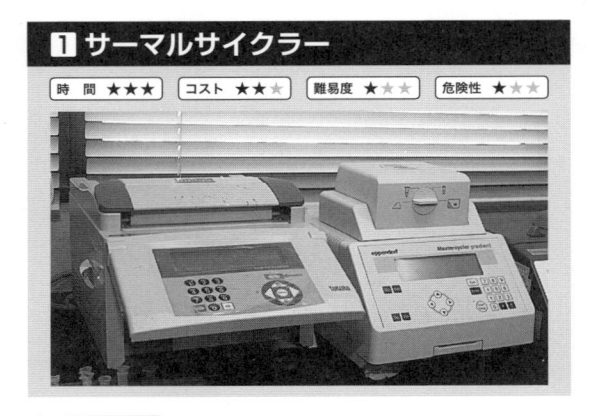

1 サーマルサイクラー

時間 ★★★　コスト ★★☆　難易度 ★☆☆　危険性 ★☆☆

用途
DNA断片の増幅（PCR実験）で使用．詳細は7章参照．現在の分子生物学には欠かせない装置．

◆ ◆ ◆

2 アガロース電気泳動装置

時間 ★☆☆　コスト ★☆☆　難易度 ★☆☆　危険性 ★☆☆

用途
DNAやRNA（変性ゲルを使用しない場合もある）の分離・解析に用いる．詳しくは7章参照．

◆ ◆ ◆

❸ ポリアクリルアミドゲル電気泳動装置

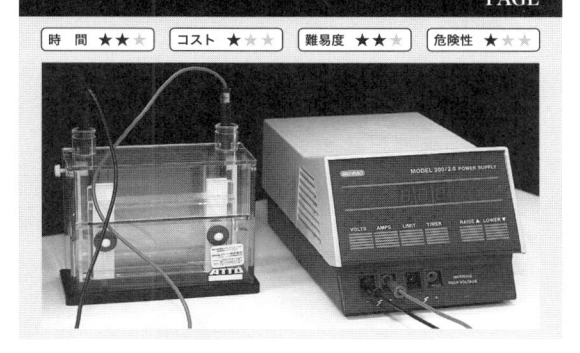

| 時　間 ★★☆ | コスト ★☆☆ | 難易度 ★★☆ | 危険性 ★☆☆ |

用　途

タンパク質やDNA（500 bp 以下）の電気泳動による解析．詳しくは7章参照．

◆ ◆ ◆

D) 研究室の設備

❶ ドラフトチャンバー（ドラフト）
laminar hood

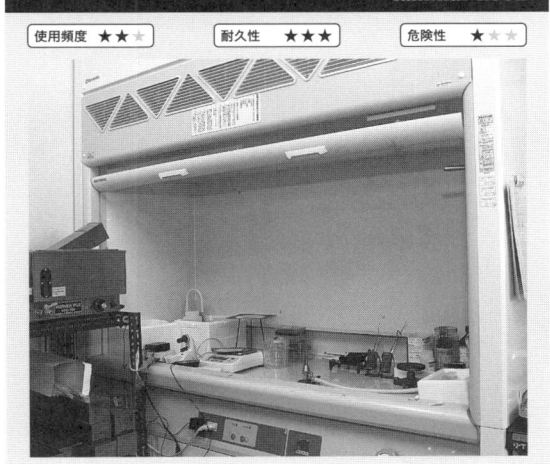

| 使用頻度 ★★☆ | 耐久性 ★★★ | 危険性 ★☆☆ |

用　途

危険物質や有害物質の封じ込めと排気．

原　理

ドラフトチャンバー（ドラフト）とは，危険物質や有害物質の封じ込め機能と排気機能を有した囲われた作業空間をもっている製品．研究者や作業者を有害物質から保護するために使用．

特　徴

実験内容，使用薬品に基づき，ドラフトの風量，形状，材質を選定することができる．

操作手順

1. 試薬のMSDSの内容を調べる
2. ドラフトの細かい動作方法は取扱説明書に従う必要がある．一般には，外側（前面ガラス窓の左右か，下など）にスイッチなどのパネルがあり，外側のパネル上から，内側の照明や排ガス，水道，ガスなどの使用開始，停止が操作できる．必要に応じて排気などのスイッチを入れ薬品を操作する．

注意点

□ 危険性の高い場合や，緊急時への備えのために用いられることがあるため，ドラフト内での薬品などの操作方法は経験者からの教えに従う

□ 排気ファンの故障などによる，極端な風量の低下が起こった状態を告げるための赤いランプが設けられている．取扱い作業中にこのランプが点灯した場合は速やかに周囲に危険性を知らせ，避難を促すなどにより，十分な安全性を確保しなければならない

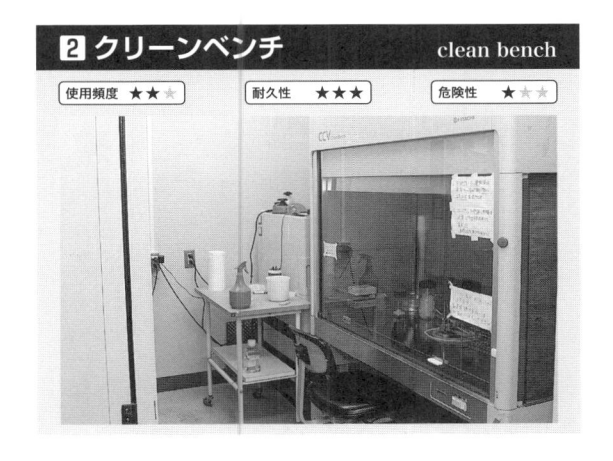

◆ ◆ ◆

❷ クリーンベンチ
clean bench

| 使用頻度 ★★☆ | 耐久性 ★★★ | 危険性 ★☆☆ |

用途
無菌操作を行う．

原理
クリーンベンチ内を殺菌灯などにより無菌的にし，外からのコンタミをファンとフィルターにより防ぐ（図6-5）．

特徴
垂直気流型，水平気流型，リサイクル気流方式などがあり，用途に応じて選択できる．

操作手順
1. クリーンベンチを使用するには，前準備として，使用数時間前に内部をエタノールなどでふき，殺菌灯をつけておく
2. 主電源を入れる．使用するときは殺菌灯を消し，ファン，照明灯の電源を入れ，器具類を準備する
3. 無菌操作を行う
4. 作業が終了したら，ガスバーナーを消し，器具類を整理する
5. 内部をエタノールなどでふき，照明灯，ファンスイッチを切る．最後に，殺菌灯のスイッチを入れる

注意点
- より清浄度を向上させるため，作業を始める30分前にファンを運転しておくとよい
- 殺菌灯からはクリーンベンチ内の細菌を殺菌するため強力な紫外線が出ているので，クリーンベンチ使用時は絶対に点灯しない
- クリーンベンチは使用目的に応じて大まかに使い分けている場合がある．使用目的は，長期培養，継代培養，動物からの細胞の分離，マイコプラズマのチェックを必要とする細胞の培養，ヒト血清，およびウイルスを用いた実験，ES細胞の培養などがある．どのベンチを使うかは指導者と相談すること

◆ ◆ ◆

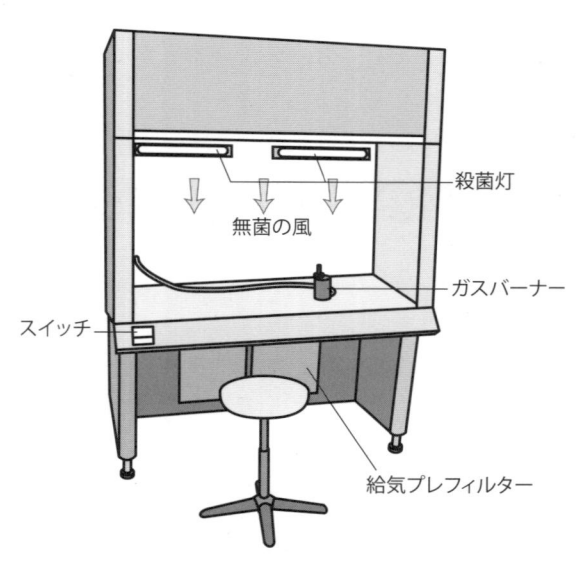

図6-5 クリーンベンチのしくみ

3 安全キャビネット biological safety cabinet

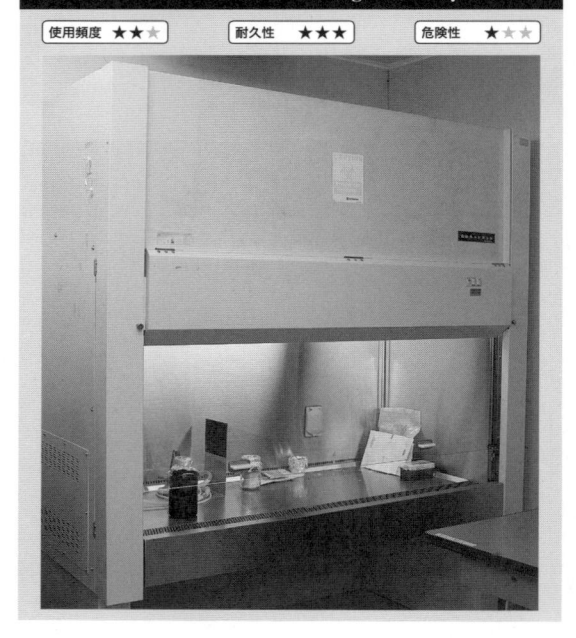

使用頻度 ★★☆　　耐久性 ★★★　　危険性 ★☆☆

用途
大学の実験室や病院などで病原体や遺伝子組換え生物を取り扱う実験者は，検体に感染したり，有害な新規生物に汚染する危険がある．この危険を回避するために，検体が外に漏出するのを防ぐ必要がある．作業者のバイオハザードに対する安

全を図ると同時に，検体を清浄空間で扱うことができるため，試料の保護と相互汚染も防止.

原理

クラスⅡ安全キャビネットは，排気をフィルターで滅菌するドラフトチャンバーである．作業空間を負圧に保ち，排気および循環気流をHEPAフィルタで濾過する装置である．

特徴

型式によって気流方式が異なり，一部循環・一部排気されるタイプと全部排気されるタイプなどがある．

操作手順

1. 安全キャビネットもクリーンベンチ同様，使用時以外は常時殺菌灯を点灯しておく
2. 作業前の準備は，まず殺菌灯を消し，照明をつけて，キャビネット内部表面を70％エタノールで十分に拭いて消毒を行う．その後，差圧計で風量を確認して最低5分間はファンを回し，キャビネット内を清浄な状態にしておく
3. 安全キャビネットに外からもち込む物は，できる限りオートクレーブ（加圧蒸気滅菌）や乾熱滅菌（蒸気を用いず160℃以上で120分間維持）を行い，もち込む際には，すべて70～90％のエタノールを噴霧する
4. 手指も完全にグローブで覆いエタノールで消毒する
5. 気流の流れを常に意識しながら，キャビネット内での作業を行う
6. 移植作業が終了して，移植した培地を取り出した後，器材・材料などはそのままにし，ファンの作動を続け，殺菌灯を点灯させ，約15分間静置し，キャビネット内の汚染空気を除去する
7. キャビネット内部を消毒用アルコールなどで清拭した後，ファンを止め，前面開口部のスライドシャッターを閉め，殺菌灯をつけておく

注意点

- □ 作業が終わるまでエアーバリアを通して何度も出し入れをしなくて済むように，必要なものはあらかじめキャビネットに入れておく．原則として，器材はキャビネットの作業パンの縁から10cm以上内側に置く．実験器具や材料の配置を終えたら，2～3分間気流が安定するのを待ってから作業を開始する
- □ 安全キャビネット内の空気は，手前と奥に排気されるので，前面の空気吸い込み口や後面の空気吸い込み口には，空気の流れを妨げるものを置かないように注意する
- □ 安全キャビネット内での無菌操作を万全に行うためには，日頃から保守点検を行うことが不可欠である．定期的に年1～2回の点検を行う必要があるが，その点検項目は，作業台内風速，流入開口部風速，作業台内塵埃測定，HEPA性能試験，気密度試験などである
- □ HEPAフィルタは一般的な使用状況で2年～5年で交換するが，日常的に差圧計などで風量をチェックし，目詰まりなどで所定の風量が維持できなくなったときにはただちに交換する

3 取り扱いの複雑な機器について

高度な装置は取り扱いが複雑であるので，初心者が簡単にデータをとることができない場合がある．その場合は，責任者による指導を受けなければ利用できない．利用するためには各自の指導者と相談して訓練を受ける必要がある．場合によっては，最もよく使っている人をトレーナーとして責任者から依頼してもらうことも可能である．また，外部あるいは解析センターに解析を依頼するほうが確実な場合もあるので，自分で解析するかどうか指導者とよく検討する必要がある．

1 質量分析機　mass spectrometry

| 時間 ★★☆ | コスト ★★★ | 難易度 ★★☆ | 危険性 ★☆☆ |

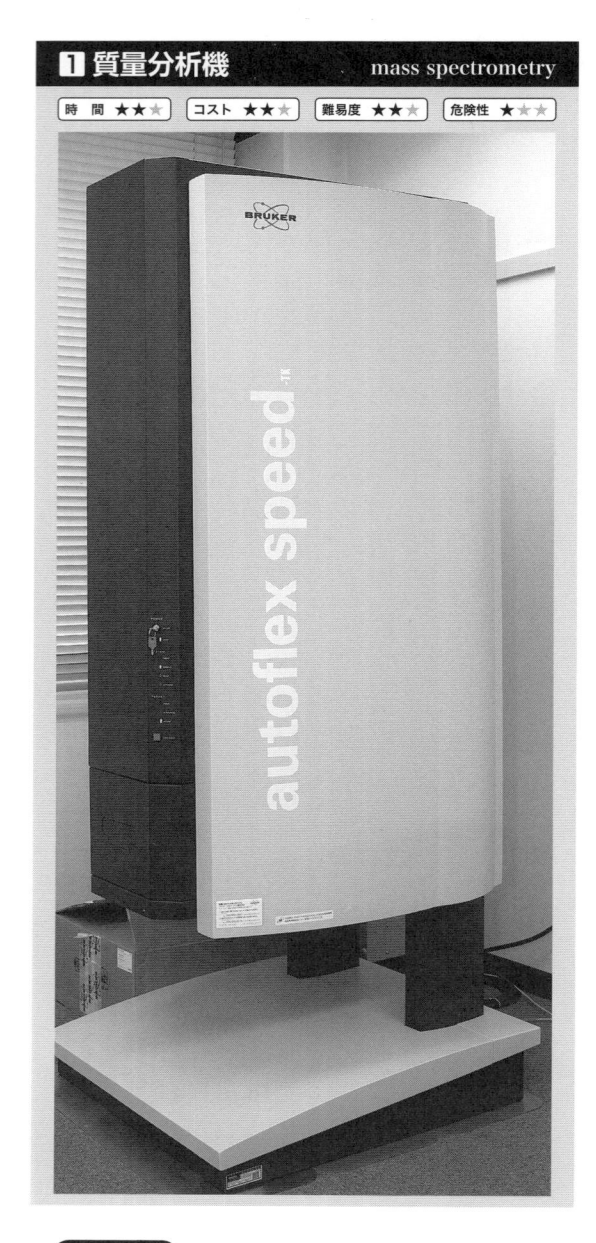

用途

試料の質量電荷比を用いて質量分析を行い，その解析により，多くの既知物質（タンパク質など生体分子を含む）についてはマススペクトルのデータベースがあるので比較して同定する．未知物質については構造決定のデータとする．

原理

質量分析とは，原子，分子，クラスターなどの粒子を何らかの方法で気体状のイオンとし，真空中で運動させ電磁気力を用いて，あるいは飛行時間差によりそれらイオンを質量電荷比に応じて分離・検出する．質量電荷数比に応じて分離・検出されたイオンをもとに，横軸にm/z，縦軸にイオンの相対強度をとった棒グラフをマススペクトル（mass spectrum）と呼ぶ．

特徴

試料を導入する方法，試料をイオン化する方法，イオン化された試料を分離する方法，検出する方法にさまざまな方法がある．

解説 MALDI法

試料をイオン化する方法の1つとして，田中耕一（島津製作所）は，マトリックス支援レーザー脱離イオン化法（Matrix Assisted Laser Desorption Ionization：MALDI法）の開発を行い，2002年ノーベル化学賞を受賞した．田中は，試料をマトリックス（グリセロールとコバルトの混合物を熱エネルギー緩衝材として使用）中に混ぜて混合物をつくり，これにレーザーを照射することでイオン化する方法を開発した．タンパク質などの高分子化合物であっても安定にイオン化することができる．適用できる分子量範囲は1～1,000,000ほど．田中はイオン化の方法を研究しているときに，金属コバルトの超微粉末を混ぜてイオン化の準備をしている時，試料と粉末がうまく混ざるようにするためにアセトンを入れるはずであったが，間違えてグリセリンを混ぜてしまった．しかし，それが結果的には新発見を導いたのである．

概要

試料導入部，イオン源，分析部，イオン検出部そしてデータ処理部から構成される．

注意点

□ 質量分析法はしばしばMSと略記され，「マス」と読むことも多いが，国際的に通じる読み方は「エムエス」である

◆ ◆ ◆

2 マイクロアレイ

microarray

| 時間 ★★☆ | コスト ★★☆ | 難易度 ★★☆ | 危険性 ★☆☆ |

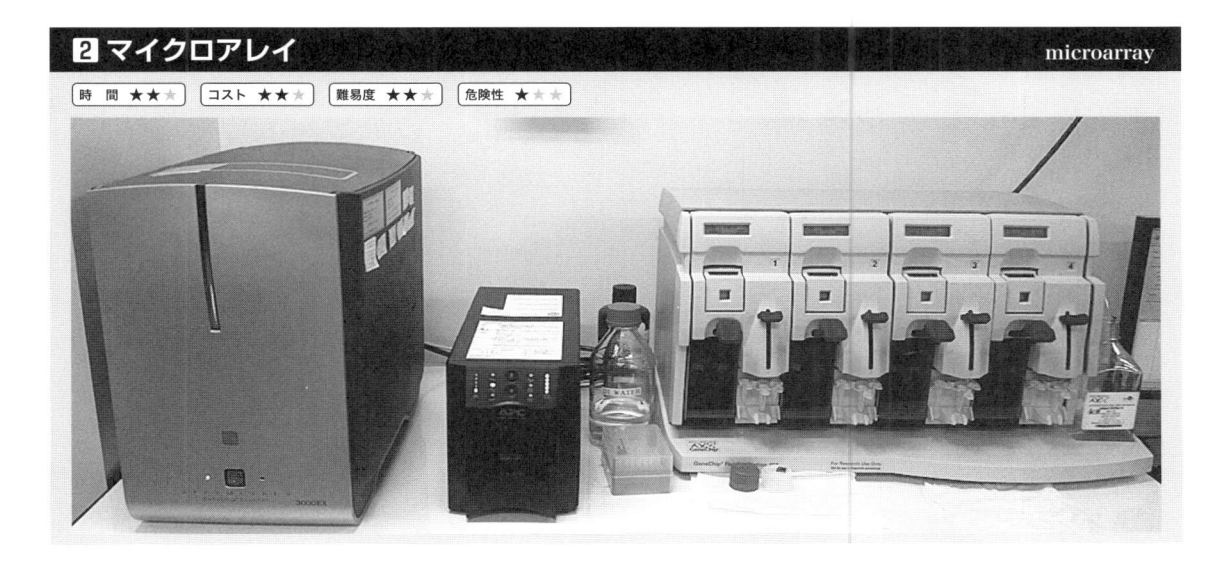

用途

マイクロアレイは主にSNPなどの点突然変異の検出とmRNA発現量の同時定量に用いる.

原理

マイクロアレイの作製法は主に2種類に分類される. 1つはAffymetrix社のフォトリソグラフィック技術と光照射化学合成を組み合わせて光を用いてさまざまな核酸オリゴマーをガラス板上で合成し, 作製する方法, もう1つはスタンフォード方式で, プリンターで印字するのと類似の原理でDNAをガラス版上に接着させる方法がある. いずれも, ガラス上の既知のDNAにハイブリダイズしたDNAを解析することにより, 発現量などの情報を得る.

特徴

Affymetrix方式(写真)

ガラス基盤の上には多数の核酸オリゴマー(20〜25 mer, 1遺伝子につき11〜20カ所のプローブを設定, 60merのチップも入手可能)が四角い形でガラス基盤上で合成され付着している. この方法により100万種類の, オリゴヌクレオチドをガラス基盤に付着させることができる. ゲノムプロジェクトの終了した生物に対して発現解析をする場合には, 最もよい条件で大規模解析ができる.

スタンフォード方式

spotted arrayではプリンター技術を採用し, clone, PCR産物, cDNAなど種々のサイズのDNAをスライドガラスに吹き付けて接着する. 目的遺伝子クローンをもっていれば誰でもすぐに作製できる点がメリットで, まだゲノムプロ

表6-1 マイクロアレイ法の比較

方法	メリット	デメリット	使用例
完全人工合成方式 Affymetrix方式	プローブの均一化(長さ・GC含有率など)が容易 ハイブリダイゼーション精度が高い	配列情報をデータベースに登録するまで作製できない	ゲノムプロジェクトが進んでいる生物
貼付け方式 スタンフォード方式	スポット数, 1スポットにおけるプローブ量, アレイのサイズなどを容易に変更	ハイブリダイゼーション精度が相対的に低い	まだゲノムプロジェクトが進んでいない生物を用いての研究

⑥実験機器取り扱いの基本

ジェクトが進んでいない生物を用いての研究や，新規遺伝子についての発現解析をする場合に素早く対応できる（表6-1）．

委託手順

1. 解析したい細胞あるいは組織のtotal RNAを送付し，解析方法，比較する組み合わせを指定
2. cRNAをラベル化，ハイブリダイゼーション，結果のスキャニングなどの一連の作業が行われ，解析データが返却される
3. 解析結果からのデータマイニングなどのオプション作業も委託可能

注意点

- マイクロアレイ実験のデータを最終データと見なすことはせずに，多くの遺伝子の中からまず一次スクリーニングとして一群の遺伝子を選択するための手法と見なすべきである

◆ ◆ ◆

③ フローサイトメーター および細胞分別装置セルソーター
flow cytometer

時間 ★★★　コスト ★★★　難易度 ★★★　危険性 ★☆☆

用途

染色体解析，細胞周期解析，細胞絶対数の測定，細胞表面マーカー分析，細胞内サイトカイン測定，アポトーシスの検出など．

原理

非常に細い水流中においてモノクローナル抗体などを用いた免疫蛍光法により染色した細胞やDNAまたはRNAを蛍光染色した細胞，染色体，微生物などにレーザー光を照射し，発生する前方散乱光や側方散乱光および4種類の蛍光を同時に測定し，目的の細胞集団の情報を自動的かつハイスループットに解析するとともに，その情報をもとに特定の細胞を生きたまま回収する．

特徴

フローサイトメーター（FCM）は細胞の特徴を解析し，蛍光情報をもとに特定の細胞を生きたまま回収することができる装置である．

操作手順

1. サンプル調製：蛍光顕微鏡での確認
2. ネガティブコントロール測定
3. 単染色サンプルの測定
4. 多重染色サンプルの測定
5. データ解析

注意点

- ネガティブコントロールは散乱光，蛍光の感度調整
- 有効なシグナルだけを入力するためにディスクリミネータの設定
- ゲートの設定：サンプル全体の内，希望する細胞亜群を測定するため，ある指標（例：大きさ）について制限あるいは囲みを設定すること．
- 蛍光感度の微調整
- 蛍光補正（コンペンセーション）：2種類上の蛍光の測定に際し，それぞれの蛍光の波長が重なり合う場合，漏れ込み量を電気的または数学的に補正する．

参考

『ベックマン・コールター（株）のホームページ』
http://www.bc-cytometry.com/cytometry.html

→フローサイトメトリーに関する詳細な解説が掲載されている．

◆ ◆ ◆

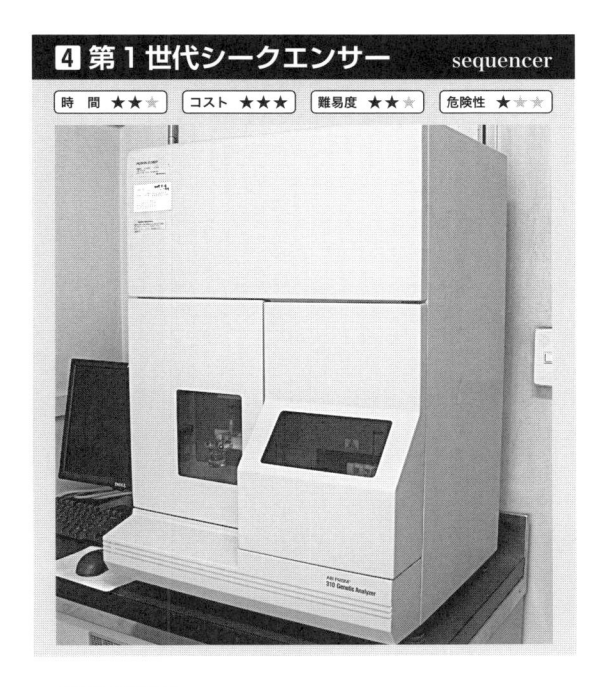

4 第1世代シークエンサー　sequencer

| 時　間 ★★☆ | コスト ★★★ | 難易度 ★★☆ | 危険性 ★☆☆ |

用途
400bp程度のDNAシークエンスの決定．

原理
ジデオキシヌクレオチドを用いたDNAの塩基配列の決定法（フレデリック・サンガーにより発明された．2度目のノーベル化学賞を受賞）を利用した蛍光キャピラリーシークエンサー．

操作手順
1. DNAポリメラーゼで，4種類のddNTPをそれぞれ4色で蛍光標識したものの存在下で，DNAを合成する
2. 合成したフラグメントをキャピラリー電気泳動で分離しながらCCDカメラにより塩基配列のピークデータとして検出する
3. データはコンピュータにより解析して塩基配列がわかる

注意点
□鋳型のDNAの精製度が悪いと，良好なピークが得られない．また，GC含量が多い場合は，塩基配列が決定できない場合がある

◆　◆　◆

5 次世代DNAシークエンサー　next generation sequencer

| 時　間 ★★☆ | コスト ★★★ | 難易度 ★★☆ | 危険性 ★☆☆ |

用途
次世代シークエンス技術により，大規模シーク

表6-2　主な次世代シークエンサーの比較

	リード長	スループット	シングルエンドでのリード数	ペアエンドでのリード数	主な用途
454FLX	500 bp	400～600 Mb	100万	—	ゲノム解析 トランスクリストーム解析
5500xl SOLiD	75 bp	90～180 Gb（7日）	7億	14億	ゲノム解析
Illumina HiSeq2000	100～150 bp	100～200 Gb（8日）	5億	10億	ゲノム解析 エピゲノム解析 トランスクリストーム解析

エンス情報が高速に得られる時代になってきた．定量的遺伝子発現解析や，クロマチン研究，small RNA 探索などに応用されている．

原理

次世代シークエンサーには Roche-454 Genome Sequencer FLX Titanium（454 FLX），Applied Biosystems SOLiD3 system（5500xl SOLiD），Illumina Genome Analyzer（Hiseq2000）などがある（表6-2）．シークエンスの原理などについては，日進月歩であり下記の各社のホームページを参照していただきたい．

次次世代 DNA シークエンサーの原理の1つ

すでに次次世代 DNA シークエンサーが開発されており，ヒトゲノムが1,000 ドル以下で得られる時代が到来する．例えば，1分子シークエンス法はヘリコスがすでに商業化しているが，Pacific Biosciences 社の SMRT といわれる技術により，より長い配列をより高速に読むことができる．この技術では，図のように，シークエンスしたい DNA をテンプレートに DNA ポリメラーゼで相補鎖を合成させる際の，蛍光ラベルした塩基の取り込みをリアルタイムでモニターすることにより配列を決定することができる．DNA 1分子について，ナノのレベルの正確さで蛍光を読み取る技術により，DNA ポリメラーゼの合成スピード，つまり1,000 塩基/分という速度で配列が読めることになる．300万個の DNA 断片について読めれば，1分でヒトの塩基数 3×10^9 程度は読めることになる．もちろん，ヒトゲノムの全配列を決めるには重複して読む必要があるが，10万円以下で1日以内にヒトゲノム配列が決定できる時代が来る．

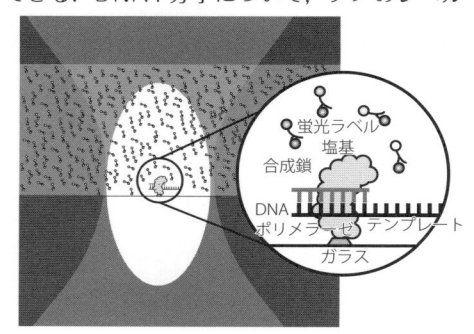

項目＼分類	第2世代シークエンサー	第3世代シークエンサー	第4世代シークエンサー
原理・特徴	逐次DNA合成・光検出法を用いた超並列シークエンシング DNAポリメラーゼまたはDNAリガーゼによる逐次的DNA合成法を用いて，蛍光・発光など光検出により，超並列的に塩基配列を決定する	1分子リアルタイム・シークエンシング DNA 1分子を鋳型としてDNAポリメラーゼによりDNA合成を行い，1塩基ごとの反応を蛍光・発光などの光で検出することにより，リアルタイムで塩基配列を決定する	Post-light シークエンシング ナノポアを用いる方法，または蛍光・発光など光検出以外の検出方法により，超並列的に塩基配列を決定する
配列決定スループット	1～50 Gb/day	45～60 Mb/run（hr）	> 100 Mb/run（hr）(Ion Torrent Systems)
機器の価格	1,500万円～1億円	695,000ドル（Pac Bio.）	1,000万円程度 (Ion Torrent)
配列決定精度	優れている	エラーが多い（Pac Bio.）	優れている（Ion Torrent）
1リード長	25～700塩基程度	1～2 kb（10 kb以上も可）(Pac Bio.)	100～200塩基（Ion Torrent）

http://genaport.genaris.com/GOC_sequencer_post.php?eid=00037 より

特　徴

454FLX
http://454.com/products/technology.asp
- →単独で新規ゲノム配列決定を実施できる唯一の次世代シークエンサーである．

5500xl SOLiD
http://www.appliedbiosystems.com/absite/us/en/home/applications-technologies/solid-next-generation-sequencing/next-generation-systems/solid-sequencing-chemistry.html
- →再配列決定精度が優れているために，変異同定やSNP検出に最適な次世代シークエンサー．

Hiseq2000（写真）
http://www.illuminakk.co.jp/pdf/GenomeAnalyzerBR_100312.pdf
- →変異同定，mRNA-seq，ChIP-seqなどの再配列決定のシークエンシング・プロジェクトに向いている．単位Mbあたりの価格が最も安価であることが大きな利点．

7 基本とされる実験技術

　バイオの分野は広く，さまざまな実験技術が開発されています．大きく分けると，形態学的技術，分子生物学的技術，生化学的技術，生理学的技術となります．これらの実験技術をすべて身につけることが望ましいですが，他章でも述べたように，すべてを同じレベルで習得するのは非常に難しくなっています．実験初心者はまず，1つに絞って実験技術を習得するのが効率的です．それでは，どの実験技術を習得するのがエキスパートへの近道なのでしょうか？　実は，道は1つではありません．どのような実験技術があるかを知り，テーマに最も適した実験技術の習得からはじめましょう．そのうえで，どのような実験技術があるか幅広く知っておくと，今後の研究にとても役立ちます．

1 技術を身につけるための心構え

　基礎的実験技術を生物の階層に従ってゲノムから個体解析まで分類すると図7-1のようになる．

1 イノベーションのジレンマ

　実験技術は日進月歩で進化しており，新しい技術を取り入れた実験を行わずにいることは，周りが進歩しているので，相対的には次第に遅れることになる．常に新規技術については，敏感になっておかなければならない．

　最も怖いのは，イノベーションが生じると古い技術は何も価値がなくなってしまうことである．**通常，すばらしい技術を獲得している研究者からその技術に関するイノベーションは生まれない**というイノベーションのジレンマといわれる現象がある．例えば，どんなにすばらしいフィルム写真の技術をもっていても，そこからデジタル画像の技術が生まれくることはない．なぜなら自分の技術を否定することになるからである．技術革新により現在では不要になった技術として，例えば，RIによるDNA配列決定技術，RIを用いたin situハイブリダイゼーション，サザンブロット法，古い電子顕微鏡，フィルムスライド作成など多くの技術が破壊的な技術革新により無用の長物となってきた．イノベーションを起こすような技術を開発することが，研究を画期的に進展させるためには必要である．しかし，常に新しいものを追いかけていると短期的にはデータが出せない．このイノベーションのジレンマから逃れる方法は今のところないが，ジレンマがあることは知っておいたほうがよい．

2 教えてもらう

　初心者としては，最も新しい技術を習得することがよい．そのためには，最も先端の研究を行っている研究室のプロトコールを入手して参考にするのも1つの方法である．必要があれば，新規技術をもっ

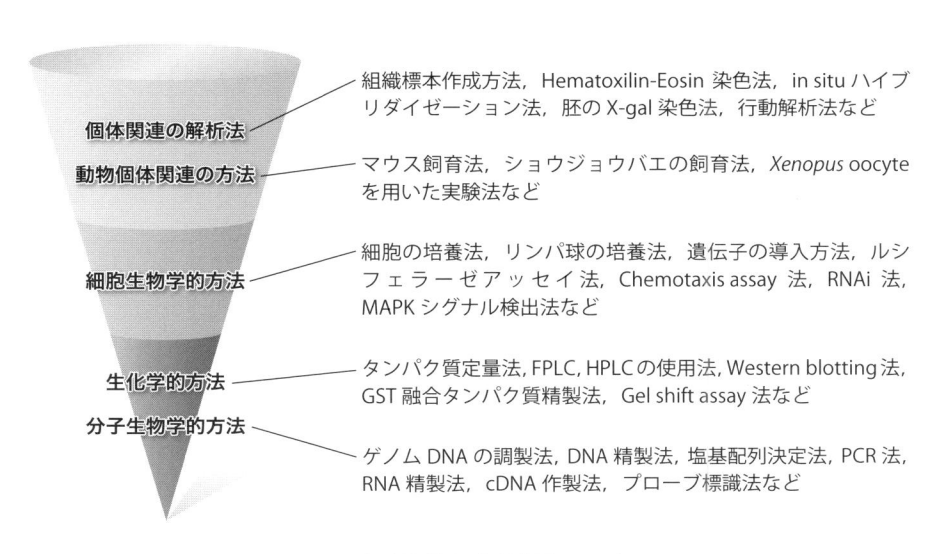

図7-1　実験技術と実験対象のスケール

個体関連の解析法 — 組織標本作成方法，Hematoxilin-Eosin染色法，in situハイブリダイゼーション法，胚のX-gal染色法，行動解析法など

動物個体関連の方法 — マウス飼育法，ショウジョウバエの飼育法，Xenopus oocyteを用いた実験法など

細胞生物学的方法 — 細胞の培養法，リンパ球の培養法，遺伝子の導入方法，ルシフェラーゼアッセイ法，Chemotaxis assay法，RNAi法，MAPKシグナル検出法など

生化学的方法 — タンパク質定量法，FPLC，HPLCの使用法，Western blotting法，GST融合タンパク質精製法，Gel shift assay法など

分子生物学的方法 — ゲノムDNAの調製法，DNA精製法，塩基配列決定法，PCR法，RNA精製法，cDNA作製法，プローブ標識法など

ている研究室を直接訪問し，技術を教えてもらう方法もある．その場合は，とりあえず自分で取り組み，わからない点を教えてもらう方法が効率的である．いずれにしても，最もレベルの高い技術を見ておくことが重要である．

2　DNA/遺伝子の扱い

多くの生命科学の分野において，DNAを中心とした分子生物学的方法を抜きには研究が進まない時代になっている．あらゆる生物は遺伝子をもっており，しかもすべて同じATGCあるいはAUGCにより遺伝情報がDNAまたはRNAの中に組み込まれている．したがって，DNAを自由に解析でき，操作できることは生命科学の研究において不可欠な技術である．分子生物学的方法については多くの本が出版されている．重要な技術について簡単に解説する．

1 DNA抽出と精製

時間 ★★☆　コスト ★☆☆　難易度 ★☆☆　危険性 ★☆☆

DNA抽出・精製については，その使用目的（サブクローニング，細胞発現，in vivo実験など）により精製度（グレード）が変わる．また，出発材料（大腸菌，動物組織，植物など）や抽出対象（ゲル，溶液，組織，細胞など）により，処理法が異なることから，それらに対応した多くのプラスミドあるいはゲノムDNA抽出キットがすでに販売されている．ルーチンでDNA抽出を行う実験でなければ，目的を達成するためのキットを購入してDNAを抽出・精製するのが簡便であろう．下記に一例を示すが，他にも多くの製品がある．

目　的
プラスミドDNAを大腸菌から抽出する．

原理と特徴
プラスミドをもつ大腸菌を培養後に，菌体を破

壊してプラスミドのみを抽出する．少量DNA（20μg以下）の場合と大量DNA（20μg以上）の場合で抽出法が異なる．

操作手順

少量DNAの場合

例えば，分子生物学実験グレードのプラスミドDNA精製にはQIAprep Spin Miniprep Kitを使用する．フェノール抽出は不要で，数分で即使用可能なプラスミドDNA調製が可能．

大量DNAの場合

例えば，100μgまでのトランスフェクション・グレードのプラスミドDNA精製にはQIAGEN Plasmid Midi Kitを使用する．純度は2回のCsCl密度勾配遠心法で得られるDNAに匹敵するらしい．

注意

☐ QIAGEN Plasmid Kitはオープンカラム方式の陰イオン交換チップを用いてDNAを精製する．ライセート清澄化およびイソプロパノール沈殿は遠心操作により行う

☐ DNAの使用目的に応じて，キットを選択する

◆ ◆ ◆

2 DNA濃度測定

時間 ★★★　コスト ★★★　難易度 ★★★　危険性 ★★★

DNA溶液の濃度を測定する．詳しくは第6章ナノドロップ参照．

◆ ◆ ◆

3 PCR　polymerase chain reaction

時間 ★★★　コスト ★★★　難易度 ★★★　危険性 ★★★

① 鋳型DNAの熱変性（92〜97℃）

② プライマーのアニーリング（再会合）（50〜72℃）　プライマー

③ DNA合成（72℃）

2サイクル目
④ 熱変性
⑤ アニーリング

⑥ DNA合成

30〜40サイクル後

目的とした領域の10億倍以上の増幅

目 的

PCR法は遺伝子の断片を増幅する方法で，生物の研究を行うために，必要不可欠な基本技術である．したがって，必ず方法については知っておく必要がある．

エタ沈とペグ沈

エタノール沈殿とポリエチレングリコール沈殿の略である．DNAやRNAを精製するときの使用する．いずれの場合も，溶解度の差を利用するので，微量なDNAやRNAをエタ沈とペグ沈するのは，けっこう難しい．塩濃度，時間，温度など，プロトコールに従って，慎重に操作しなければならない．

原理と特徴

DNA断片の増幅は，DNAポリメラーゼによる酵素反応を利用する．DNAポリメラーゼはDNA合成をスタートするために，プライマーを必要とするので，このプライマーを増幅したい領域に設定しなければならない．どの配列をプライマーとして選択するかが，PCRが生じるための1つの重要なポイントである．次に，DNAポリメラーゼとして，何を選択するかも重要なポイントである．DNAポリメラーゼとして，好熱菌がもつ熱に安定な酵素，例えばTaqポリメラーゼを使用する．特に，タンパク質の合成に用いる配列をPCRで増幅する場合は，突然変異の入りにくい酵素を使用しなければならない．

操作手順

1. プライマーを設計する
2. 反応液を調製する
3. PCR装置にセットして，装置のマニュアルに従い操作する
4. 増幅したかどうかをアガロース電気泳動でチェックする

解説

反応液調製法

反応は0.6 mLまたは0.2 mLチューブで行う．溶液の蒸発を防ぐため，必要があれば反応溶液の上には適量のミネラルオイルを重層する．通常のPCRでの反応系は

5 µL	10×PCR Buffer
6 µL	10 mM dNTP mixture
1 µL	20 pmol/µL Sense Primer
1 µL	20 pmol/µL Antisense Primer
0.5 µL	耐熱性DNA polymerase (5,000 U/mL)

これに適量の鋳型DNAを加え，滅菌水で50 µLとする．

注意点

□ PCR法の最大のトラブルはコンタミネーションである．一般的なコンタミネーションには，周辺環境からのコンタミネーションと前に行っ

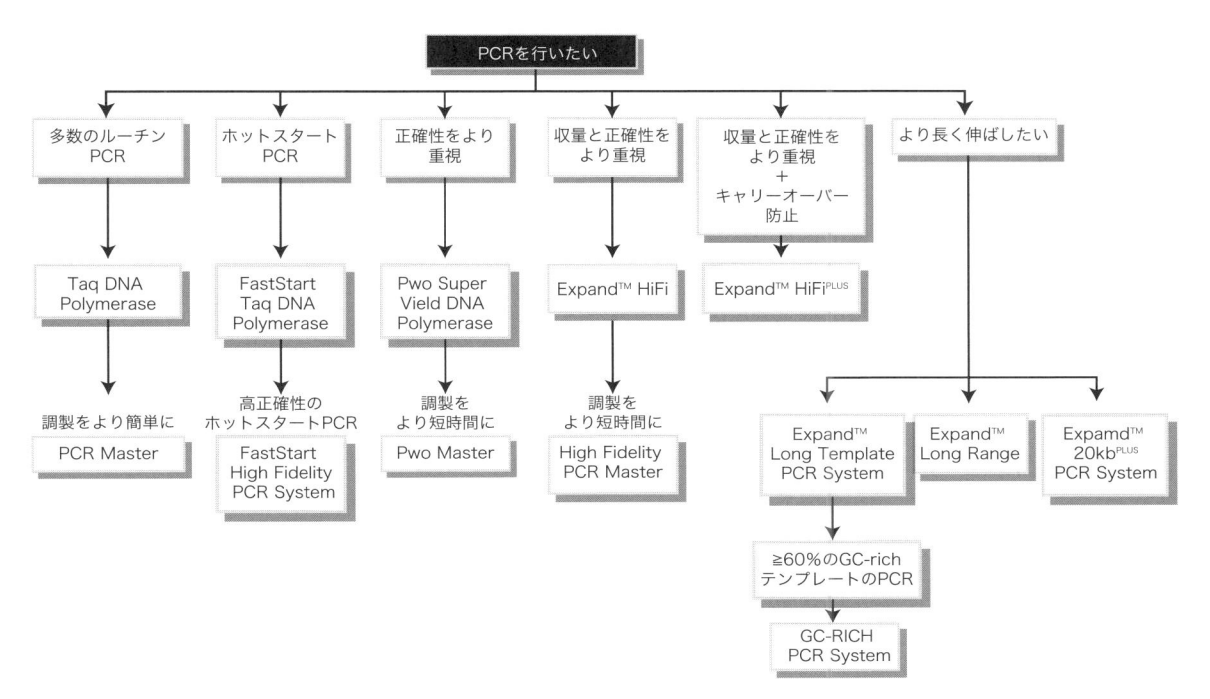

図7-2 PCRの選択
Amplification製品選択ガイド（第3版）より

たPCR産物がサンプル中に混入することによるコンタミネーションがある．

> 私の本棚

『Amplification製品選択ガイド（第3版）』
http://roche-biochem.jp/pdf/prima/molecular_biology/pcr_03.pdf
→さまざまなPCR法に対応した酵素の選択法がリストされている

『PCRアプリケーションマニュアル』
http://roche-biochem.jp/prima/prima_molecular_biology/pcr_j/index.html
→PCRに関する基礎的なハンドブックである．コンタミネーションを防ぐ方法についても記載されている．

『改訂　PCR実験ノート』
谷口武利/編，羊土社，2005
→通常のPCR法に加えて，リアルタイムPCR，ChIP assay…といった応用的なPCR技術など多数の方法を紹介している．

『新版　本当にふえるPCR』
中山広樹/著，秀潤社，1998
→PCR法を基礎から紹介し，本書を読めば，誰でもPCR装置を使用できるようになることをめざしている．

◆　◆　◆

4 リアルタイムPCR法（Q-PCR法）

時　間 ★★☆　　コスト ★★☆　　難易度 ★★☆　　危険性 ★☆☆

目的
鋳型となるDNA量を測定する．

原理と特徴

インターカレーター法

一般的にSYBR Green Iを使用する．SYBR Green Iは，二本鎖DNAの塩基の間に挿入される（インターカレーション）試薬（インターカレーター）で，その状態で蛍光を発する．したがって，二本鎖のDNA量を定量することができる．ただし，塩基配列の特異性を検出することはできない．

蛍光標識プローブを用いる方法

5'末端を蛍光物質で，3'末端を消光物質（クエンチャー）で修飾したオリゴヌクレオチドをプローブとして用いる（図7-3）．TaqManプローブは，アニーリングステップで鋳型DNAに特異的にハイブリダイズするが，プローブ内

☕ PCR

1980年の中頃，マリスによって考案されたポリメラーゼ連鎖反応（PCR）によるDNA断片の増幅法は，生物学の研究法を全く変えてしまうほど画期的な方法であった．その後，1993年にマリスはノーベル化学賞を受賞した．もし，最初に何かの技術を身につけたいのであれば，PCRが最適であろう．PCR法に関しては，すでに多くのプロトコール集が出版されている．

プライマー設計の注意点

　プライマーはそのサイズ，GC含量，3'末端配列など，多くの考慮すべき重要なパラメータがあるため，目的の遺伝子の塩基配列を見て簡単に設計できるものではない．そのため，プライマー設計用ソフトウェアが開発されている．例えば，OLIGO Primer Analysis Software，Primer3などがある．

　OLIGO Primer Analysis Software（Molecular Biology Insights社，デモプログラムのダウンロード：http://oligo.net/downloads.html）は，PCR法，DNA塩基配列決定，ハイブリダイゼーションなど，さまざまなアプリケーションに使用するオリゴヌクレオチドを検索・選択する多機能性のプログラムである．使用法については，プライマー設計ガイドライン（タカラバイオ）を参照していただきたい．Primer3においては，サイトに配列情報を入力し，パラメータをセットすれば，プライマーの候補が得られる．Q-PCR用のプライマーを設計する際には，エキソンジャンクションを「Targets」として指定すれば，イントロンを挟むプライマーを設計することができる．

　縮重プライマー（degenerate primers）を設計する場合は，CODEHOP（Consensus-DEgenerate Hybrid Oligonucleotide Primers, http://blocks.fhcrc.org/codehop.html）にアクセスして作製すると便利である．遺伝子ファミリーの共通アミノ酸配列のアラインメントを入力すると縮重プライマーを作ってくれる．相同遺伝子をクローニングするときなどに有用である．プライマーの設計にあたっては，以下の事項に注意して設計する．

プライマーのサイズ	17〜25塩基
GC含量	40〜60％（望ましくは，45〜55％）
Tm値	2つのプライマーのTm値をそろえる Tm値の計算は，専用のソフトウェアで行う OLIGO： 63℃ ＜ Tm ＜ 68℃ Primer3： 60℃ ＜ Tm ＜ 65℃
配列	全体的に塩基の偏りがない配列にする 部分的にGCリッチあるいはATリッチな配列は避ける（特に3'末端） T/Cの連続（polypyrimidine）は避ける A/Gの連続（polypurine）は避ける
3'末端配列	3'末端がGCリッチあるいはATリッチな配列は避ける 3'末端塩基は，GまたはCが望ましい 3'末端塩基がTであるプライマーは避ける
相補性	プライマー内部およびプライマー間での3塩基以上の相補的配列を避ける プライマー3'末端が2塩基以上相補する配列を避ける
特異性	BLAST検索でプライマーの特異性を確認する http://blast.ncbi.nlm.nih.gov/
RT-PCR用プライマー	イントロンを挟むエキソンのなかにプライマーを設計すると，ゲノムDNA由来の増幅が起こらない

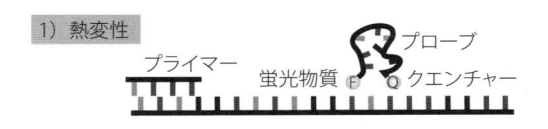

1) 熱変性
プライマー　蛍光物質　プローブ　クエンチャー

2) プライマーのアニーリング／プローブのハイブリダイゼーション
ポリメラーゼ　Fハイブリダイズ Q

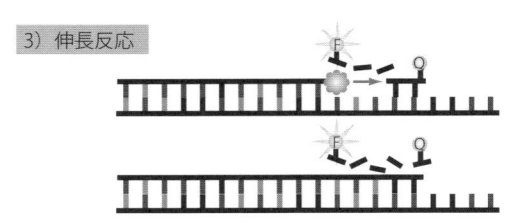

3) 伸長反応

図7-3　TaqManプローブを用いた目的遺伝子特異的な増幅産物の検出

に消光物質が存在するため，蛍光は消光される．標的遺伝子に特異的な5'プライマーからTaq DNAポリメラーゼによる合成により鎖が伸長するが，TaqManプローブの位置では，5'→3'エキソヌクレアーゼ活性により，TaqManプローブが分解され，蛍光色素がプローブから遊離し，消光物質による蛍光抑制が解除されて蛍光が出る．したがって，この方法は検出特異性が高いので，相同性の高い配列についても検出できる．SNPsの検出などに使用される．欠点は，TaqManプローブの作製コストが高いことである．

操作手順
1. プライマーを設計する
2. マニュアルに従い反応液を調製する
3. マニュアルに従い測定する
4. 解析（相対定量）

解説
相対定量
Q-PCR実験により測定結果が得られたら，解析して相対量を求める．ある遺伝子のmRNA発現量を異なるサンプル間で比較するには，目的の遺伝子の他にアクチンなどのハウスキーピング遺伝子も同時に測定して相対定量を行う．ハウスキーピング遺伝子の測定値によりRNA量を補正することで，サンプル間の正確な比較ができる．

私の本棚
『リアルタイムPCR実験ガイド』
http://www.takara-bio.co.jp/prt/guide.htm
→丁寧に原理から説明されている．

◆　◆　◆

5 組換えDNA実験
時間 ★★☆　コスト ★★★　難易度 ★★★　危険性 ★☆☆

遺伝子組換えについては，「遺伝子組換え生物等の使用等の規制による生物の多様性の確保に関する法律」があり，その実施については法的な規制がある．その法律における「遺伝子組換え生物」の定義は，以下である．

「次に掲げる技術の利用により得られた核酸また

はその複製物を有する生物をいう
①細胞外において核酸を加工する技術
②異なる分類学上の科に属する生物の細胞を融合する技術」

目的
細胞外で核酸を加工する．

原理と特徴
大腸菌などを用いて遺伝子クローニングし，加工する．

操作手順
ヒトやモデル生物（マウスやショウジョウバエなど）に関しては，すでにゲノムやcDNAの塩基配列などが入手でき，自ら遺伝子をクローニングする必要がなくなった．いずれ，多くの生物がそのような状況になるであろう．モデル生物以外では，まだ研究者自身が遺伝子のクローニングを行う必要がある．その場合でも，先に紹介したPCRを用いたクローニングが主になるであろう．遺伝子組換えの操作手順については，次項を参照していただきたい．

◆ ◆ ◆

キットを用いる方法

ルーチンに大量の実験を行う場合は別であるが，多くの分子生物学実験はキットを用いて行う場合が多い．キットとはよい結果が得られるようにメーカーが作製したものである．経済的にも，総合的に考えれば安い場合もある．キットではないが，ポピュラーなサンプルのcDNAライブラリーであれば約10万円で購入できるが，自分で初めて作製すると，よいライブラリーができるまでに数カ月と数十万の費用が必要である．したがって，研究の目的を明確にし，キットを使用するかどうかを慎重に検討する必要がある．

キットを使用するうえでの心得
□あらかじめ，資料を取り寄せ，実験の目的を達成できるキットであるかどうかを検討する．もし，すでにそのキットを使用した経験者がわかるのであれば，問い合わせてみる
□製品が到着した時点で，有効期限や保存法を確認する
□キットに添付されている説明書をよく読み，内容を理解し，試薬の使用目的を理解する
□コントロール用試薬が含まれているので，実験の中に必ず入れておく．試薬に余裕があれば，ポジティブコントロール実験を最初に行う
□多くのキットは単に溶液を混ぜるだけであるから，説明書の指示に完全に従い，自分の都合のよいように解釈したり，操作しない
□ポジティブコントロールの結果がよくない場合は，メーカーに抗議するつもりで実験を行う

6 PCR増幅DNA断片のクローニング

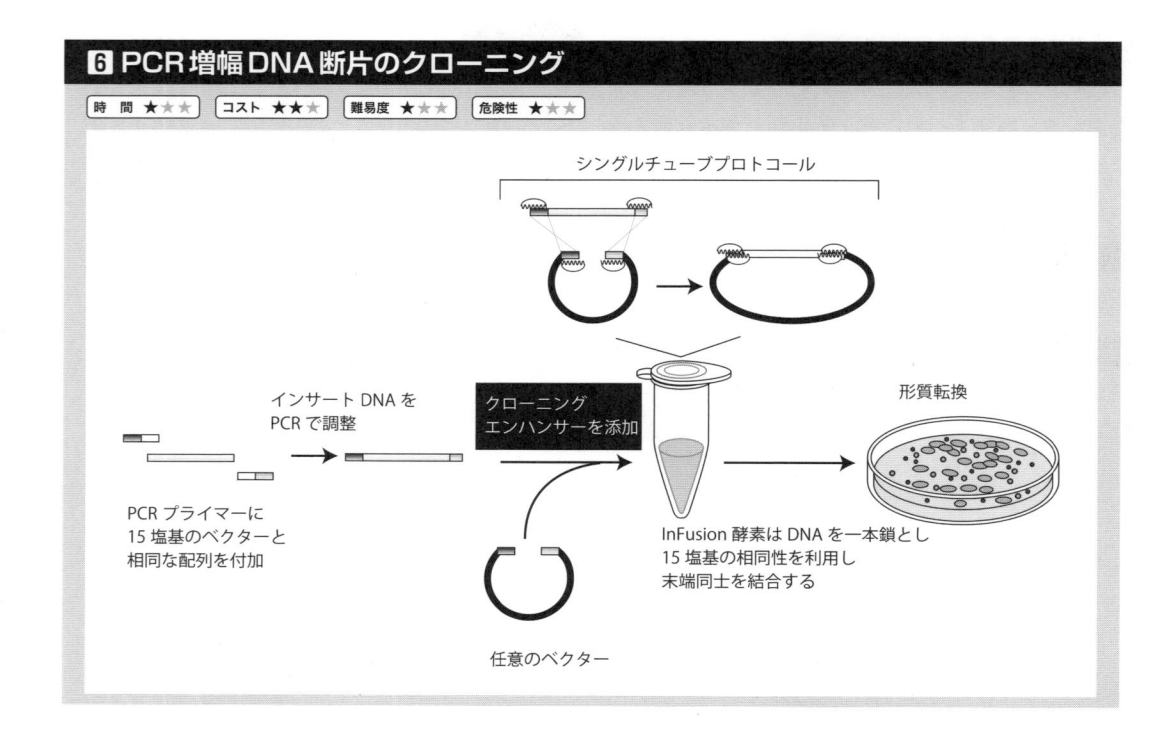

時間 ★★★　コスト ★★★　難易度 ★★★　危険性 ★★★

目的
PCRで増幅したDNAをベクターに挿入する

原理と特徴
現在では，主に2つの方法がある．

TAクローニング
PCRに使われるTaqポリメラーゼは，3'末端に主にA（アデニン）1塩基を付加するので，PCRで増幅した断片は3'末端にAが1塩基だけ突出した構造になる．この断片をクローニングする場合に，3'末端にTを付加したベクターを用いる方法である．突出末端のライゲーション効率は平滑末端のライゲーション効率より高いので有用である．

In-Fusion PCRクローニング
この方法はClontech社のIn-Fusion酵素を用いる方法である．この酵素を用いると，末端に15塩基の相同領域があれば，あらゆるPCR増幅断片をその相同領域で正確に直鎖状ベクターに融合し，効率よく連結することができる．制限酵素切断や平滑末端化処理，リガーゼ反応を行うことなく，1ステップの反応でPCR断片を任意のベクターにクローニングできる．必要な操作は30分間のインキュベーションだけのキットが販売されている．その他最大4つのPCR断片を簡単クローニングできるキットも販売されている．

操作手順
TAクローニング
1. PCRで増幅したいDNA断片を決める
2. PCR装置で増幅する
3. アガロースゲル電気泳動により，増幅を確認する．増幅しない場合は増幅条件などを検討する
4. 目的のバンドをゲルから切り出し，ゲルからDNAを抽出する
5. TAクローニングキットの中の，ベクターと増幅したDNA断片をライゲーションする
6. ライゲーション産物でコンピテント細胞をトランスフォームする
7. アガープレートに大腸菌を広げる

大腸菌（*E.coli*）の扱いに慣れる

　分子生物学的方法において，大腸菌を扱うことは必要不可欠である．大腸菌にもさまざまな株があるが，目的に応じて使い分けている．大腸菌について知っておくことは，重要である．遺伝子操作において使用する大腸菌は，K12由来の株である．これまでに多くの株が開発されている．その例として，プラスミドベクターを用いる際に，例えばX-galで発色してカラー選択を行う場合に使用する大腸菌は，F因子をもち，そのF因子にLacZの一部がコードされていなければならない．ファージを感染させる場合も大腸菌のどの株が適しているかをよく調べてから使用しなければならない．どの大腸菌を使用してよいかわからないときは，必ず指導者に確認することが重要である．

　大腸菌を増殖するために，寒天プレートを用いるか，液体培養を行う．まず，LB培地を作製し，大腸菌を培養する．できれば，増殖量（600 nmで測定した濁度）と時間を片対数グラフ用紙に記録し，ダブリングタイム（増殖速度）を計算しよう．スプレッダーを用いてLBプレートに大腸菌を均一にまくことができる．白金耳でシングルコロニーをピックアップできる．

LBプレート（アンピシリン入り）の作製法

1. 1枚の90 mmのプレート（シャーレ）に約25 mLの培地が必要である．20枚作製するのであれば500 mLの培地を用意する．三角フラスコにLB培地を作製し15 g/Lの割合でアガー（bacto-agar）を入れる
2. アルミホイルなどでフタをし，オートクレーブにかける
3. 70℃まで温度が下がったら，オートクレーブから取り出す．アガーが均一になっていないので，よく撹拌する
4. 50℃にセットしたウォーターバスに入れる．培地の温度が50℃（約20分）になってから，アンピシリンを入れる．温度が高いとアンピシリンが失活する．アンピシリンが均一になるようによく混ぜる
5. プレートに分注する．25 mLの水が入ると液面の高さがどの程度になるか，あらかじめ調べておく
6. 水平な机の上で固化させる
7. 固化したら，上下逆にして，フタをずらして一晩インキュベーター（37℃）の中で乾燥させる

注意点

- 1 L中に10 g bacto-tryptone, 5 g bact-yeast extract, 10 g NaCl. 1N NaOHでpH 7.5にする
- アンピシリンのストック溶液：25 mg/mL. 濾過滅菌後，分注して−20℃で保存．最終濃度は35〜50 μg/mL
- 気泡が少しできた場合，白金耳（図）を熱して泡に触れる．気泡が多い場合は，バーナーの炎で軽く表面をあぶる
- プレートはビニール袋に入れて，約1カ月保存可能であるが，早めに使用すること

❽ コロニーを調べる
❾ プラスミドを抽出し，塩基配列を決定する
❿ 得られたプラスミドを大量調製しておく．研究室のプラスミドファイルに登録する

In-fusion　PCRクローニング
❶ ベクターの15塩基のオーバーラップを組み込むよう設計したIn-Fusionプライマーを合成
❷ High Fidelity PCR酵素を用いて増幅したPCR断片を，Cloning Enhancerで処理あるいはゲルから精製
❸ In-Fusion酵素で直鎖状ベクターと結合する
❹ In-Fusion反応液で大腸菌を形質転換後，目的クローンをスクリーニングする

注意点
□ 各キットの説明を熟読してから，実験をスタートする必要がある．
□ トランスフォームを行う場合は，必ず効率を調べるベクターを用いて，効率チェック用のコントロールを入れておく必要がある．この結果により，大腸菌のトランスフォームの効率（コロニー数／1μgプラスミドベクター）が計算され，予定どおりの効率が得られているかチェックすることができる．

◆ ◆ ◆

表7-1　耐熱性DNA合成酵素の特徴

特徴	耐熱性DNA合成酵素						
	Taq/AmpliTaq®	Tfl	Tth	Vent®(Tfl)	Deep Vent®	Pfu	Pwo
Resulting DNA ends	3' A	3' A	3' A	>95% Blunt	>95% Blunt	Blunt	Blunt
5'→3' エキソヌクレアーゼ活性	Yes	Yes	Yes	No	No	No	No
3'→5' エキソヌクレアーゼ活性	No	No	No	Yes	Yes	Yes	Yes

Blunt：平滑末端

制限酵素について

　人類の歴史が戦争の歴史であるように，大腸菌の歴史も戦争の歴史である．生存競争をいかに勝ち抜いてきたか，大腸菌の必死の思いが伝わってくるのが，制限酵素とプラスミドである．制限酵素は，ファージDNAのような外来DNAを切断し，ファージの感染を防御するために開発された武器である．ホストの菌側のゲノムは，メチル化などの修飾によって保護されているため切断されない．プラスミドは菌が生き残るための非常手段として用いられている．プラスミドには，他の菌からの攻撃，環境の突然の変化などに対応するための遺伝子がコードされている．

3 タンパク質の扱い

　生物は主に，タンパク質，糖，脂質，核酸などで構成されており，それらの分子の解析をすることにより，生物を知ることができる．これらの物質の解析方法は大きく，化学的方法と物理的方法に分けることができる．化学的方法は，分析対象との化学反応により調べることが多く，対象物質のもとの性質が破壊されるので，**破壊的定量法**（destructive methods）と呼ばれている．一方，物理的な解析法は，物質の光吸収を測定したり，核磁気共鳴（NMR）を測定することにより解析を行い，対象物質を破壊しないので，**非破壊的解析法**（non-destructive methods）と呼ばれている．

RNAの扱い

　RNAを扱うとき，一番問題となるのがRNaseによるRNAの分解である．RNaseは，生きている菌や細胞や組織中，唾液，汗，皮膚など，あらゆるところに存在している．しかも，RNaseは熱に対する安定性がきわめて高く，120℃オートクレーブしても活性が残るなど，なかなか失活しない．したがって，このRNaseの作用をいかに防ぐかが実験の成否を決めることになる．RNase freeな環境を作るためには，RNaseが存在しない部屋あるいはそのような空間を作ることが必要である．手や口からのRNaseを持ち込まないために，作業中は手袋をはめ，マスクをする．もちろん，おしゃべりなどをしない．試薬は新しく購入したものをRNA free専用として使用する．また，それらの試薬はRNA free専用の棚にまとめて保管する．DEPC処理をする場合もあるが，最後の手段として考えておく．

RNase freeにする方法
- □ RNase freeの水：超純水を使用する
- □ RNase free溶液：RNase freeの器具を使用し，RNase freeの水でRNase freeの試薬を使用して作製する
- □ プラスチック器具：未使用の滅菌済みの製品は，基本的にRNase freeである
- □ 金属，ガラス器具：乾熱滅菌する．通常通り洗った器具を180℃で8時間以上，あるいは250℃で30分以上処理する．
- □ 加熱可能な溶液：オートクレーブ滅菌．チップやエッペンチューブはRNase freeのものを購入するか，120℃ 40分，オートクレーブ滅菌して使用する
- □ 試薬瓶：よく洗浄した後，120℃ 40分，オートクレーブ滅菌して使用する

1 タンパク質の抽出

| 時間 ★★★ | コスト ★★★ | 難易度 ★★★ | 危険性 ★★★ |

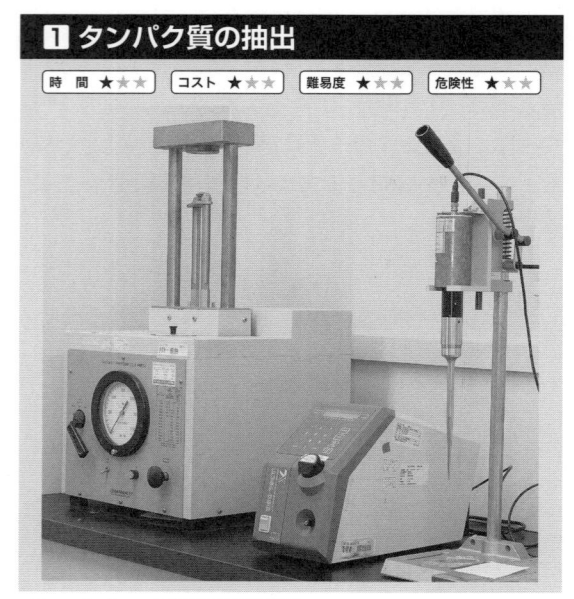

フレンチプレスと超音波破砕装置

　タンパク質の抽出方法は，DNAの抽出の場合と同様に，抽出したい試料（大腸菌，動物由来細胞，植物組織など）と目的タンパク質の局在（細胞質，細胞壁，培養上清など），タンパク質の性質に応じて異なる．したがって，目的に応じて最適な方法を選択する必要がある．サンプル破砕キットも販売されているので，最適なキットを選択する．

目的
破砕や分画によりタンパク質精製をスタートする．

原理と特徴
　タンパク質抽出方法には，試薬を用いた方法として，浸透圧ショック法，凍結融解法，界面活性剤の使用，酵素消化法などがある．一方，物理的に破砕して抽出する方法としては，超音波処理（超音波のせん断力により細胞を破壊），フレンチプレス（細胞懸濁液を高圧下で強制的に小穴から押し出して，せん断力により細胞を破壊），乳鉢による粉砕，ホモジナイザーによる破砕，ガラスビーズによる破砕などがある．これらはいずれも，装置が販売されており，目的に合わせて選択する必要がある．

操作手順
　タンパク質の場合は，その性質により**個々に精製方法が異なる**ので，一般的な操作法はない．目的のタンパク質の精製法がすでに論文に記載されている場合には，その論文の方法を再現するのがよい．新規のタンパク質については，類似のタンパク質についての方法を手がかりとしてプロトコールを作成する．

注意点
☐タンパク質は抽出中に内在性のプロテアーゼにより分解される場合がある．その活性を抑制するためには，下記のいずれかの方法を使用する必要がある．
- 変性剤を用いる
- 低温下で操作する
- 塩基性条件下でサンプル調製
- プロテアーゼ阻害剤を添加する

（目的のタンパク質が変成しない特殊な場合）
- 高温で処理する

◆　◆　◆

2 タンパク質の定量法

| 時間 ★★★ | コスト ★★★ | 難易度 ★★★ | 危険性 ★★★ |

目的
溶液中のタンパク質の量を測定する．

原理と特徴
　定量方法は，感度のよい方法から悪い方法までさまざまである．標準検体としては，ウシ血清アルブミン（Bovine serum albumin：BSA）をよく用いる．

ビューレット法（Biuret method）
　銅イオンと酒石酸を用いて，アルカリの条件でペプチド鎖とキレートを作製させ，その発色を検出する方法で，低感度（1 mg/mL 以上）であるが，簡便である．

ローリー法（Lowry method）
　ビューレット法を基礎に，チロシンやトリプトファン残基を試薬で酸化し，青紫を発色させる方法．測定限度は20μg/mL以上であるが，アミノ基，水酸基，カルボキシル基をもつ物質が反応に影響を及ぼすので注意しなければならない．

色素結合法（Bradford method）
　色素クマシーブリリアントブルー（Coomassie brilliant bule：CBB）はタンパク質と結合し，595 nmに吸収極大を示す．この吸光度を利用して，濃度を測定する．検出限界は5μg/mLである．簡単で感度が高い測定法であるが，タンパク質の塩基性アミノ酸の量により発色が異なるので，厳密にはスタンダードに注意しなければならない．

紫外線（UV）を用いる方法
　上記3つの破壊的定量法と異なり，非破壊的定量法であるUVを用いる方法もある．タンパク質は280 nmに吸収があるので，その吸光度（A_{280}）を利用して濃度を決める．核酸が混在している場合は，260 nmの吸光度（A_{260}）を利用し，

$$\text{タンパク質濃度（mg/mL）} = 1.45 A_{280} - 0.74 A_{260}$$

の式から計算できる．

◆　◆　◆

3 タンパク質の精製法

時間 ★★☆　コスト ★★★　難易度 ★★★　危険性 ★☆☆

目的
　目的のタンパク質を分離し入手する．

原理と特徴
　タンパク質の精製に最も重要なことは，目的のタンパク質のアッセイ法である．アッセイ法が確立していれば，問題ないが，新しいタンパク質を精製する場合は，いかに単純なアッセイ法が使用できるかが精製の成否を決める場合もある．また，出発材料に含まれる目的のタンパク質の量も，当然多ければ多いほどよい．また，内在性のタンパク質分解酵素によりタンパク質が分解される可能性もあるので，分解酵素の阻害剤存在下で処理する場合もある．

　通常のタンパク質の精製法には，基本的な流れがある．各タンパク質には多様な個性がある．アミノ酸組成の違いにより，電荷，疎水性，大きさ，形が異なっている．これらの性質の違いを利用して，タンパク質の精製を行う．

　最近では，目的のタンパク質の遺伝子を単離し，精製しやすいように融合タンパク質を大腸菌などで作製し，精製する方法がある．

硫安沈殿法
　硫安の溶解量を変化させ，タンパク質の溶解度の差（塩析効果）を利用し，目的のタンパク質の大まかな分離を行う．

疎水性クロマトグラフィー（HIC）
　タンパク質の疎水性の違いを利用し，分離する．カラムにHIC用担体を詰め，通常硫安溶液を流し，イオン強度の勾配を付け溶出する．

イオン交換クロマトグラフィー（IEC）
　陽イオン交換，または陰イオン交換用担体をカラムに詰め，低イオン強度からしだいに高イオン強度へと変化させ，目的タンパク質の電気的性質の違いを利用し，分離を行う．

ゲル濾過クロマトグラフィー（GPC）
　カラムにゲル濾過用の担体を詰める．タンパク質の大きさの違いで分離する．大きな分子ほど速く流れる．

アフィニティークロマトグラフィー（AC）
　この方法は，タンパク質の物理化学的性質の違いよりも，生物学的相互作用の特異性を利用して精製する方法である．特に，遺伝子操作により融合タンパク質を作製した場合は，この方法をよく利用する．

　クロマトの担体には，例えば，糖鎖を認識して

特異的に結合するレクチン（lectin）（糖タンパク質などの精製），IgG抗体のFcに特異的に結合するプロテインA（抗体，抗原の精製），受容体のリガンド（受容体の精製），poly（T）（mRNAの精製），ニッケル（Hisタグしたタンパク質の精製）などがある．

操作手順

カラムクロマトグラフィー

1. ガラス管の先にストップコックが付いており，はじめにコックを締めて，イオン交換樹脂やシリカゲルなどの担体を液体と混ぜ，サスペンドさせ，カラムの中に入れる
2. やがて担体はカラムにたまる（図7-4）．液を切らさないように流す担体が安定したら，担体の上部にわずかに液が残るように注意深くコックを操作し，閉める
3. 分離したい溶液を器壁に沿って，担体の上部の面が乱されないように，静かに重層する
4. 重層した液が担体に染み込むまでコックを操作する
5. 器壁を少量の溶出液（elutent）で洗い，同様な操作を行う
6. 溶出液を十分に足し，連続的に溶出（elute）する
7. カラムから溶出された液は，フラクションコレクターなどで分取する

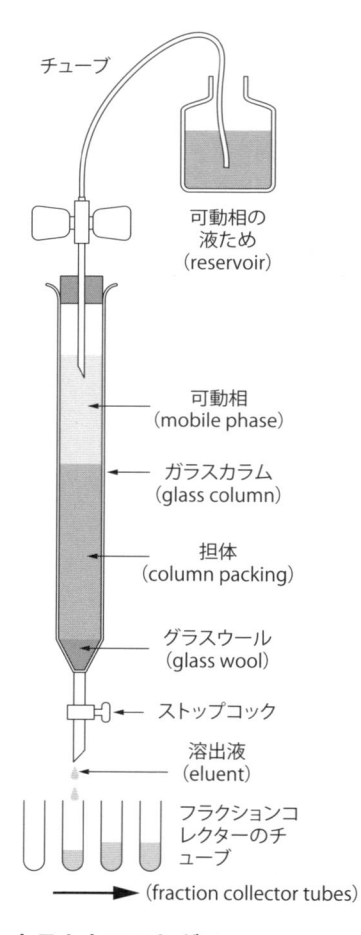

◆ ◆ ◆

図7-4 カラムクロマトグラフィー

4 ウエスタンブロット　Western blotting

時間 ★★★　コスト ★★★　難易度 ★★★　危険性 ★★★

ウエスタンブロッティングは電気泳動によって分離したタンパク質を膜に転写し，任意のタンパク質に対する抗体でそのタンパク質の存在を検出する方法であり，タンパク質の解析には必要不可欠な方法である．ウエスタンブロットのプロトコールは，通常生化学系あるいは分子生物学系の研究をしている研究室には作成されているであろう．

目的

電気泳動したタンパク質を検出する.

原理と特徴

通常はタンパク質の立体構造を破壊するために, ドデシル硫酸ナトリウム（SDS）や2-メルカプトエタノールを加えたバッファーにタンパク質を溶解させる. これをSDS-ポリアクリルアミドゲル電気泳動（PAGE）し, その後ニトロセルロース膜やPVDF膜に転写する. この膜に対して免疫染色を行うことで, タンパク質を検出する. リン酸で修飾された残基を検出できる抗体を用いれば, タンパク質のリン酸基修飾なども検出できる. なおブロット法には, ドライ法, セミドライ法, ウェット法などがあり, それぞれ装置が販売されている.

操作手順

1. 電気泳動
2. 転写
3. 転写膜のブロッキングと抗体反応
4. 一次抗体反応
5. 検出

注意点

☐ 10 cm×10 cm（100 cm^2）の転写膜用の容量を記載. サイズの異なる転写膜をご使用の際は, 適宜容量を調整する

☐ 推奨する一次抗体希釈バッファーは製品により異なる. 一次抗体希釈バッファーと希釈率は, 各製品のデータシートを参照すること

◆ ◆ ◆

4 細胞の扱い

1 培養の基本

生体内にある細胞を取り出して, 人工的な条件で細胞を分裂・増殖, さらに発生分化させることが細胞培養である. 通常, 生体内を *in vivo*, 培養細胞などは *in vitro*, ニワトリの卵の中を *in ovo* と呼んでいる. 細胞培養には主に**初代培養系**（primary culture）と**連続培養系**（continuous culture）がある. 初代培養は, 生体から取り出した細胞を培養することであり, 初代細胞は生体内の状態に近い細胞として考えられている. 継代培養も可能であるが, 寿命がある. 一方, 連続培養系は**株化された細胞**（cell line）を用い, 継代培養が容易である. 表7-2に代表的な細胞株を紹介した.

動物細胞の培養は通常培養用プラスチックのフラスコやシャーレを用いて行われる. 細胞培養用のシャーレには特殊な加工がしてあり, 細菌用のシャーレとは異なるので間違えてはいけない. 線維芽細胞などは器壁に接着し, 増殖する. 細胞が容器の底を埋め尽くす状態を**コンフルエント**（confluent）と呼んでいる. 条件や細胞の種類により異なるが, リンパ系細胞などの溶液に浮遊している細胞（浮遊細胞）は通常 $1～2×10^6$/mL の密度になるまで増殖する.

☐ **生化学, 分子生物学, 薬理学, 生理学の研究**

細胞は組織や器官よりも単純な生物系として研究に用いられる. 特に, がん化のメカニズム, 細胞内情報伝達, 細胞周期, 細胞分化などの研究には不可欠である. ただし, 細胞で研究して得られた結果が, そのまま *in vivo* に適用できない場合があるので, 常に注意しなければならない.

□ **個体の遺伝子操作の道具として**

胚葉性幹細胞（embryonic stem cell：ES細胞）の培養は，ノックアウトマウス，トランスジェニックマウス作製などの個体の遺伝子操作のために必要である．体細胞を用いたクローン技術により，通常の培養細胞を用いてノックアウトやトランスジェニック動物が作製可能であることが，発表されている．

□ **有用物質の産生**

細胞を遺伝子操作などにより改変し，有用な物質を産生できるように改良し，ワクチンやモノクローナル抗体などを作製する．

□ **アッセイ系として利用**

さまざまな物質の細胞に対する増殖刺激作用，有毒作用，アポトーシス誘導などの現象を調べることにより，新しい物質を単離する．

◆ ◆ ◆

表7-2 細胞株とその性質

細胞名	由来	特徴
HeLa	ヒト子宮がん	ヒトの細胞株としては最初に樹立されたもので，細胞生物学的研究に広く用いられている．各種のヒトウイルスの宿主となる
L	C3Hマウス皮下組織	代表的な線維芽細胞株．チミジンキナーゼ欠損株など多くの変異株が得られており，各種の研究に利用されている
CHO	チャイニーズハムスター卵巣	多くの変異株が分離されており，体細胞遺伝学の研究に広く用いられる．ヒト細胞との雑種細胞を利用してヒト遺伝子の染色体マッピングが行われている
NS-1	BALB/cマウス骨髄腫	P3-NS1/1-Ag4-1が正式名．代表的なミエローマ細胞株で，このHGPRT欠損株はハイブリドーマ作製のための親株として使用される
BW5147	AKRマウスT細胞腫	HGPRT欠損株はT細胞ハイブリドーマ作製のための親株として使用される
EL4	C57BL/6マウス胸腺腫	代表的なTリンパ球株で，コンカナバリンAなどの刺激で各種のT細胞特有のリンホカインを産生する
CTLL-2	C57BL/6マウスT細胞	マウスの細胞傷害性T細胞株．インターロイキン2に依存して増殖する
MEL	DBA/2マウス脾臓細胞	フレンド白血病ウイルスによる形質転換株．ジメチルスルホキシドなどで赤血球に分化するので，細胞分化のモデルとして用いられる
M1	SLマウス骨髄性白血病細胞	浮遊状態で増殖するが，種々の刺激によりマクロファージ様の細胞に分化し，貪食能や器壁への接着能が出現する
K562	ヒト慢性骨髄性白血病細胞	種々の刺激によって顆粒球，マクロファージ，赤血球，巨核球などに分化するので細胞分化の研究に利用される
FM3A	C3Hマウス乳がん細胞	浮遊状態で増殖し扱いやすい．軟寒天上でコロニーを形成しやすいので変異株の取得に便利である．細胞周期の研究などに使われている
BALB/c3T3	BALB/cマウス胎仔	線維芽細胞様の形態をとる．ウイルスや化学発がん剤によってがん化するので，発がんの機構の研究に有用である．この細胞を用いて多くの発がん遺伝子が発見された
COS	サル腎臓	SV40の複製開始点に欠損のある変異株で，形質転換された細胞でT抗原を産生している．この細胞中ではSV40 oriベクターが効率よく発現する

『細胞工学』（講談社，1992）p77の表を引用

私の本棚

『改訂 培養細胞実験ハンドブック』
許南浩, 中村幸夫/編, 羊土社, 2009
→細胞培養法の基礎から応用まで網羅している実用的な本である.

『すくすく育て 細胞培養』
渡辺利雄/著, 秀潤社, 1996
→細胞の入手から培養・クローニング・保存まで, 基本的な方法を紹介している.

◆ ◆ ◆

2 培養室の使用法

時間 ★★☆　コスト ★★☆　難易度 ★★☆　危険性 ★☆☆

細胞培養室は一般実験室と異なり, 特に清潔に保たなければならず, また多くの人が共有して使わなければならない特殊なスペースとなる（図7-5）. 培養を行う場合は, ちょっとした不注意からカビ, 細菌, 酵母, マイコプラズマなどによる**汚染**（コンタミネーション, contamination）が生じるので, 細心の注意を払って作業しなければならない. 狭い培養室を有効に, かつ事故のないように使用するためには一定のルールに従って全員が作業を行わなければならない.

培養室の使用指針としては新たに培養室を利用する場合は, 経験者が責任をもって指導に当たること, 初心者は一通りの操作に習熟するまでは1人で作業しない. また, 細胞培養は非常にコストの高い実験なので, 節約に心がけるようにする.

手　順

入室

1. バクテリア, 酵母などのコンタミネーションを避けるため, 一般実験用の白衣は脱ぐ. 細胞培養専用の白衣を着用することが望ましい
2. 殺菌灯を消し, 室内灯をつける
3. 手, 腕を洗う. 必要に応じて腕まくりなどをし, できるだけ衣服や時計などをクリーンベンチの中に入れないようにする
4. ピペットを使った作業を行う場合は, バケツに十分に水を張り, クリーンベンチの下に備え付ける
5. 手袋を着用し, 70％エタノールで手袋の粉を洗い落とす

クリーンベンチの準備
第6章参照

細胞が生きる条件

動物細胞を培養するためには, 細胞が生きる条件を整えてやらねばならない. そのために, 培養液がさまざまに工夫されている. 1955年にイーグル（H. Eagle）が動物細胞を培養することのできる培地を開発した. その培地を基礎に, Eagle's minimum essential medium（MEM）と呼ばれる培地が開発された（H. Eagle, Science, 130, 432, 1959）. 通常この培地に5〜10％の血清を添加することにより, 多くの細胞が培養可能である. さらに, 栄養素に加えて, pHが7.2〜7.5, 浸透圧：300＋20 mosmol/kg, 温度：35〜37℃, 5％CO_2（CO_2インキュベータ）, 酸素などが一定に保たれなければならない. また, 細菌などが培地の中で増殖しないように, 無菌的な条件であらゆるものを取り扱う必要がある.

図7-5 細胞培養実験室

ガラスピペットの操作法
1. クリーンベンチ内のバーナーに点火する
2. 乾熱が終了したピペット缶をアルコールで滅菌し，クリーンベンチ内にもち込む
3. フタをあけ，口を下にしてベンチ，あるいは滅菌缶の上に置く
4. ピンセットをバーナーであぶる
5. ピンセットでピペットを缶の口から数センチ出す
6. ピペットが缶の口の壁に触れないように手で取り出す
7. ピペットをバーナーでよくあぶる
8. ピペットエイドにセットして使用する．口の割れたピペットはピペットエイドのゴムをいためるので除く
9. 使用したピペットを十分に水を張ったバケツに入れる（排出口を下にする）
10. 缶のフタは口をバーナーであぶってから戻す

クリーンベンチの後始末
第6章参照

退室
1. クリーンベンチ，ピペット，バケツなどの後始末を確認する
2. ガスの元栓が閉まっていることを確認する（特に最終退室者はすべての元栓をチェックする）
3. 室内灯を消し，UVランプを点灯する
4. 培地，ディッシュなどの最後の一箱を開封した場合には注文表に記入する

> **注 意**
> □ ピペット缶は古いものから順に使う．破損したピペットは除外する．目盛が青色のピペットは捨てる．茶色のものは修理に出す．タンクに入れる際には，中のカゴをもち上げすでに入っているピペットにぶつからないように注意する．ピペットを投げ込まないこと

- □ クリーンベンチ内にものをもち込むときには，70％エタノールを噴霧して消毒する．作業中に培地，血清をこぼしたらその場でアルコール綿で拭き取る．70％エタノールは缶入りの一級エタノールをイオン交換水で希釈して10Lタンクにつくる．ポンプを使うと便利である．
- □ 水はイオン交換水を10Lのポリタンクに汲んでくる．CO_2インキュベーター用の水はこれをオートクレーブしたものを用いる．
- □ ストックである培地，プラスチック製品は原則としてストックの最後の1箱を開封したら，すぐに注文を出すこと．補充が切れると多くの人が困ることになる．

私の研究室では以上に述べる点はすべて当番に割り振らず，使用者の自主性に任されている．機器のメンテナンス，水の交換，70％エタノールなどのストックはぎりぎりまで放置せず，少なくなったら次に実験する人のことを考えて余裕をもって交換，あるいは補充するようにする．

◆ ◆ ◆

3 無菌操作

時間 ★☆☆　コスト ★☆☆　難易度 ★★☆　危険性 ★☆☆

細胞培養の方法は個々の細胞の種類によって異なり，一般化は難しい．基本は無菌操作であるが，培養に成功するにはある程度の熟練を要する．ここでは，無菌操作について紹介する．

原理と特徴

微生物はいたるところに存在しているので，それを排除しなければならない．

操作手順

1. もし長髪であれば，net/capでまとめるか，ヘヤーバンドで留める
2. 空気の流れのない場所で，会話を慎む
3. 70％ v/v エタノールで，手袋，ボトルなど総てのものを拭く（swab）
4. クリーンベンチなのか安全キャビネットなのかを調べておく
5. 少なくとも10分間装置のスイッチをONにして，空気の流れ確認しておく
6. ピペットを扱うときは，チップの先を体から遠い位置に配置しておく
7. ボトルの蓋は，そのままtop-downで置くか，指を曲げて手にもっておく
8. 凍結したバイアルから細胞を取り出すときは，できるだけ早急に融解し（例えば，手で暖めるとか37度Cの水に浸ける），ゆっくりと培養液に入れる
9. コンタミネーション（浮遊物，色変化など）が生じていないか，肉眼や顕微鏡により観察する．
10. 培養液の交換を必要があれば行う．新しい培地はあらかじめ暖めておく．古い培地は，無菌的なピペットなどを用いてアスピレーターに繋いで除去する．
11. 細胞のストックの作製．細胞を通常10^6/mLになるように懸濁液をストック液で作製する．ストック液は通常培地に抗凍結剤として10％ v/v DMSOまたは20〜30％ v/v グリセロールを入れたものを使用する．細胞懸濁液は小さなバイアル管に分注し，1℃/分の速度でゆっくり凍結して保存する．そのような装置がないときは，バイアル管を綿の入ったチューブの中に入れ，−70℃のフリーザーに6時間以上保存し，その後液体窒素の容器の中で保存する方法もある．

注意点

- □ 培養細胞の特徴として培養中にその性質がどんどん変わってしまう（特に培養の下手な人が培養した場合）ため，必ず早い時期にオリジナルストックと実験用ストックをつくり，実験は実験用ストックを用いる
- □ 樹立細胞の場合でも，継続した培養は2カ月を限度とする．それ以上は細胞に異常がみられなくても廃棄し，新たに実験用ストックを解凍して用いる
- □ 細胞に異常（増殖が悪い，形態がおかしいなど）

がみられた場合はただちに廃棄する
□継代培養している細胞は決してコンフルエントにしてはならない
□培地は最低週2回程度交換する．培地の色が黄色くなった場合はその細胞は廃棄する

◆ ◆ ◆

4 継代培養

時 間 ★★★　コスト ★★★　難易度 ★★★　危険性 ★★★

目　的
細胞を継続的に培養する．

原理と特徴
ライン化された細胞であれば，継代培養が可能である．継代培養は，サブカルチャーリングあるいはパッセージングと呼ばれているが，通常，細胞がコンフルエントに達した場合，あるいはサスペンション培養の場合は，最高密度に到達した場合に行う．

操作手順
1. 0.25％ w/v トリプシンで15分以下に処理し，細胞を剥がす
2. 細胞を培地で，初代培養の場合は1：2から1：8程度に希釈して使用する．ライン化された細胞によっては，1：100で希釈し，細胞の密度が10^4〜10^5/mLになるように希釈する

注意点
□トリプシン処理後は，希釈してトリプシンがさらに働かないようにする．
□希釈率は重要で，希釈しすぎると細胞の増殖が悪くなる．

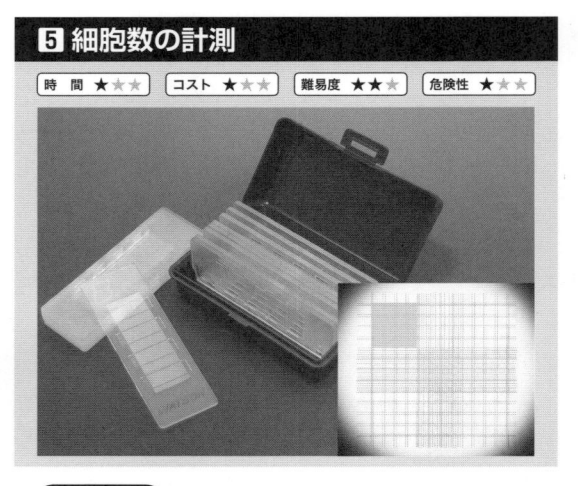

◆ ◆ ◆

5 細胞数の計測

時 間 ★★★　コスト ★★★　難易度 ★★★　危険性 ★★★

目　的
細胞の数を計測する．

原理と特徴
血球計算板を利用．

操作手順
1. トリプシン処理を短めにして，細胞をできる限り Single Cell Suspension にする
2. 細胞懸濁液をパスツールピペットかピペットマンで少量取り，できるだけ速やかに，かつ注意深く血球計算板に入れる．その際，細胞が計算板内に均一に分布していない場合にはやり直す
3. 血球計算板は3本線に囲まれたところが9等分されている．その1/9区画（色のついた区画）が1×10^{-4} mLになっているので少なくとも2区画を数え（できれば4区画），数えた区画数で細胞数を割り，10^4倍して細胞数/mLとする．

◆ ◆ ◆

6 トランスフェクション

時間 ★★☆　コスト ★☆☆　難易度 ★★☆　危険性 ★☆☆

昆虫用のマイクロインジェクション装置

目　的
細胞などに核酸を導入するために行う．

原理と特徴
一般的に，5つの方法がある．

リポフェクション
核酸を取り込ませたリポソームを細胞内に取り込ませる．

エレクトロポレーション法
電気パルスをかけ細胞膜に穴をあけ核酸を細胞内に取り込ませる．

マイクロインジェクション法
ガラスキャピラリーを用いて，DNAを細胞内に注入する．

パーティクル・ガン法
金属の微粒子をDNAでコーティングし，細胞内に打ち込む．

ウイルスなどを用いる方法
ウイルスや細菌を利用して遺伝子を細胞内に導入する．

操作手順

リポフェクション
さまざまな試薬が販売されており，試薬の指示通りに操作することが必要である．

エレクトロポレーション法
in vivo, *in vitro* との装置が必要である．最近では，試料に加える電場のパルス幅や形状を変化することができる装置が開発され，核酸の導入効率が非常に高くなっている．例えば，ネッパジーン社の装置などが開発されている．

マイクロインジェクション法
装置が必要である．特に，顕微鏡と一体となった装置が必要であり，さまざまな装置が開発されている．用途に応じて選択しなければならない．キャピラリーを作製する装置としては，Sutter Instrument 社製品のガラス電極作製装置マイクロピペットプラーが有名である．

パーティクル・ガン法
装置が必要である．当初は細胞壁をもつ植物細胞への遺伝子導入法として考案されたようである．最近は，ヒトの遺伝子治療に使用する試みがある．

ウイルスなどを用いる方法
レトロウイルス，アデノウイルス，バキュロウイルス，レンチウイルスを用いる方法が開発されている．いずれも，すでにキットが販売されており，目的に応じたウイルスを選択しなければならない．植物の場合は，アグロバクテリウムを用いることが多い．

注意点
□多くの既存の方法については，キットや装置が開発されているので，どの方法を用いるかが実験の成否を決定する

◆ ◆ ◆

5 個体の扱い

遺伝子の機能解析などに，遺伝子操作した動物を利用した研究が行なわれている．特に，マウスやショウジョウバエについては，ほとんどの研究において，遺伝子操作による実験が行われている．そこで，簡単にその原理と使用法を解説しておく．

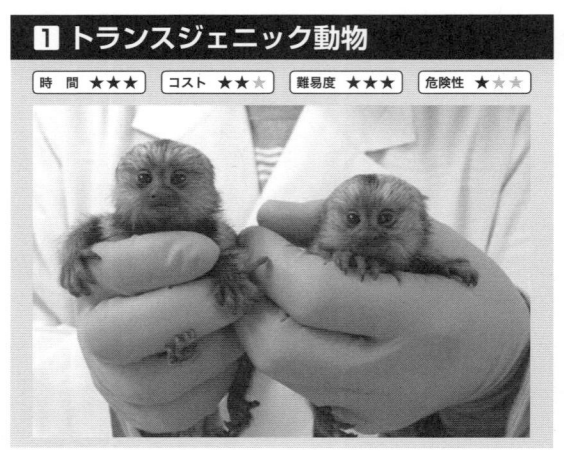

1 トランスジェニック動物

時間 ★★★　コスト ★★★　難易度 ★★★　危険性 ★☆☆

トランスジェニックマーモセット．写真提供：（独）科学技術振興機構

目的

遺伝子を導入した動物を作製し，遺伝子の機能などを調べる．

原理と特徴

遺伝子を卵や胚にマイクロインジェクション法などで導入する．DNAが核に移行し，ゲノムに挿入される場合がある．生殖細胞のゲノムに挿入された場合には，次世代にも遺伝子し，トランスジェニック動物のラインを得ることができる．

さまざまな動物において，トランスジェニック動物が作製されている．最も多いのは，マウスである．さらに，ラット，ブタはもちろん，サルまで作製されている．2009年に，慶應義塾大学医学部の岡野栄之と実験動物中央研究所の佐々木えりかは，世界で初めてトランスジェニック霊長類（マーモセット）の作製に成功している．また，昆虫ではショウジョウバエ，甲虫，コオロギなど，ゼブラフィッシュ，カエルなどについても作製されている．作製法としては，受精卵などにDNAをマイクロインジェクションする方法が多いが，動物の種類によって異なる．

注意点

☐ 遺伝子組換え動物については，逃走などしないように，厳密に管理する必要がある

◆ ◆ ◆

2 ノックアウト，ノックイン動物／植物

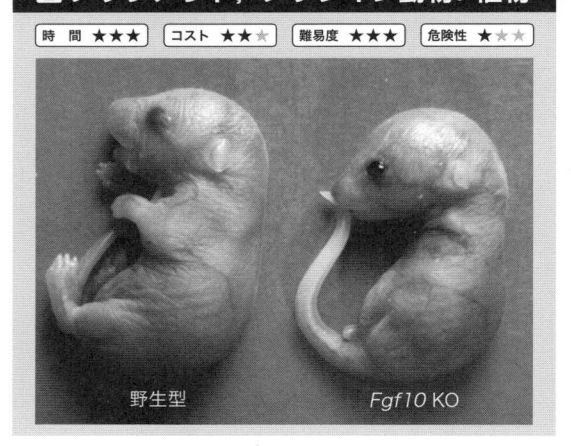

時間 ★★★　コスト ★★★　難易度 ★★★　危険性 ★☆☆

野生型　　　*Fgf10* KO

GFG10ノックアウトマウス（Sekine et al. Nat. Genet., 1999より転載）

目的

遺伝子の機能を特異的に喪失（ノックアウト），または挿入（ノックイン）させ，その表現型を調べることにより，遺伝子の機能を調べる．人工酵素を用いたノックアウト動物や植物は，方法によっては非トランスジェニック動物／植物の作製が可能となり，生物のゲノム操作法に革命が生じるきざしがある．

原理と特徴

主にマウスのES細胞を用いて，*in vitro* で相同組換えにより遺伝子をノックアウト，ノックインしている．2012年現在，人工酵素であるZinc finger nuclease（ZFN）やTranscription activator-like effector nuclease（TALEN，コラム参照）を用いたノックアウト動物の作製法が開発されている．

操作手順
TALENを用いる方法
❶TALENをコードするmRNAを合成する

❷トランスジェニック動物作製法に従い，受精卵などにmRNAを導入する．ノックインの場合は，ゲノムに挿入したい遺伝子を含むベクターを共存させる

❸トランスジェニック動物作製の場合と同じように，ゲノムあるいは表現型を調べる

ゲノムプロジェクトと遺伝子編集技術

2011年現在，節足動物は11種，脊椎動物はヒトを含めて14種，植物は7種，真正細菌は780菌株，ウイルスは2,700種のゲノムの塩基配列が決定されている．次世代あるいは次次世代のシークエンサーの登場により，その数は飛躍的に増加するであろう．その成果はヒトの疾患診断，治療から進化のメカニズムの解明まで多くの生物の研究の進展速度を加速するであろう．一方で，バイオインフォーマティクスが十分に使用できず，膨大なデータを有効に使用できない問題も生じている．今後は，塩基配列のデータを基盤に，遺伝子機能の解析を行うことになる．その1つの有用な方法が，Transcription Activator-Like Effector（TALE）Nucleases（TALEN）を用いた遺伝子改変技術であろう．

この方法は植物に感染して病気を誘発するバクテリアの一種であるXanthomonas（キサントモナス）から発見された．TALEsは病原菌が感染すると植物細胞に導入され，植物遺伝子に特異的にDNAと結合し遺伝子を制御することが知られている．各TALEsは，一般的に33〜35のアミノ酸をもつ繰返しドメインにより構成されている．この繰り返しドメインは，repeat-variable diresidues（RVD）と呼ばれる2つの可変アミノ酸以外ほとんど同じアミノ酸配列をもっており，その変化により標的DNAのA，T，G，Cを認識できる．したがって，この4つのドメインを繋ぐことにより，原則的には任意の塩基配列を認識できるタンパク質を合成することができる．この特異的な塩基配列を認識するTALE DNA結合ドメインと二本鎖切断（DSB）用のエンドヌクレアーゼドメイン（FokI）を融合したタンパク質を作製すると，任意の人工制限酵素TALENを作製できることになる．通常，DNA結合ドメインは長い認識サイト（17〜20bp）をもつため，非常に特異性が高い．この酵素を細胞内で発現させると，ゲノムを切断し，その修復過程で生じるNon-Homologous End-Joining（NHEJ）により，ゲノムに突然変異が導入される．あるいは，相同組換えを利用すると標的遺伝子の挿入，改変（置換）を行うことが可能となる．これにより，標的遺伝子をノックアウトあるいはノックインした細胞や生物個体を得ることができる．ノックアウトに関しては，非遺伝子組換え生物を作製できるので，今後さまざまな方面に利用される技術になるであろう．

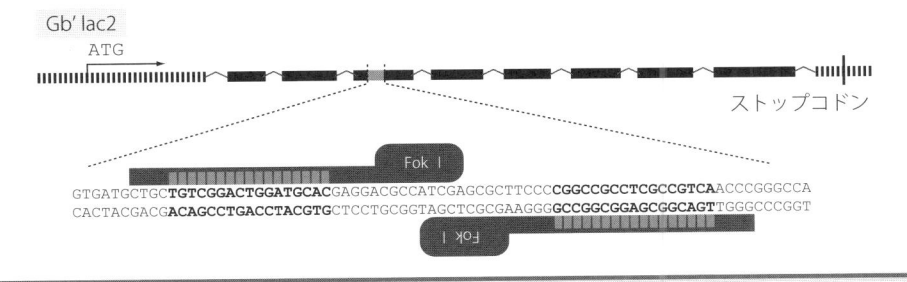

```
Gb' lac2
    ATG                                                    ストップコドン
```

```
         TGTCGGACTGGATGCAC                    Fok I
GTGATGCTGCTGTCGGACTGGATGCACGAGGACGCCATCGAGCGCTTCCCCGGCCGCCTCGCCGTCAACCCGGGCCA
CACTACGACGACAGCCTGACCTACGTGCTCCTGCGGTAGCTCGCGAAGGGGCCGGCGGAGCGGCAGTTGGGCCCGGT
                                           Fok I          GCCGGCGGAGCGGCAGT
```

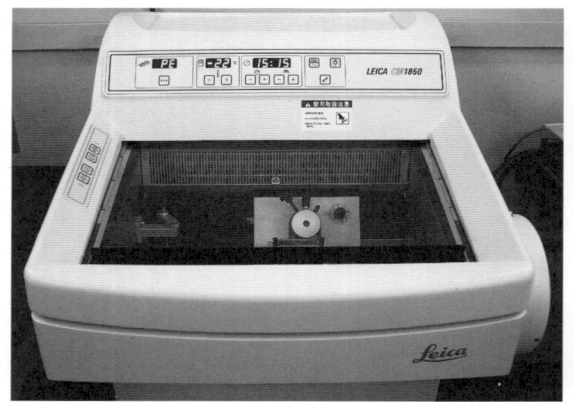

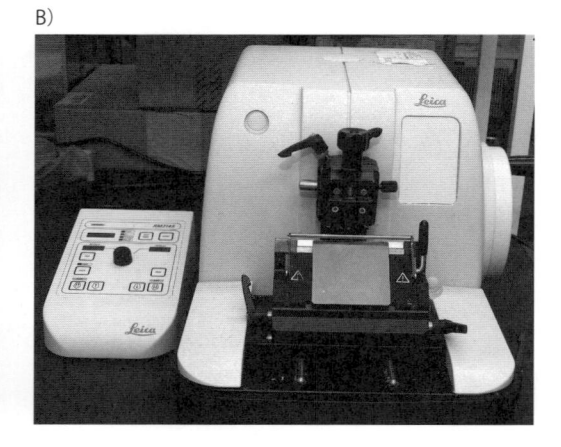

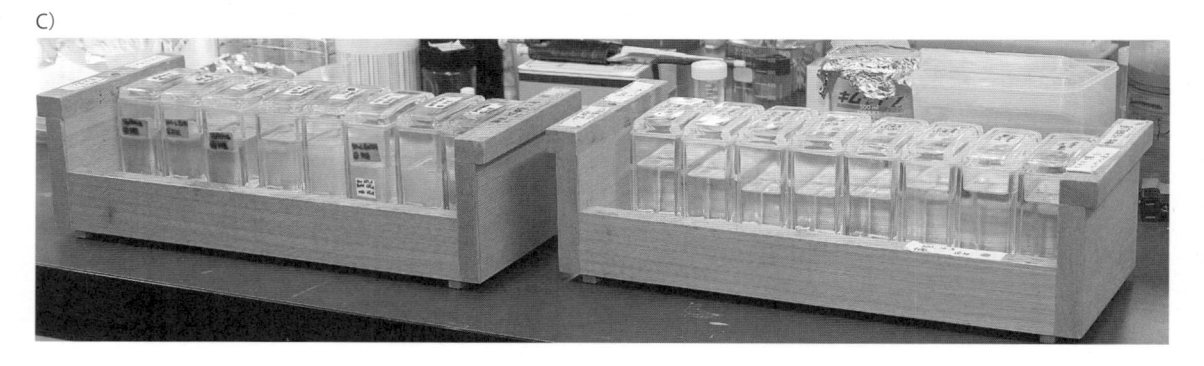

図7-6　クライオスタット（A），ミクロトーム（B），染色バット（C）

> **注意点**
> ☐ 2012年現在では，フランスのCellectis Bioresearch社が作製を受託している．日本では，広島大学の山本卓らを中心にTALEN関連のコンソーシアムが形成されているので，そこから情報が入手できる
> ☐ この分野は加速度的に新しい技術が開発されるので，常に注目しておく必要がある

◆ ◆ ◆

3 試料を調製する　動物の固定から染色まで
時間 ★★☆　コスト ★★★　難易度 ★★★　危険性 ★★★

目的の動物を殺す方法は，動物の種類や実験の目的により異なるので注意すること．固定の方法も，実験の目的により異なる．例えば，組織や胚のin situハイブリダイゼーションを行う場合は，固定液を全身に灌流して固定する方法，灌流固定を行う必要がある．固定液も目的に応じてさまざまな種類がある．

試料をパラフィンに包埋してミクロトームで切片を作製する方法と，凍結してクライオスタットで切片を作製する方法がある（図7-6）．外科医がヒトの手術を行う場合に解剖学的知識が必要なように，切片を作製する場合もその生物の解剖学的知識が必要である．目的に応じて，組織や器官の構造を調べ，どの方向で切片をつくる必要があるかをあらかじめ，考えておく必要がある．図7-7に切片の方向についての用語を示した．

通常，ヘマトキシリンで核を青/黒に染色し，エオシンで筋肉，骨，などの細胞基質はピンク/赤に染め

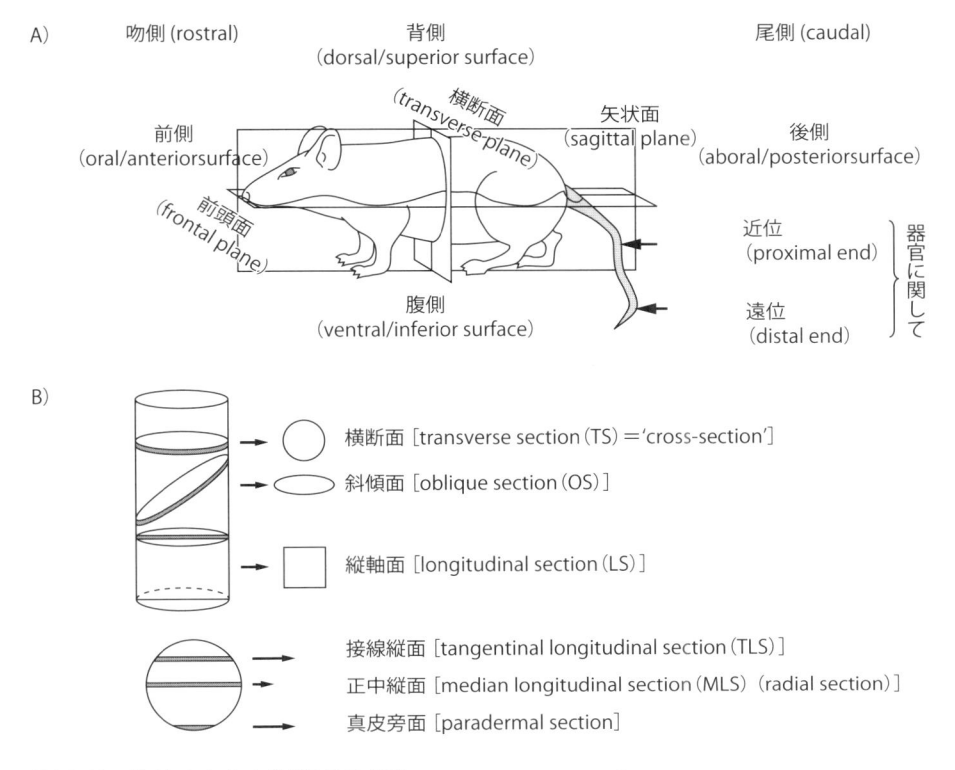

A) 吻側 (rostral)　　背側 (dorsal/superior surface)　　尾側 (caudal)
前側 (oral/anteriorsurface)　横断面 (transverse plane)　矢状面 (sagittal plane)　後側 (aboral/posteriorsurface)
前頭面 (frontal plane)
腹側 (ventral/inferior surface)
近位 (proximal end)　遠位 (distal end)　器官に関して

B)
横断面 [transverse section (TS) ='cross-section']
斜傾面 [oblique section (OS)]
縦軸面 [longitudinal section (LS)]
接線縦面 [tangentinal longitudinal section (TLS)]
正中縦面 [median longitudinal section (MLS) (radial section)]
真皮旁面 [paradermal section]

図 7-7　体軸の方向と切断面の名称
A) マウスを例にとって，体軸の方向の名称と切断面の名称を示した．
B) 同じ円柱を切断しても，切断方向により形が変化する．切断の方向に応じて面の名称が異なる．同じ縦軸面であっても，切断場所により区別する場合の面の名称

ることができる．これは組織を観察するための一般的な方法で，H-E染色と呼ばれている．抗体を用いた抗原のタンパク質を染色する方法を免疫染色法，遺伝子発現を調べるためにmRNAを検出する方法は，in situハイブリダイゼーション法と呼ばれている．

私の本棚

『免疫染色 & in situハイブリダイゼーション 最新プロトコール』
野地澄晴/編，羊土社，2006
→in situハイブリダイゼーションを中心に固定法や切片の作製法などを解説

in situ ハイブリダイゼーション法

　in situ（インサイチュウ）とは"その場で"という意味で，染色体や組織切片などにあるDNAやRNAをその場でハイブリダイゼーションにより検出する方法である．放射性同位元素でラベルしたり，DIG（ジゴケシゲニン）などでラベルしたRNAやDNAをプローブとして，それらと目的のDNAやRNAをハイブリダイゼーションさせ，オートラジオグラフィーや酵素抗体法などにより検出する．

8 研究結果の整理と発表

　研究はその成果を発表して，はじめて終了したことになります．たとえネガティブな結果であろうと，それが正しい実験の成果であれば，十分に発表する価値があります．逆にいえば，発表することを意識して研究を進める必要があります．そのためには，常に実験を開始したときの原点に戻り，研究結果の整理をし，その内容を吟味しながら研究を継続する必要があります．この章では，研究成果の整理法と発表の方法について紹介します．

1 研究成果の整理

　研究を開始すると，多くの生データが得られる．生データは料理でいえば素材のようなもので，それだけでは食べられないのと同じで，**整理して解析した後に科学的なデータとして使用する**ことができる．ここでは数値データの整理について紹介する．

A）表

　定期的に，かなり大量の情報が観察や実験で得られる場合は，実験ノートとは別に，表を作成する．表には，次の項目を記録する．

- □ 簡単な表題か参照番号を記入する．その番号により，実験ノートとの対応がつくようにしておく
- □ 通常，1列目（row，アルファベットで指定）には，独立変数を書き込み，2列目には，対応する個々の測定値を書く

B）グラフ

　得られたデータをグラフにして示すことが多い．グラフは**それだけ見ることにより，すべてがわかる**

実験ノートXXX参照

濃度（mM）	反応速度1	反応速度2
0	0	0
1	1.32	1.36
2	2.46	2.96
3	4.02	4.56
4	5.26	5.56
5	6.54	7.02
6	7.53	7.06
7	9.66	8.56
8	12.5	13.9
9	13.9	14.77
10	14.56	15.69

図8-1　反応速度の濃度依存性
温度を一定にして，濃度を変化させ，反応速度を測定した場合は，変化させた濃度を行（数字で指定）にとり，それぞれの反応速度値を対応する行に記入する

ように表示しなければならない．グラフを書く場合の注意事項は，下記のとおりである．

- □データを調べ，軸のスケールを選ぶ
- □通常，横軸（x axis, abscissa）には変化させた量（独立変数），縦軸（y axis, ordinate）には得られた結果を対応させる
- □軸には変数の名前と単位を記入する
- □軸には目盛りを入れ，必要に応じて数字を入れる
- □図の説明（figure legend）には，図の表題と図内の記号の意味などを説明する

表計算ソフトにもグラフ化する機能が付いている．論文の図にするには，さらにペイント系のソフトを用いたほうがよいかもしれないが，データを処理するのはこれで十分である．得られたグラフは，将来作成する論文の中の図として使用可能かどうか常に自問自答し，常に質の高いグラフを作成することを意図しておくことが重要である．

2 統計処理の考え方

統計処理の基本的な考え方は，**測定値などが数学**

表計算ソフトを用いる

表計算ソフト（例えばExcel）は，非常に有用なソフトで，以下に示すように多くのデータを蓄積したり，計算処理するのに非常に便利である．
- □生データや計算したデータを保存できる
- □生のデータを計算し，変換したり，統計処理ができる
- □グラフをつくることができる

表は，下図のように，縦（column）に数字が並び，列の番号に対応している．横にはアルファベットが並び，行に対応している．行と列で指定される位置の空間，例えばC7はセルと呼ばれている．セルには，ラベル，数，式などを入れることができる．セルのデータは，処理（数学的計算機能，統計計算など）が可能である．

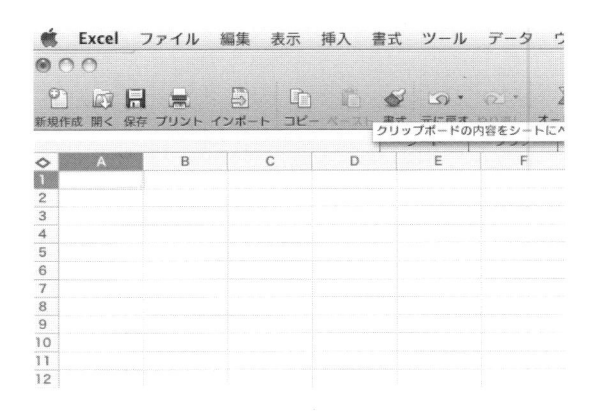

的に記述できる分布になっていれば，一部を知ることにより，**全体を予想できる**である．例えば，あるヒトの測定値（例えば血圧や身長など）が多様な遺伝的背景に依存している場合，測定値の分布は正規分布になると考えられる．正規分布であることがわかれば，その分布は**平均と標準偏差のたった2つのパラメータだけで，分布を記述する**ことができる．したがって，母集団のすべてについて測定しなくても，数学的に処理することにより，確率的にその集団の平均値や標準偏差などの記述統計量から分布を予想できる．

A）仮説の正しさを判断するには

実験を行うことは，仮説を検証することであるから，あらかじめ仮説を立てなければならない．その仮説が正しいかどうかを判断する1つの方法は，統計学的方法を用いた**有意差検定**である．例えば，マウスに薬物を投与してその効果を判定するために，2つのグループ，投与したグループと投与しないグループについて，血中のあるホルモン量を測定したとしよう．この場合の仮説は，有意差なしか有意差ありの2つである．"差がない"仮説を通常，**帰無仮説**（null hypothesis）と統計学では呼んでいる．一方，"差がある"仮説は通常，**対立仮説**（alternative hypothesis）と呼ばれている．"差なし"仮説に基づき，本来差がないにもかかわらず，偶然，差が生じる確率を統計学的に計算することができる．その値をP値とすると，通常，0.05を境界に，P値が0.05より小さいと，"差なし"仮説は否定され，"差あり"仮説が採用されることになる．逆に，P値が0.05より大きければ，"差なし"仮説は受け入れられることになる．注意しなければならないことは，統計学の計算において，例えば正規分布が想定される場合とそうでない場合は，用いる統計も異なる．

B）サンプル数の決め方

上述した実験を行うときに，何匹のマウスについて調べればよいのであろうか？ このような検定は，**2標本t検定**を行うので，おおまかには必要なマウスの数NはN＝9(s/D)^{2}で計算することができる．ここで，Dは検出したい血圧の最小の差，sは血圧の標準偏差である．例えば，s＝10 mmHgで，D＝10 mmHgであれば，N＝9(10/10)^2＝9匹となる．これは近似的な値なので，実際はこれより多い数，例えば12～16匹で実験を行うべきである．このように，あらかじめ統計解析の方法を決めておくと，実験に使用しなければならない動物の数などが決定できる．下記の手順によりN数などを計算できる．

手 順
1. 仮説を設定する
2. 検定方法を選ぶ
3. 測定値の検出したい最小の差を設定する
4. 公式を用いてサンプル数を決定する

統計処理の方法は，データの種類などに応じて多くの方法が開発されている．問題はどの方法を用いて統計処理をしてよいか判断ができないことである．図8-2には，どの統計処理をしたらよいかがわかる手順が示してあるので，便利である．詳細については，『パソコンで簡単！ すぐできる生物統計—統計学の考え方から統計ソフトSPSSの使い方まで』を参照していただきたい．

1 測定値の場合：1標本t検定を用いる

例として，血中ホルモン量とある脳疾患との関係を調べるための，サンプル数の計算について紹介しよう．ここで，通常，その血中ホルモン量は200 μg/dLで，標準偏差はs＝20 μg/dLである．疾患動

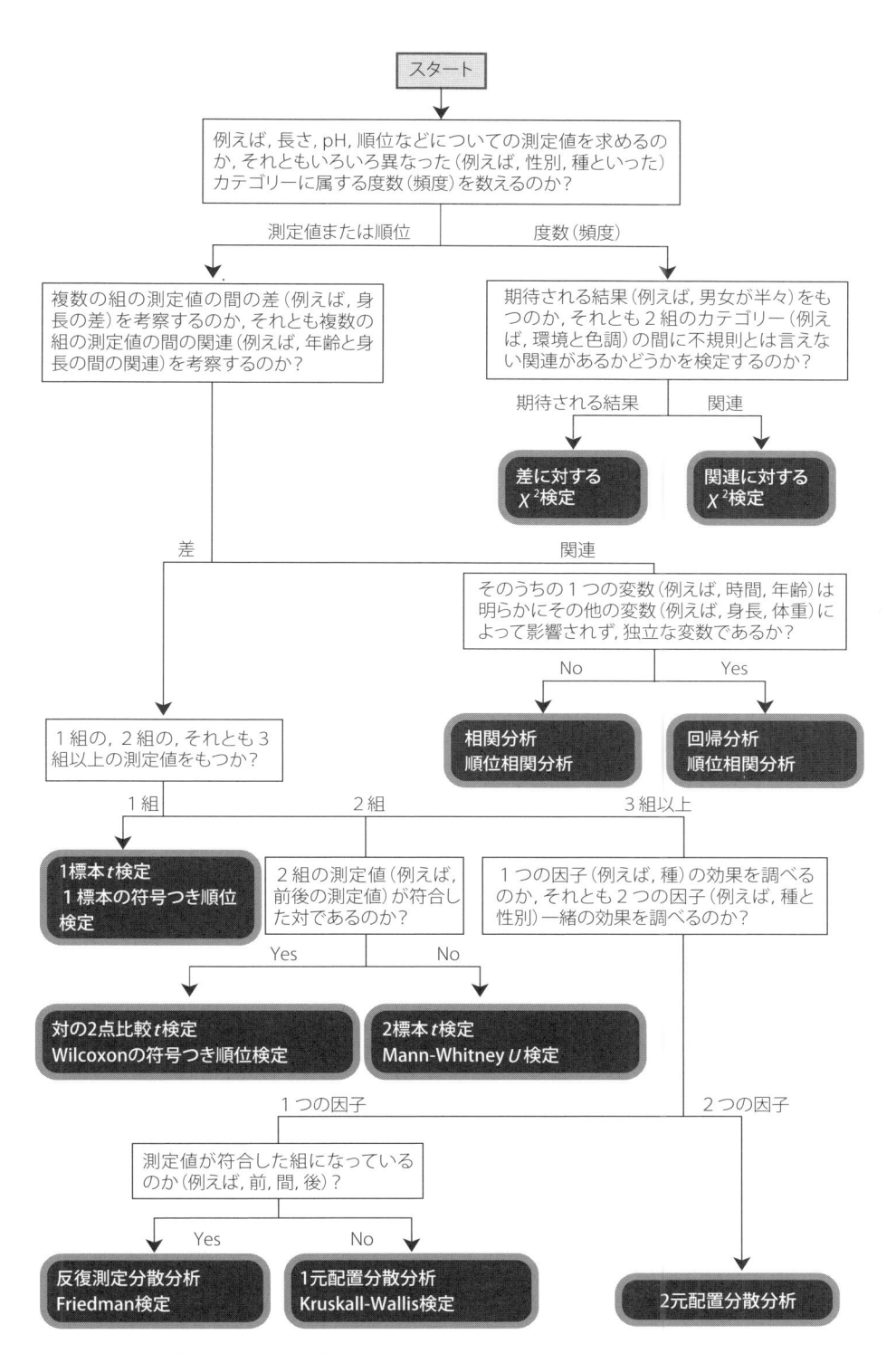

図8-2 統計的検定に対する判断フローチャート
一番上からスタートして適正なボックスに辿り着くまで下の方へ質問を追跡していく．黒字で書かれた検定は，不規則な分布のデータや順序づけられたデータに対するノンパラメトリック検定である．『パソコンで簡単！すぐできる生物統計』(R. エノス/著，羊土社，2007)，p170より

物では平均 $10\mu g/dL$ ほど高い傾向にあるらしい（これが最小差となる）．この差を有意に検出するためには，何匹動物を調べる必要があるか？

> ① 帰無仮説「脳疾患のある動物とコントロール動物の血中ホルモン量の平均値には差がない」
> 対立仮説「脳疾患のある動物とコントロール動物の血中ホルモン量の平均値には差がある（両側検定）」
>
> ② 1 標本 t 検定を用いる
>
> ③ 最小差 D として，$10\mu g/dL$
> 標準偏差　　　$s=20\mu g/dL$
>
> ④ サンプル数 $N = 4(s/D)^2$
> $= 4\times(20/10)^2$
> $= 16$（匹）

これは近似的な値なので，実際はこれより多い数，例えば 20 匹で実験を行うべきである．

2 カテゴリーの度数

糖尿病の発症率は，全国平均が 5 % であるが，ある町ではそれよりも 2 % 程度高いと予想される．この差を検出するためには，この町のどの程度の住民数を調べる必要があるか？

> ① 帰無仮説：発症率に差はない
>
> ② カテゴリーの度数
>
> ③ 最小の比率の差 $d = 0.02$
> 期待比率 $p = 0.05$
>
> ④ 住民数 $N = 4p(1-p)/d^2 + 1$
> $= 4\times 0.05 \times 0.95/(0.02)^2 + 1$
> $= 476$（人）

これは近似的な値なので，実際はこれより多い数，例えば 500 人で実験を行うべきである．

c）データの統計的処理法

実験結果の精度が悪く，ばらつく場合は，データを統計的に処理して，結論を導き出す必要がある．最も単純な統計処理は**平均値**（mean）を計算することであるが，実験結果の精度がよければそれで十分である．しかし，場合によっては統計的に処理をして，有意差検定をしなければならない．最近ではほとんどすべての論文において有意差検定を行うことが要求されている．

さまざまな統計的処理法があるが，ここでは定性的（nominal）変数の場合のカイ二乗テスト（Chi-

P値

帰無仮説に基づき理論計算を行い，実際の結果がどの程度の確率で得られるかを計算する．その確率が P 値である．P 値が大きいときは，帰無仮説が正しいことを意味し，小さいときは帰無仮説は成立せず，対立仮説の差あり仮説が成立する．

通常，P 値がある値（この値を，α 値，閾値あるいは有意水準と呼ぶ．通常，0.05）より小さければ，対立仮説が有意であるとすることが多い．したがって，仮説検定は，まずは仮説に基づき，P 値を計算し，0.05 より大きいか小さいかを調べればよい．

square test）と連続変数の場合のt検定法について紹介する．

1 定性的変数の場合

理論値と一致するかどうかを検定するときには**カイ二乗テスト**を用いる．

例えば，遺伝学的な実験で，白い眼の昆虫（野生型は赤）の遺伝形式を調べたとする．もしメンデル法則に従っていたとすると，ヘテロをかけ合わせると，その子孫は白眼と赤眼の昆虫が1：3の割合で生まれてくるはずである．実際に実験を行うと，121：379（実験値）となり，1：3にはならなかった．そこで，統計処理をして，実験値はどの程度の確率でメンデルの法則に従っているかを判定する．判定にあたり，実験値とメンデルの法則から予想される値とは，同じ集団に属するのか，別のグループに属するのかを決定する．まず，帰無仮説として，実験値はメンデルの法則とは"差がない"，つまり法則に従うとする．一方，対立仮説として，実験値はメンデルの法則に従っていないとする．この2つの仮説のどちらが正しいかを決定するために，カイ二乗（χ^2）を計算する．表から，カイ二乗が，限界値（critical value）より大きければ，$P<0.05$となり帰無仮説は否定される．逆に，カイ二乗が限界値より小さければ，$P>0.05$となり帰無仮説が否定できないことになる．では，実際にカイ二乗を計算してみよう．カイ二乗の計算式は下記のとおりである．ただし，予想値は125：375（1：3）とした．

---
①予想値 白眼：赤眼＝125：375（1：3）
　実験値 白眼：赤眼＝121：379

②カイ二乗＝Σ〔（実験値－予想値）^{2}／予想値〕

③値を代入すると，
　　＝$(379-375)^2/375+(121-125)^2/125$
　　≒0.171

この値により，P値は，自由度（n−1）に対するカイ二乗の図8-3から得られる．ここでnは変数の数である．ここでは，変数は赤眼か白眼なので，n＝2，したがって自由度は，n−1＝1となる．表で自由度＝1のところを見ると，P＝0.05で限界値は3.84になっている．したがって，計算値の0.171は3.84よりも小さいので，$P>0.05$となり，帰無仮説が正しい，つまりメンデルの法則に従っていると結論することができる．もし計算値が3.84以上であれば，$P<0.05$となり帰無仮説は否定され，両者の違いは有意（significant）な差であることになる．

2 連続変数の場合：
　2つの平均値に関する検定

さまざまな方法があるが，ここではポピュラーなt検定について紹介する．この検定は，ペンネームとしてスチューデント（Student）と名乗っていた統計学者により考案されたので，**スチューデントt検定**（Student's t-test）と呼ばれている．この検定法は，2つのサンプルの平均値が，同じ集団（population）から由来するのか，あるいは別の集団から由来するのかを決めるときに用いる．例えば，血中のあるホルモン量を健常者と患者で測定し，疾患に関係があるか否かを調べるときなどに使用する．帰無仮説においては，2つのグループは同じ集団から由来していると仮定する．この仮定を受け入れるということは，両者の値に有意な差がないことを意味する．一方，対立仮説は2つのグループは異なった集団から由来しているという仮説である．帰無仮説が受け入れられないという結果になった場合は，対立仮説を受け入れ，両者は有意に異なることを意味する．

t値の計算法を下記に紹介するが，t値は，標準正規分布では，Z値に一致する（図8-4）ので，t値の絶対値が大きければ，稀なことが生じていることになる．

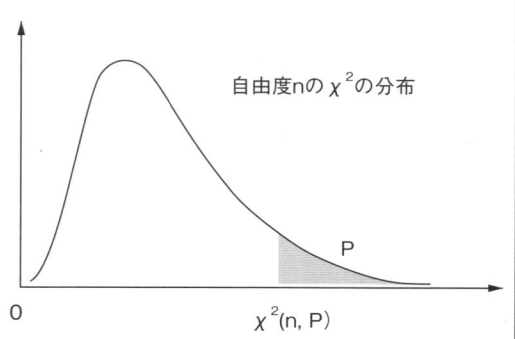

自由度（n−1）	.05	.01	.005
1	3.84	6.63	7.88
2	5.99	9.21	10.60
3	7.81	11.34	12.84
4	9.49	13.28	14.86
5	11.07	15.09	16.75
6	12.59	16.81	18.55
7	14.07	18.48	20.30
8	15.51	21.10	22.00
9	16.92	21.70	23.60
10	18.31	23.20	25.20
11	19.68	24.70	26.80
12	21.00	26.20	28.30
13	22.40	27.70	29.80
14	23.70	29.10	31.30
15	25.00	30.60	32.80
16	26.30	32.00	34.30
17	27.60	33.40	35.70
18	28.90	34.80	37.20
19	30.10	36.20	38.60
20	31.40	37.60	40.00

図8-3　P, n から $\chi^2(n, P)$ を求める表

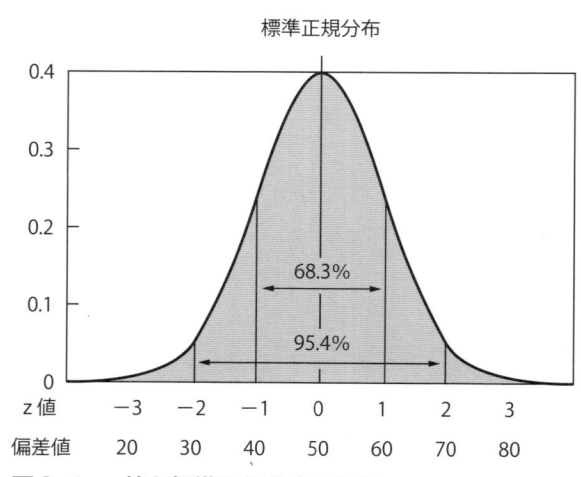

図8-4　z値と標準正規分布の関係

計　算

1. サンプルの平均値 Y, $\bar{Y}_1$ と $\bar{Y}_2$ を計算する
2. 標準偏差 s を計算する．s_1 と s_2 を計算する
$$s^2 = \frac{\Sigma Y^2 - (\Sigma Y)^2/n}{n-1}$$
3. サンプル標準誤差 SE を計算する
$SE_1 = s_1\sqrt{n_1}$　ここで n はサンプル数である
4. 以上の値を下の式に代入する
$$t = \frac{\bar{Y}_1 - \bar{Y}_2}{\sqrt{(SE_1)^2 + (SE_2)^2}}$$
5. 自由度を計算する
自由度＝$(n_1 - 1) + (n_2 - 1)$
6. 図8-5を参照し，t の限界値を調べる

自由度	P=0.05	P=0.01	P=0.001
1	12.71	63.66	636.62
2	4.30	9.92	31.60
3	3.18	5.84	12.94
4	2.78	4.60	8.61
5	2.57	4.03	6.86
6	2.45	3.71	5.96
7	2.36	3.50	5.40
8	2.31	3.36	5.04
9	2.26	3.25	4.78
10	2.23	3.17	4.59
12	2.18	3.06	4.32
14	2.14	2.98	4.14
16	2.12	2.92	4.02
20	2.09	2.85	3.85
25	2.06	2.79	3.72
30	2.04	2.75	3.65
40	2.02	2.70	3.55
60	2.00	2.66	3.46
120	1.98	2.62	3.37
∞	1.96	2.58	3.29

自由度 n の t 分布

$\frac{P}{2}$　　$\frac{P}{2}$

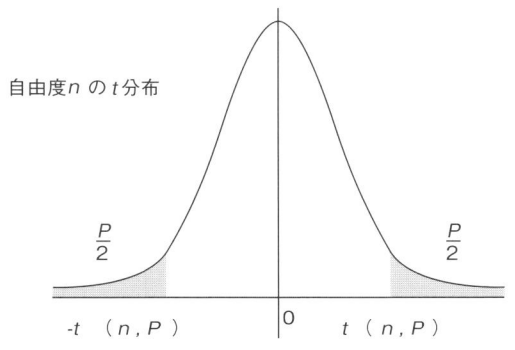

$-t(n, P)$　0　$t(n, P)$

図8-5　スチューデント検定における限界値

```
①コントロール群　6.6, 5.5, 6.8, 5.8, 6.1, 5.9
　処理群　　　　　6.3, 7.2, 6.5, 7.1, 7.5, 7.3

②式に基づき　Ȳ₁=6.1167　Ȳ₂=6.9833
　　　　　　　s₁=0.49565　s₂=0.47504
　　　　　　　t = － 3.09
```

図8-5から計算すると，P＝0.05で，自由度が5＋5＝10では，限界値＝2.23である．3.09は2.23より大きいので，P＜0.05となり"差なし"仮説は否定され，両サンプルの平均値には，有意な差があることになる．

P値が0.01，0.001と小さくなるにつれて，t値は大きくなる．もし，P＝0.01を有意水準ととると，限界値は3.17となり，計算したt値3.09よりも大きくなる．このことは，P＝0.05の有意水準では，差があることになるが，P＝0.01の有意水準では，差がないことになる．有意水準を上げて，さらに解析する場合は，サンプル数を増やして解析する必要がある（この計算の数字は，A. Jones, R. Reed, and J. Weyers, Practical skills in BiologyのBox46.2を参考にした）．

◆　◆　◆

> **私の本棚**
> 『パソコンで簡単！すぐできる生物統計』
> R. エノス / 著，打波守，野地澄晴 / 訳，羊土社，2007
> →生物系の学生や研究者のためのパソコンを用いた生物統計の解説書である．生物統計の講義の教科書としても使用されている．

3 研究成果の発表

研究成果の発表は，研究における非常に重要なステップである．発表は，形式により大きく2種類に分けられる．1つは**口頭発表**で，研究室内の日常的な発表から，国内の学会，国際学会での招待講演にいたるまで，さまざまである．もう1つは，科学雑誌に掲載する**論文発表**である．英語での口頭発表および論文の書き方については多くの本が出版されているので，自分にあった本を探すのがよい．どのような場合もそうであるが，成功するかどうかは，結局，発表者がよい講演をしたいという意志がどれだけ強く，また，よい論文を書きたいという意志がどれだけ強いかによる．もちろん，いくつかの発表用スキルはあるが，最後は，練習（practice），練習，練習であり，推敲（revise），推敲，推敲である．いつも素晴らしい講演をする有名な研究者に，「どうしたら，そんなに素晴らしい講演ができるのですか？」と尋ねたことがある．**「前日に，必ず練習します」**が答えであった．有名な研究者でさえ練習をしているのである．この真摯さが，この研究者の研究を支えているのだと実感した．研究発表は，邂逅の場である．常に真剣に取り組んでこそ，研究人生が広がる．悲惨な発表は逆に発表者の評判を下げるだけであろう．以下に研究成果の発表について紹介する．

A）研究室内での発表

研究室内での情報交換は，研究を円滑に進めるために必要不可欠である．したがって，研究室では1，2週間に1回は，各個人の研究の進行状況を報告し，**実験データの解釈，トラブルシューティング，今後の研究計画について議論する**時間がつくってある．その形式については，研究室独自の方法がある．

私の研究室では，毎週「プログレス」と称した報告会を行っている．全員が1週間の研究成果と今後の計画について報告し，それに対して全員がコメントなどを行うことになっている．しかし，積極的に議論に加わることができる卒論生は少ない．報告は，なるべく論理的で，専門用語を用いるように注意しているが，現実は厳しい．

B）学会などでの発表

日本には医学会や動物学会など生命科学に関係する学会が100以上あり，その中には大きな学会もあれば，小さな学会もある．学会においては，研究の成果を専門家に対して発表し，成果を公表すると同時に，成果について議論するのだが，研究から人事に関することまで，あらゆる情報交換が行われる．特に，面識のない研究者と比較的気楽に話すことが可能であり，人脈の輪を広げるための重要な機会にもなる．よい発表を行い，よい印象を聴衆に与えることができれば，人事の面でも有利になる可能性がある．発表には主に，学会での口頭発表とポスター発表，セミナー（seminar）がある．

c）口頭発表

学会での口頭発表は，学会によって異なるが，質疑応答の時間を含めて通常10分～20分である．したがって，実際の発表時間は8分～17分である．**発表時間を厳守する**のは，最低限のマナーである．短時間に成果を発表するのはベテランでもかなり困難なことであるので，原稿を用意し，発表時間内に講演が終了するように練習しておく必要がある．

1 アブストラクトの書き方

通常の学会では，学会が開催される半年以上前にアブストラクトを送付しなければならない．**アブストラクトの形式は学会によって異なる**ので，注意深く作成しなければならない．アブストラクトの内容は，次のことをを明確に書くのがよい．

①研究の領域となぜ研究するのか，何を研究したか，疑問を明確にする
②使用したサンプルや方法
③結果について
④結果についての考察
⑤結論など

書いたら，必ず誰かに読んでもらい，コメントをもらうべきである．

2 発表内容

何をポイントとして発表するかが決まれば，発表時間によりだいたいのPowerPointのスライド枚数が決まる．スライドの枚数については，10分の発表であれば，「スライドが10枚で，**最初の2～3枚が序論，次の1～2枚が方法など，3～4枚が結果，1～2枚が考察，最後の1枚が結論**」が標準的な発表のスタイルである．

3 スライドの作成

写真，グラフ，表，文章が含まれるスライドの作成もパソコンを用いて行う．ソフトとしては，Microsoft PowerPointが一般的である．例えば，Microsoft PowerPointのインスタント ウィザードを選ぶと，半自動的にスライドを作成することができる．スライドの構成，文字の大きさなどパターンが決まっている．初心者は，まずこれを参考にしてスライドを作成するのがよいであろう．表は8行以内，縦に5分割以内にするのがよい．多くの文章や，数字を並べても，聴衆が理解できなければ発表の意味がない．図，写真，動画，アニメを有効に利用すること，色を統一することもよいスライドを作成するポイントである．

目安は1枚1分とする．したがって，20分の発表であれば20枚が限度である．もちろん，データの内容により時間は変わり，写真などであまり説明の必要のないスライドは30秒，説明が必要な場合は2～3分と考えて，枚数を決めればよい．

文字の大きさは通常，タイトルは48ポイント，本文は24～36ポイントを用いる．

> **講演の実際**
> 1 自分の講演時間の少なくとも1時間前には講演会場にて，ファイル（またはパソコン）を会場係に預け，ポインターやマイクの調子を観察し，会場の雰囲気に慣れておく．
> 2 次演者になった時点で，指定の席に着席する．
> 3 座長の紹介により，ただちに登壇する．
> 4 最初のスライドにいきなり入らず，明るい光のもとで，聴衆にこれからどのような講演をするのかを簡単に述べ，聴衆に自分の顔と講演の内容を認識してもらうよう努力する．
> 5 練習どおり，講演を行う．ポインターは振り回さず，有効に利用する．
> 6 講演時間を厳守する．
> 6 講演は，"以上で終わります．ありがとうござ

いました"あるいは"ご静聴ありがとうございました"と感謝の言葉で終わる．

④ 質疑応答

発表が終了すると，座長の司会により，質疑応答の時間になる．通常，講演直後は，すぐに質問がない場合も多いが，それは聴衆が質問を考えているためである．通常，座長などの司会者がその時間を埋めるために発言，あるいは質問する．質問者は所属と名前を名のり，簡潔に質問するのがマナーであるが，質疑応答の雰囲気は学会によって非常に異なるので，あらかじめ雰囲気を知っておくとよい．

発表者はあらかじめ，質問を予想し，答えを用意しておくのがよい．しかし，発表者は質問の意味をよく理解して答えることを心がけ，決して，自分勝手に質問を解釈してはいけない．質問の意味がわからない場合は，丁重に再質問を依頼するのがよい．

また，質問の答えがわからない場合は，沈黙するのではなく"考えているので少し時間をください"とか"申し訳ありませんが，その質問に対してはお答えできません"，などと答えるようにしよう．

D）ポスター発表

ポスターによる発表も一般的に行われている（図8-6）．ポスターによる発表のよいところは，**かなり多くの参加者と話をすることができる**ことである．通常の学会では，1日のポスターの掲示と決められた時間帯でのポスターの説明が要求される．

ポスターもPowerPointを用いて作成する．ポスターのデザインはさまざまであるが，研究室で採用している形式を教えてもらうのが最初はよい．ポスターの発表会場に一度行ってみればすぐにわかるが，さまざまなポスターがあるので，その中から自分の気に入るスタイルをいずれ採用するのがよいだろう．

図8-6　ポスター発表会場にて（写真提供：和田直之）

手　順

1. ポスターを作成するためには，まずポスターの掲示板の1人当たりの広さを調べる
2. その大きさに合わせてタイトルの大きさを決め，筆者の名前と所属の位置と大きさを決定する
3. ①アブストラクト，②序論，③方法，④結果，⑤議論，⑥結論の順にPower Pointで作成する
4. あらかじめ簡単に印刷し，誤字などないか校正する
5. 印刷する
5. ポスターの掲示は，通常は会場に用意してあるピンで留める．配置は図8-7のように行う
6. ポスターの説明原稿を作成し，覚えておく

注　意

- 個人の好みによって異なるが，A4の紙の大きさにそろえて分割して印刷すると，もち運びに便利である
- ポスターは読みやすくなければならない．活字の大きさは14ポイント以上の活字を用いる
- 写真などはA4の大きさで，適当な説明が必要であること
- ポスターを見に来た参加者は，あなたにポスターの説明を求めるだろう．特に，国際学会でのポスターの発表は英語で説明をする必要があり，練習をしておかなければならない．意外に難しいものである

E） セミナーでの発表

　大学院生になると，他の大学を訪問したり，あるいは招待されてセミナーを依頼される場合がある．セミナーは通常約1時間を予定している．スピーカー（speaker）は約45分間話をして，約10～15分間の質疑応答の時間をとるのが一般的である．

　セミナーにおいては一般に，①序論，研究内容の一般的紹介（5～10分），②自分自身が行った研究の紹介（20分），③研究成果に関する議論について（10分）話すが，形式はかなり自由である．45分間の話す時間を与えられたとしても，少し短めに話すように計画し，時間を超過しないように心がけるべきである．スライドを使用する場合は，1分間に1枚が目安である．したがって，セミナーに使用するスライドは40～45枚がよい．いずれにしても，聴衆が興味をもってあなたの話を聴いてくれるように，さまざまな工夫が必要である．

手　順

1. 話す時間の長さ，聴衆の数，セミナーの話題に対する聴衆の知識レベルとその割合について情報を得る
2. 原稿を作成する．パワーポイントのノート表示を用いて，各スライドに対応して，説明を入力する．400字で約1分と計算し大体の時間を計算する
3. セミナーの準備がほぼできあがったら，練習を

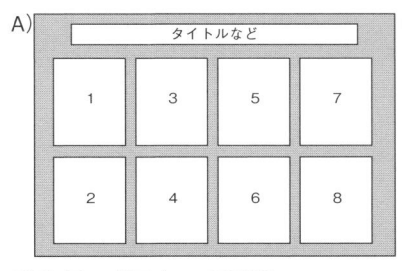

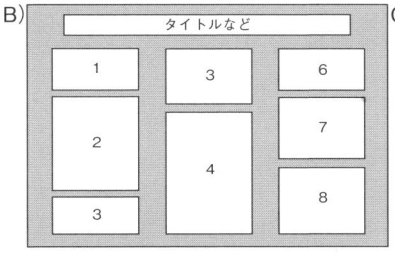

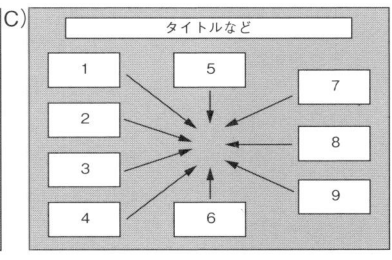

図8-7　ポスターの配置
A）普通の配置，B）ポスターの大きさに変化をつける，C）矢印などを用いて強調する

する．同僚や友達に頼んで聴衆になってもらい，練習をし，話す内容，話す時間，話す順番などをチェックするべきである．時間の許す限り練習をすることが，よいセミナーを行うための重要な点である

4 セミナーの会場をあらかじめ訪れて，パワーポイント装置，マイク，ポインターの操作法を確認しておくとよい

5 もちろん，本番では原稿を読まないで自然に話しをする

4 卒業論文，修士論文による発表

多くの学生は，卒業論文を書くことが最初の論文発表になる．どのように論文を書いたらよいのであろうか．

A）初心者のための論文の書き方

初めて論文を書くときがくる．まず，同じような研究を行っている論文を選び，その論文を参考に書いていくのが比較的簡単である．いきなりよい論文を書くことは難しいので，小さな論文からまずは出発するのがよいだろう．たぶん，最初は，いわゆる"cut and paste"になるであろうが，子どもが親の言葉をまねして言葉を覚えるように，まずはまねをするのがよい．

B）図，表の作成

論文を書く時点では，**すでに図や表はほぼ完成しているべき**である．実験を行う時点ですでに，図，表の大まかな構想があり，それに従って実験を行っているはずである．論文を書くときに，初めてどんな図をつくるかを考えるようでは，論文など書けないだろう．投稿したい雑誌のスタイルから掲載したい図の大きさも決まるので，スペースを経済的に利

英語でのセミナーとジョブセミナー

外国の研究室を訪問すると，セミナーを依頼されることがある．45分間も英語で講演するのは，英語の苦手な日本人にとってはたいへんなことである．まず，原稿を作成し，かなり練習する必要がある．通常，1分間に100語のスピードがよいとされているが，日本人は80語ぐらいがよいのかもしれない．英語で発表する場合は，英語の発音の問題など，なかなか克服できない問題が多い．この問題は努力で解決するしかなく，練習しかない．

また，大学などで教員を採用する場合に，関係する学科，学部において，候補者に"job seminar"を依頼する場合がある．候補者のセミナーを聴くことにより，採用を決めることも多く，特に博士後期課程の学生はセミナーの練習をしておくことが必要である．

用して図の構成を考えよう．専門家は図を見るだけで，研究のレベルを判断することができる場合が多い．

c) 卒論，修論作成の注意点

1 論文の形式を調べる

通常，卒論あるいは修論には各大学や研究室において，論文の形式が決まっている．例えば，"方法"を入れる位置，引用文献の引用方法，記載の形式などである．場合によっては，活字の大きさまで指定されている場合もある．

2 実験方法などをできるだけ詳細に記載する

通常，研究は後輩に引き継がれ，継続して行われる場合が多い．その場合に，後輩が参考にするのが卒論，修論である．後輩がそれらを読めば，実験を再現できるように詳細に記載しておくことが重要である．

3 ネガティブなデータも記載しておく

実験の結果が予想通りにならない場合もあるが，正しい実験であればそれは失敗ではなく，ネガティブなデータである．なぜ予想された結果が得られなかったのかを議論しておくことが，研究を引き継ぐ後輩のために必要である．

5 論文による発表

研究者にとって論文を発表することがいかに重要かについては第1章で紹介した．研究成果を学術雑誌などに論文発表して，一連の研究が終了する．

A) 投稿する雑誌を決める

研究成果が出始めると，その段階で研究成果をどの雑誌に発表するかを考えなければならない．どの雑誌が最も適当であるかを判断するための最も簡単な方法は，**似た内容の論文が載っている雑誌を選ぶ**ことである．通常は，生化学ならば生化学関係の専門雑誌があり，免疫関係であればその関係の専門誌があるので，それに投稿する．同じ専門領域の雑誌でも，難易度がある．"この雑誌に掲載してもらうためには，最低限これだけのデータが必要である"といった基準がある．どの雑誌はどの程度のレベルかを知る必要がある．運よく，あなたが大発見をしたのであれば，Nature, Science, Cellなどのインパクトファクターの高い雑誌に投稿するであろうし，運悪く，ネガティブデータしか得られなかった場合は，なんとか掲載してくれそうな雑誌を選ばなくてはならない．指導者はこれまでの経験から，どの程度の論文はどの程度の雑誌が適当かを知っているので，初心者はその意見に従うのがよい．

B) 論文の形式

各雑誌には，論文の書き方を指示したNotes to authors（Information for authors, Guide to authorsなど）と題した記事があるので，投稿する

❶どの分野の科学者にもわかるように，基本的なイントロダクションを1〜2文で書く

❷論文が関連する専門分野の科学者にわかるように，より詳細な研究の背景を2〜3文で紹介する

❸この論文において解決したい一般的な問題を1文で述べる

❹主な結果について1文で述べる

❺論文の主な結果が何を解明したか，以前にどのように考えられていたかと比較して，あるいは主な結果がどのような新しい知見をもたらしたかを2〜3文で説明する

❻その結果がより一般的にはどのようなことを意味するのかを1〜2文で記述する

❼得られた成果により得られる，より広い視野での展望について，2〜3文で記述する

以上の内容をNature誌の場合は250語で記載するが，他の学会や雑誌のアブストラクトの長さの規定に応じて，増減させればよい

図8-8 Nature誌におけるレター形式の論文のアブストラクトの書き方
Natureのレター形式の論文のアブストラクトは，一般の論文のアブストラクトとは形式が異なるが，アブストラクトの書き方として参考になるので，ここに示した．実際は英語で書かれているので，"How to construct a Nature summary paragraph"を参照していただきたい．

雑誌が決まった場合は，**その雑誌の指示**を調べる．その指示に従い，論文を書けばよい．そこには，掲載する論文の内容，投稿先，投稿部数，原稿の打ち出し方，表紙の書き方，字数の制限，図の枚数の制限，図の書き方，参考文献の書き方などが書いてあり，その形式に沿って書かれていない論文は，審査されずに返却されることがある．

一般的に論文を書く場合の手順を紹介する．

構成

通常，学術論文にはスタイルがあり，雑誌により多少異なるが，下記に示す順である．『はじめての科学英語論文』（第1章参照）より引用．

❶Title：論文の内容を適切に表現する最も少ない言葉の並び．

❷Authors and Addresses：著者名の順序は重要である．

❸Abstract：論文の内容のポイントを知らせる．通常，字数の制限がある．

❹introduction：5つの内容；①問題点を明確にする（研究の目的）．②問題の背景について．③その問題をどのように解決しようとしたか（方法）．④主な結果．⑤主な結論．

❺Materials and Methods：研究が再現できるように情報を与える．

❻Results：結果について，簡潔に述べる．

❼Discussion：5つの内容；①結果から得られる原理，相互関係，一般論について．②得られた結果と他の研究との関係．③研究結果の価値について．④未解決な問題点．⑤結論とその証拠．

❽References：引用文献．雑誌により形式が異なるので，注意すること．

❾Acknowledgments：論文を読んで批判してもらった研究者，研究用の材料などを提供してくれた研究者，研究をサポートしてくれた人々，研究費をサポートしてくれた研究機関，財団などに対して，謝辞を書く．

c）サマリー，アブストラクトは非常に重要

論文には必ず，サマリーかアブストラクトが掲載されている．これは論文の顔であり，雑誌の編集者や審査員は**まずそれを読み，論文の内容を判断する**．もし，その時点で編集者や審査員に悪い印象を与え，

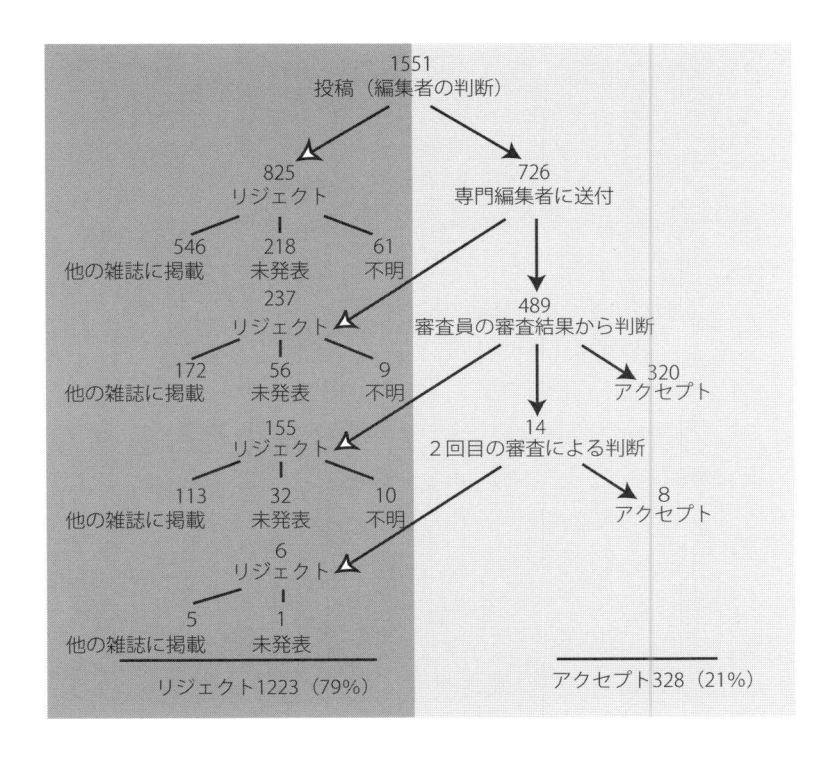

```
                    1551
                 投稿（編集者の判断）
                  ╱      ╲
               825        726
             リジェクト   専門編集者に送付
      546    218    61        │
   他の雑誌  未発表  不明      │
   に掲載                     ▼
            237            489
          リジェクト   審査員の審査結果から判断
      172    56    9        │        ╲
   他の雑誌 未発表 不明     │         320
   に掲載                   ▼        アクセプト
            155             14
          リジェクト  2回目の審査による判断
      113    32    10                 ╲
   他の雑誌 未発表 不明                 8
   に掲載                              アクセプト
             6
          リジェクト
        5      1
   他の雑誌  未発表
   に掲載

   リジェクト1223（79%）        アクセプト328（21%）
```

図8-9　ある雑誌に1年間に投稿された論文の審査結果

第一印象で"だめな論文"と感じさせてしまうと，その後の展開も悪い方向に向く可能性が高い．逆に，よい論文であるとの第一印象を与えることができれば，審査員は掲載することを前提に論文を読み始める可能性が高く，よい結果が得られやすくなるであろう．したがって，サマリー，アブストラクトは論文の中で最も重要なパートである（図8-8）．

D）英文のチェック

スペルチェックはワープロのソフトにある機能を使用し，投稿前には必ず行うこと．英文のチェックは，**ネイティブスピーカーに頼む**のがよい．よいネイティブスピーカーを見つけられない場合は，論文英語をチェックする会社があり，そこに頼む方法もある．

E）論文投稿と審査

1 カバーレターを準備する

多くの雑誌は電子投稿により投稿する．指示に従い論文の原稿や図をアップロードする．そのときに必要なものが，雑誌編集者宛てのカバーレター（covering letter）である．編集者に簡単に論文の内容などを紹介した手紙もアップロードする．編集者はアブストラクトやその手紙などを参考に，専門の審査員を選出する．もし，審査員の都合がよければ，その審査員に論文の審査が依頼される．

カバーレターの最初には，論文のタイトルと著者，雑誌のどのパートに掲載を希望するか，などを書く．その後に，投稿した論文がいかに重要な論文である

かをサマリー，アブストラクトを中心にアピールすることが重要である．

2 審査と推敲

通常，2週間の期限付きで審査の依頼を受けた審査員は，投稿された論文が審査を依頼された雑誌に掲載する価値があるか，あるいは，推敲（revise）することにより掲載できるようになるかなどを判断し，コメントをつけて編集者に返事をする．編集者からE-mailにより決定の内容が送られてくる．掲載される場合は，アクセプト（accept）の通知がくるが，ほとんどの場合は推敲の要求がくる．その場合は，審査員のコメントをよく読み，必要な追加実験などを行い，指定された期日以内に，改訂版を送付しなければならない．図8-9はある雑誌の審査結果の過程を示したものである．だいたい，このような過程で審査されている．

多くの雑誌には，審査項目が指定してある．ある雑誌では下記の項目をチェック項目としている．

- □ この雑誌にふさわしいテーマか？
- □ この雑誌の論文形式にあっているか？
- □ オリジナリティーがあるか？
- □ 研究が科学的に行われているか？
- □ 方法が適当か？
- □ 結果がきちんと記述されているか？
- □ 結論が明確に導かれているか？
- □ 結論にデータの裏付けがあるか？

論文を書く人は誰でも，このような審査項目で論文が審査されていることを自覚して投稿しているであろうが，常に自問自答してよい論文を投稿しなくてはならない．

F）掲載手続き

論文がアクセプトされると，通知がくる．祝杯をあげるのは，このときである．やがて校正が送られてくる．通常は24時間以内に返信する必要がある．

やがて，雑誌に掲載された自分の論文をながめることになる．1つの研究の終わりである．

リジェクト？　そんなバカな！

論文審査結果がmajor revisionあるいはrejectionである場合は，その通知を受け取った瞬間，非常に落ち込むことが多い．しかし，時間が経過し冷静になると，当初思っていたよりも"ひどく"ないことに気がつき，的確な対処ができるようになる．悪い知らせのときは，数日間寝かしておくのがよい．かなりベテランの研究者でも，自分の論文にはついつい甘くなる傾向があり，実際の論文のレベルよりも少しレベルの高い雑誌に投稿してしまう．逆の傾向の研究者もいるが，稀である．したがって，リジェクトの通知は妥当な場合も多い．もちろん，審査が的確でない場合もあるので，その場合は編集者に抗議することも可能である．major revisionの場合は，審査結果の項目を並べ，同意できる場合はそのように，同意できない場合は反論（rebut）すればよい．論文を改訂するのに，"何が最低限必要か"を的確に判断することが重要である．

⑨ バイオ研究の流れ

　バイオ研究は着実に進歩しており，生命に関する多くの謎が解明され，その成果により生命についての理解が増してきました．生物が進化してきたように，科学も必然的に進歩しているように思えます．しかも，そのスピードは急速です．そこで本書の締めとして，バイオ研究の流れについて少し考えてみましょう．

　21世紀はバイオの時代であり，生命科学がもたらす第四次技術革命が到来すると言われていました．「18世紀後半から19世紀にかけて起こった産業革命を第一次技術革命とすると，20世紀前半は，自動車や電力を作りだした第二次技術革命が起こり，20世紀後半はコンピュータと遺伝子工学に象徴される第三次技術革命が起こった」と，広井良典は彼の著書のなかで指摘していました．20世紀の前半に発展した量子力学がやがて，半導体に結びつき，20世紀後半のコンピュータの発達に結びつきました．20世紀後半から発展している生命科学はやがて，21世紀の未知の技術を生み出し，「生命科学は今後さらに発展し，第四次技術革命を引き起こすであろう」と予想されていたのです．広井の予想通り，iPS細胞の開発とそれにより再生医療への展望が開けたこと，DNA配列の決定技術の発展と遺伝子に関するあらゆる情報の解析・応用といった，第四次技術革命が現在進行しています．ヒトゲノムの全塩基配列が10～100万円で，1～2週間で決定される時代が到来しています．バイオ研究は今後どのようになっていくのでしょうか？　まずは，現在の生命について得られている知識について，著者が独断と偏見で俯瞰してみます．

1 生命について，何がわかっているか

　21世紀になって，飛躍的に生命科学（バイオサイエンス）は発展した．それはコンピュータの進化に依存している．その象徴は，何と言ってもヒトゲノムプロジェクトにより約30億塩基から構成されているヒトゲノムの塩基配列が2003年にほぼ完全に決定できたことであろう．

　現時点でも生命科学はすばらしい発展をしており，多くのことが解明されてきた．では，それにより，われわれは生命について何を知ったのであろうか．生命の特徴を一言で述べるとすると，それは，**多様性**（diversity）と**普遍性**（universality）である．生物が多様であることは自明であり，地球上には細菌，植物，動物などさまざまな生物が生息している．ヒトにおいても各個人が多様な個性をもっている．一方，普遍性について理解するためには，科学の発展が必要であった．それを象徴する普遍性は，遺伝の分子メカニズムである．ウイルスからヒトに至るまで，遺伝子はDNA（あるいはRNA）の塩基（ATGC）の配列としてコードされている．また，タ

ンパク質は20種類のアミノ酸から基本的に構成されており，その配列は遺伝子により決定されている．一見，多様な生物ではあるが，その基本は分子レベル，細胞レベル，組織レベル，個体レベルなどのあらゆるレベルで普遍的であることがわかった．そのことから，**多様性を生む基本原理は，少数な要素の「組み合わせ」である**といえる．その生命の普遍性を理解し，その要素を知り，その「組み合わせ」を理解すれば，生命科学の基本を理解できることになる．

A) 生命のもつ普遍性と多様性の由来：進化

現在の地球上には，細菌からヒトに至るまで多様な生物が存在している．また，ヒトにおいても，多様な人種，また多様な個人が存在している．これらの多様な生物は，約40億年前に誕生したとされる単純な生命から進化してきた結果である．1858年にアルフレッド・ウォレスとチャールズ・ダーウィンが進化論を提唱し，1859年にチャールズ・ダーウィンが『種の起源』を出版してから，すでに150年以上経過しているが，その進化のメカニズムについては，まだほとんど解明されていない．単純な生命から複雑な生命への進化は，祖先に関係のない新たな遺伝子が突然導入されるような不連続な進化はほとんどなく，既存のものを使用した**連続的な進化**であったと考えられる．この進化の連続性が現在の生命の普遍性をもたらしている．その一方で普遍的な材料やメカニズムを基本に，それらの長年の試行錯誤的な組み合わせにより，新規な遺伝子や機能が生まれ，現在の多様性を生んでいる．すべての生命の要素にはその由来をたどれば，必ずや単純な生命の要素にたどり着くはずである．例えば，「現在の生物の遺伝子の祖先をたどれば，その出発点はたった1個の最初の遺伝子に，それが何であるかはわからないが，到達するのかもしれない．」と大野乾は考えていた．したがって，生命を理解する場合に，最も重要な観点は進化の観点である．

B) 遺伝子レベル

生命の約40億年の歴史を担ってきたものは遺伝（heredity）である．生命の普遍的な特徴は，遺伝により子孫を残すことである．40億年の生命の歴史において，唯一それを刻んでいるのはゲノム情報だけである．DNAの普遍性の1つは，「**4つの塩基（A，T，G，C）から構成されている二重ラセン構造をとる**」ことである．地球に最初に登場した生物のDNAがATGCから構成されており，またアミノ酸との対応も同様であったから，40億年を経て，現在まで遺伝してきたのであろうか．あるいは，必然的にこの組み合わせしかなかったのであろうか．いずれにしても，地球上にこれだけ多様な生物が存在しながら，そのDNAが同じ4種類の塩基で構成されていることの普遍性はまさに進化の連続性によるものである．

C) タンパク質レベル

生命を構成する成分として最も基本的な物質は，タンパク質である．タンパク質は通常20種類のアミノ酸が繋がったものである．タンパク質のアミノ酸配列は，DNAの塩基配列にコードされている．20種類のアミノ酸を指定するためには，最低3つの塩基の配列が必要で，その場合64（4×4×4）種類の組み合わせが可能となる．この3つの配列はコドンと呼ばれている．**コドンがまさにDNAの3塩基に対応している**という事実は，1961年にクリックとブレナーらにより示された．一方，コドンとアミノ酸との対応は，1961年，アメリカ国立衛生研究所のニーレンバーグとマッシーによって示された．彼らは，ウラシル（U）だけが繋がったRNA配列を用いて，細菌からタンパク質合成に必要なものだけを調

製して，細胞を用いずにタンパク質を合成したところ，できたタンパク質はアミノ酸の1つであるフェニルアラニンだけから構成されていた．このようにして，最初のコドンとアミノ酸の対応が決定された．その後64種類すべてのコドンについて，アミノ酸との対応や，終止コドン，開始コドンが決められた．これらのルールは，ウイルスや細菌からヒトに至るほとんどの生物に普遍的に同一である．ここにも普遍性と組み合わせによる多様性が見事に存在している．

タンパク質の機能の多様性は，20種類のアミノ酸の組み合わせによる．さらに，糖や脂質の修飾，プロセッシングなどにより多様性が増えるが，基本的には**アミノ酸の配列によりタンパク質の機能が決定されている**．n個のアミノ酸からできたタンパク質を想定すると，可能なアミノ酸の組み合わせの数は，ほぼ20^nである．nが10であってもその数は10^{13}（10兆）通りと，莫大な数になる．通常，nは平均300程度であるから，その組み合わせは無限と感じられる．実際に，ヒトのゲノムにコードされている遺伝子の数は2万3千種類なので，最低この程度のタンパク質がヒトにおいて働いている．ヒトゲノムプロジェクトによると，2万1787個（2004年）の遺伝子がコードされており，タンパク質にもさまざまな種類があり，多様な機能を担っている．どのようなタンパク質が，どのような割合で存在しているのかについては，PANTHER（Protein ANalysis THrough Evolutionary Relationships）の分類システムにより研究されている．2011年現在で，約24％のタンパク質について機能が不明である．

D) 細胞レベル

ヒトの身体は約60兆個の細胞で構成されているとされている．誰が数えたのであろうか？簡単に計算

骨への分化調節因子の発見

転写調節因子とは通常DNAに結合してゲノムからmRNAが転写される過程を調節するタンパク質である．小守壽文（大阪大学医学部第三内科）らは，白血病に関連した転写調節因子を調べるために，いくつかの関連遺伝子を遺伝子操作により欠損させたノックアウトマウスを作製して，その機能を解析する研究をしていた．しかし，血液細胞には全く変化が現れないので，がっかりしていた．ところが，驚いたことにRunx2ノックアウトマウスでは，血液細胞ではなく，骨形成の細胞に異常があることを1997年に発見したのである．そのマウスの骨格標本の写真がCell誌の表紙に掲載された．Cellの表紙のマウスの骨格標本において，上段が正常マウス（野生型マウス），下段が*Runx2*ノックアウトマウスである．この標本では軟骨はアルシアン・ブルーで青色に，石灰化した骨はアリザリンレッドで赤色に染色されている．ノックアウトマウスでは，赤い部分がないことがわかる．*Runx2*ノックアウトマウスでは骨が全く石灰化しておらず，軟骨のままだったのである．つまり，Runx2は間葉系幹細胞から前骨芽細胞への分化を決定する転写調節因子であり，細胞の分化は1つの重要な転写調節因子によって決定されていることがわかった．このように，少数の転写調節因子の組み合わせにより，どのような細胞に分化するかが決定されている可能性が高い．

してみよう．動物細胞を一般に1辺約10μmの立方体と仮定すると，1×10^{-15} m^{3}となる．人間の体の密度は水の密度とほぼ等しいとすると，体重60kgのヒトの体積は，60×10^{-3} m^{3}となる．割り算すれば60兆個となる．計算上では46回分裂すれば，70兆個を越える．これらの細胞はさまざまな細胞に分化しており，その種類は約220であるとされている．細胞は普遍的な構造をもっており，その中のタンパク質などの組み合わせにより，多様な細胞の特徴を示すことになる．**220種類の細胞が生まれるメカニズムについては**，不明な点も多いが，**少数の転写因子の組み合わせによる**と考えられている．その例はコラムに紹介する．

一般に，**特殊化された機能をもつ分化した細胞は，その幹細胞に由来している**．幹細胞は，主として自己再生，増殖，多能性の3つの特徴によって定義されている．多くの生物は自分自身を再構築して維持しており，その過程においてはこうした細胞が不可欠である．例えば，多くの血管系を循環する細胞は造血幹細胞が増殖分化して，あらゆる成熟血液細胞（赤血球，白血球）を産出している．ヒトの造血系においては，成熟血液細胞は高度に特殊化され，赤血球は寿命が約120日で，寿命を過ぎたものは骨髄，脾臓，肝臓にある貪食細胞に捕食され，破壊される．造血幹細胞は"成体幹細胞"に属する細胞である．成体幹細胞については，それを維持する特異的な場所の存在が解明され，ニッチと呼ばれている．それが生体組織中のどこにあるのか，ニッチが幹細胞を維持するために必要としている分子基盤は何かについてはまだ不明なことが多い．

一方，山中伸弥（京都大学再生医科学研究所）は，マウスの皮膚細胞に4つの遺伝子を入れ，人工幹細胞，iPS細胞をつくり，神経，骨，肝臓，すい臓などに分化誘導させる研究を続けている．2009年には3つの遺伝子（Oct3/4, Sox2, Klf4）でiPS細胞をつくれるようになっており，遺伝子導入とは異なる方法による作製も検討されている．**少数の転写調節因子の導入により，細胞の運命を変えることができることの発見は，細胞生物学の分野に新しい流れを生んでいる．**

E）個体レベル

多細胞生物においては，各個体はさまざまな細胞により構成されており，多様な形態形成が行われ，その形態を維持している．さまざまな生物のゲノムの塩基配列が決定され，その情報を比較することにより，**姿や形が異なっていても，形態形成のメカニズムの基本はほとんど同じである**ことが示唆されている．このことは，進化の過程において連続的に変化したこと，つまり既存の形態形成システムを利用して進化したことを意味している．個体レベルの研究は，ヒトよりもより単純な生物である線虫，ショウジョウバエ，ゼブラフィッシュなどについての研究により多くの重要な発見があり，それにより生命に関する重要な普遍的概念が生まれてきている．その典型的な概念は，発生生物学におけるホメオボックス遺伝子群の発見などに基づく，例えば体節などの基本単位が繰り返し使用されることによる多様化である．

1989年に，私はオランダのユトレヒトで開催された国際発生生物学会に出席し，ゲーリングが座長のシンポジウムで発表した．その後，スイスのバーゼル大学のゲーリング研究室を訪問するため，私は鉄道を乗り継いでバーゼルに立ち寄った．ゲーリング研究室の前には，過去の博士研究員の写真がハエの飼育瓶の中に飾られており，その中に日本人の研究者，黒岩厚も含まれていた．彼は，そのホメオボックス遺伝子の発見者の一人である．

生物の形態の多様性を生む要素としてモジュール構造がある．四肢や眼などは身体とは独立に変化しうる構造をもっており，そのような構造単位はモジュールと呼ばれている．このモジュールを変化さ

せることにより生物は多様化している．例えば，鳥類の翼は前肢が変化したものであるし，カマキリのカマは脚が変化したものである．昆虫などでは，基本は昆虫の祖先の各体節の付属肢が変形し，多様性が生まれている．ここにも普遍性と組み合わせにより多様性が生じている．

個体について研究しないと解明できない生命現象である，発生，再生，身体の大きさ，寿命などの問題は，どの生物についても基本は同じであることが示唆されており，そこには普遍性があると考えられる．

F）分子生物学の歴史

バイオ研究の歴史を知ることは重要なことであるが，あまりにも膨大であることから，ここでは分子生物学に絞って，しかも1953年のワトソン，クリックによるDNAが二重らせん構造であることの発見以降に絞り，歴史年表を作成した（図9-1）．このバイオの歴史からあなたは何を読み取ることができ，そして次の流れを予想することができるのであろうか？

◆　◆　◆

ホメオティック遺伝子の発見

ショウジョウバエの突然変異の研究していたゲーリングは，特にホメオティック突然変異に興味をもっていた．ホメオティック突然変異とは，ある器官が別の器官に変化する突然変異である．例えば，頭部にある触角が脚に変化する突然変異で，それはアンテナペディアと名前が付けられていた．彼の研究室ではその分子メカニズムを研究していた．触角や脚が形成されるためには，たとえショウジョウバエであろうとかなりの数の遺伝子が関与しているはずであるが，突然変異の解析からたった１つの遺伝子がその突然変異には関係していることがわかっていた．1983年にその原因遺伝子であるアンテナペディア遺伝子が同定され，その構造を明らかにされた．しかも，この遺伝子には，他のホメオティック突然変異関連遺伝子と共通の塩基配列部分があることを見出し，その配列をホメオボックスと名付けた．驚いたことに，このホメオボックスが，下等な生物からヒトに至るまでさまざまな生物の形態形成を司る遺伝子に共通であることを発見し，それをホメオボックス遺伝子と名付けた．この遺伝子は，種を越えた普遍的なメカニズムで形態形成を司ることが示されてきた．

ヒトにおいては，このホメオティック遺伝子に対応するものは，４つのクラスターに最大13個のホメオボックス遺伝子が並んでいる．これは，まさにトランプの配列である．このクラスターはショウジョウバエでは１つであり，この組み合わせが動物の身体の基本構造を決定しているのである．これらの研究から，遺伝子には階層があり，会社組織に例えると，社長は部長に，部長は課長に…と順を追って末端の社員に命令し，業務（形態形成）を行うようである．したがって，１つの社長遺伝子の突然変異で大きな形態変化が生じ，ホメオティック突然変異が生じたのである．

私の本棚

『遺伝子の技術，遺伝子の思想—医療の変容と高齢化社会』
広井良典/著，中央公論社，1996
→次世代のシークエンサーの登場により，個々のヒトの遺伝情報が簡単に得られる時代が来ている．その事実は医療などにどのように影響するのであろうか？ 著者は1996年にその問題を提起し，議論している．

『未完 先祖物語—遺伝子と人類誕生の謎』
大野 乾/著，羊土社，2000
→生物の進化において，新しい遺伝子が生じてくることの前段階として，遺伝子重複が起きることが重要であるという遺伝子重複説と関連し，遺伝子の起源に迫る考察を展開している．

年	事項	研究者ら
1953	DNAの二重らせん構造の発見	J. ワトソン，F. クリック
1958	半保存的複製の発見	M. メセルソン，F. スタール
1961-1967	遺伝子のコードの発見	M. ニーレンバーグら
1961	messenger RNAの存在，転写調節タンパク質の存在を予言	F. ヤコブ，J. モノー
1964	逆転写酵素の発見	H. テミン
1970	最初の制限酵素HindⅡの発見	H. O. スミスら
1973	組換えDNA技術の発明	S. コーエン，H. ボイヤー
1975	組換えDNA技術についてのAsilomar会議	P. バーグら
1977	DNAシークエンス法の発明 抗体遺伝子の構造	F. サンガー 利根川進
1982	トランスジェニック動物の作製	J. W. ゴードンら
1983	PCR法の発明 ホメオボックス遺伝子の発見	K. B. マリス W. J. ゲーリングら
1984	エイズウイルスの発見	L. モンタニエら
1995	インフルエンザ菌のゲノム塩基配列決定	R. D. フライシュマン，M. D. アダムスr
1998	クローン羊の作製 線虫C.elegansのゲノム塩基配列決定 RNA干渉の発見	I. ウィルムット J. E. サルストン，R. H. ウォーターストンら A. Z. ファイアー，C. C. メロー
2000	ショウジョウバエゲノム塩基配列決定	セレーラ社，BDGP
2002	マウスゲノム塩基配列決定	R. H. ウォーターストンら
2003	ヒトゲノム塩基配列決定	ヒトゲノムプロジェクト，セレーラ社
2006	iPS細胞の作製 次世代シークエンサーの登場	高橋和利，山中伸弥 —
2010	人工バクテリアの作製	J. C. ベンダーら

図9-1 分子生物学の歴史

2 生命について，何がわかっていないか

どの程度われわれはヒトについてわかったのであろうか？仮に，ヒトを分子レベルで完全に解明し，人工的に新規なヒトを作製できるようになった場合をほぼ100％理解できたことにすると，現在はどの程度生物を理解できているのであろうか？もちろん，これに対する答えなどわかりはしないのであるが，私は，わずか数％ではないかと思っている．非常によく研究されている大腸菌でさえ，その生命体としてのしくみはまだほとんど解明できていないし，例えば地球環境を守る人工的な菌をつくることなどまだ不可能である．生命科学はまさに，まだ始まったばかりの未熟な学問であり，その意味で，今後飛躍的に発展し，全く新しい時代を切り開いてゆく学問であることに疑いはない．

生命についてはほとんどまだ何も解明されていないといっても過言ではない．その中でも重要な謎について述べておく．

A) ゲノムの謎

ゲノムの中でタンパク質をコードしている領域は，ほんの1.5％である．50％は繰り返し配列で，その

1953年DNAの二重ラセン構造の発見

DNAの二重ラセン構造は，イギリスのケンブリッジ大学のキャベンディッシュ研究所（the Cavendish Laboratory，1871年貴族のキャベンディッシュ家の寄付により創立）において，ワトソンとクリックにより1953年に決定された．2004年7月，私はケンブリッジ大学を訪問する機会があった．日本からオランダを経由してロンドンヒースロー空港に着陸した後，地下鉄でロンドンのキングスクロス駅まで行き，鉄道に乗り換えて，約50分程度で暮れかけていたケンブリッジに到着した．ケンブリッジ大学の博物館館長のエイカム博士が私を駅で出迎えてくれた．15世紀に設立されたキングス・カレッジなどがあるケンブリッジは荘厳であり，空気に歴史を感じる町であった．夕食のために，エイカム博士は研究室の近くにあるパブに案内してくれた．そのパブの名前はイーグル亭（the Eagle）であった．ワトソンは「二重らせん」という本を書き，その中でDNAの構造の発見の経緯を描いている．ワトソンとクリックは，DNAが二重ラセン構造であると確信した日にイーグル亭に行き，そこの客に「We had found the secret of life.」と言ったことが記されている．51年前にこの店で，興奮してDNAの構造を語る2人の姿が見えたような気がした．科学の発展は決して突発的には生じない．DNAの構造が発見されたこのケンブリッジ大学には，17世紀に重力を発見したニュートンを象徴として長い科学の歴史があり，それが発見の背景にあることは疑いのないことである．キャベンディッシュ研究所においては，2008年時点で29人のノーベル賞受賞者を輩出している．DNAの構造解析にはブラッグの「X線による結晶構造解析に関する研究」が基礎となり，その基礎は古典電磁気学を確立し，マクスウェルの方程式で有名なマクスウェルの研究がある．これらの物理学の研究が背景にあり，ワトソンとクリックの発見が可能だったのである．

中には長鎖散在反復配列（long interspersed nuclear element：LINE）を有するものと短鎖散在反復配列（short interspersed nuclear element：SINE）を有するレトロトランスポゾンが存在している．これらの動く遺伝子が進化と関係していると考えられるが，まだそのメカニズムは不明である．また，環境ストレスなどにより，トランスポゾンが活性化され進化の原動力になる可能性も示唆されている．ヒトの染色体の数は2n＝46であるが，ゴリラやチンパンジーは2n＝48であり，共通祖先からヒトへの進化の過程で染色体の融合が生じている．このような**ゲノムの構造変化と進化との関係**を解明することが進化の分子メカニズムを解明するために必要であろう．

また，ゲノムの解析から，ゲノムDNAの塩基配列の変化ではなく，DNAやヒストンなどの修飾による遺伝子発現の変化も生命維持において重要であることが解明されてきた．それらを**エピジェネティクス**と呼んでいる．ヒトにおいては，さまざまな能力の獲得において，臨界期が存在することが示唆されている．例えば絶対音感は10歳までに習得しないと，その後は困難であるとか，あるいは主要な言語習得能力は20歳までであるなど一般的に指摘されており，これらがエピジェネティクスと関係していると考えられているが，謎もまだ多く残っている．

B）細胞の謎：がんと幹細胞

細胞の分化のメカニズムについては，まだ謎が多いが，がんについての研究により，非常に進展している分野でもある．アメリカのNational Institutes of Health（NIH）は，ホワイトハウスのあるワシントンDCの郊外にあるベセスダという町にある．広い敷地に多くの建物が並び，アメリカ，あるいは世界の生命科学のセンターになっている．その中に，National Cancer Institute（NCI）がある．ケネディ大統領は，人類を月に立たせるプロジェクトをアポロ計画と呼び，国家プロジェクトにしたが，1971年にニクソン大統領は，がん撲滅を国家プロジェクトとして掲げ，NCIに大幅な資金を投入した．いまだにがんは撲滅されていないが，この研究資金の投入により分子生物学が飛躍的に発展し，細胞生物学も発展したといわれている．現在でもがんの研究は緊急課題として研究費が投入されている分野である．

iPS細胞が作製されて，幹細胞の謎が次第に解明

生命についての詳細な情報について

生命科学の情報は日々増加し，現在では個人がその全容を把握することはほとんど不可能になっている．網羅的な知識を得るためには，例えば，教科書として有名な『Molecular Biology of the Cell』を読破すればある程度は可能であろう．しかし，学問の先端はさらに進展しているので，それを日常的にフォローするのは不可能であろう．したがって，生命科学の学習や研究において重要なことは生物の普遍性を理解しておくことであろう．そのことの詳細については既存の本を読んでいただくこととし，ここではまずそのための本を紹介しておこう．1つは，『理系総合のための生命科学』であろうか．もちろん，自分の専門の分野については，最先端の状況まで知っておかなくてはならない．

されているが，まだ**幹細胞を維持するメカニズム**や，その幹細胞から**分化を誘導し，設計した器官や組織が構築できるまで**の過程に関しては今後の課題である．これまでの研究から細胞内でのシグナル伝達，細胞運動，細胞分裂などについてはかなり詳細なメカニズムが解明されているが，その複雑さを理解してゆくのは大変である．

c) 個体の謎

細胞レベルでは解明できない**個体レベル特有の発生や再生に関する現象**についてはまだ多くのことが謎である．例えば，動物には象のように大きな動物も存在すれば，鼠のように小さい動物も存在するが，その身体の大きさ（サイズ）がどのように遺伝的に決定されているか？寿命は？記憶は？心は？などについてはまだ謎ばかりで，徐々に発展しているとはいえ，まだ不明な点が多い．これからの課題である．

d) 進化の謎

これからの生命科学の最後の難問は，**進化のメカニズム**であろう．約40億年という想像を絶する長い時間をわれわれはもちろん実感することはできないし，それを実験することもできない．しかし，この章の冒頭に述べたように，進化のメカニズムこそが，生命を解明するための最も重要なポイントでもある．では，進化のメカニズムをどのようにして解明すればよいのであろうか．その答えは単純で，人工的に生物を進化させることしかないであろう．その試みは，実はすでに始まっている．例えば，J. C. ベンターよる人工生命開発プロジェクトである．1999年，彼らは，ゲノムの小さな細菌であるマイコプラズマ（*Mycoplasma genitalium*）のゲノムの中から，生命を維持するための最小限の遺伝子群を同定している．このマイコプラズマは517種類の遺伝子をもっているが，約300の遺伝子が生命を維持するのに必要であろうと結論している．これらの遺伝子群を化学的に合成し，人工的な生命を作製することができたことを2010年に発表した．このように生命を設計して作製することができれば，進化についての証明もできるであろう．もちろん，人工的な生命には，安全性や倫理的な問題など解決すべき多くの社会的な問題があるが，その流れは止めることはできないであろう．いずれにしても，進化の問題は，個体についての多くの疑問を解く鍵になるので，今後さまざまな方法で解決されるであろう．

◆ ◆ ◆

私の本棚

『Molecular Biology of the Cell』
B. Albertsほか/著，Garland Science，2007
→生物学の基礎から先端までの知識を網羅．

『理系総合のための生命科学 第2版－分子・細胞・個体から知る"生命"のしくみ』
東京大学生命科学教科書編集委員会/編，羊土社，2010
→生物学の基礎について，重要な知識や概念を網羅的に記述した教科書．

3 なぜ発見できたか

ここまで研究成果や現象に注目して解説してきた．一方でこうした研究を行ってきたのは人間であり，発見に至るまではさまざまなドラマがあった．彼ら

が発見者になれたのはなぜだろうか．ここでは研究者に注目して，研究を続けていくうえで知っておきたい魂を明らかにしてみたい．

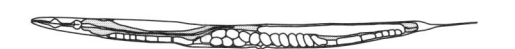

図9-2　線虫（*Caenorhabditis elegans*）

A）先見の明型研究

1 線虫の研究史

1950年代の後半，DNAの塩基配列の情報がどのようにしてタンパク質のアミノ酸配列の情報に変換されるのかが問題であった．タンパク質はリボゾームで合成されるのはわかっていたが，DNAとリボゾームをつなぐ物質が不明であった．1961年にそれがmRNAであることが最終的に決定された．その発見者の1人にブレナー（S. Brenner）がいた．彼は1927年に南アフリカで生まれた．やがてイギリスに留学し，クリックらと分子生物学の研究をはじめた．トリプレットの遺伝暗号をコドンと命名したのはブレナーである．

1962年にイギリス，ケンブリッジにMedical Research Council（MRC）分子生物学研究所が設立され，ブレナーもMRCで研究をはじめた．その新しい研究所で何を研究するか？と，次のテーマを考えた結果，ブレナーらのたどりついた結論は，当時最も研究が進んでいたファージや大腸菌の研究ではなく，「高次な生命現象である発生と行動・記憶などを解明する」ことだった．発生や行動などの現象を解明するために，どのようにアプローチするか？その答えは，分子生物学の発展に学び，「遺伝学が使用できる最も単純な生物を用いて研究を行う」ことだった．ブレナーが選んだ生物は，体長1mmほどの小さな線虫（*Caenorhabditis elegans*）だった（図9-2）．ブレナー，37歳のときである．

1972年に，堀田凱樹とベンザーにより，ショウジョウバエを用いて神経系の遺伝学的解析が行われていたが，ブレナーはさらに単純な線虫を選んだ．ショウジョウバエの神経細胞数は10万個のオーダーであるが，線虫は約300個である．その約300個の神経細胞で，線虫は生物として環境に適応して生きているのである．また，ショウジョウバエは成虫になるのに約10日間かかるが，線虫は3.5日で成虫になる．ブレナーはそのような線虫の突然変異体を300個分離し，研究を始めて約8年後の1974年，彼は線虫に関する論文をGenetics誌に発表した．論文のタイトルは"The genetics of Caenorhabditis elegans"であった．

ブレナーの線虫グループのサルストンとホロビッツは，959個の体細胞が受精卵からどのように細胞分裂して形成されるかを決定し，つまり全細胞系譜を決定して1976年に発表した（図9-3）．さらに1986年には，ホワイト，サウスゲート，トンプソンらのグループは2万枚もの電子顕微鏡写真を分析し，線虫の301個の神経細胞をつないでいる全神経回路網を決定した．そして1998年にはついに線虫のゲノム9,700万塩基対（97 Mbp）の全塩基配列が決定された．その結果，約19,000個の遺伝子が線虫に存在することがわかった．次の目標は全遺伝子の機能の解析である．

線虫の細胞系譜を作成すると，発生過程で1,090個の細胞のうち131個の細胞が死んでしまう．この現象は，プログラムされた細胞死，アポトーシス（apoptosis）と呼ばれている．ホロビッツは，1986年，線虫の突然変異体の解析から，ced-3, ced-4と名づけられたアポトーシスに必要な遺伝子を同定した．その遺伝子は1993年にクローニングされ，ced-3は，IL-1β変換酵素（interleukin-1 beta-converting enzyme：ICE）に相同なタンパク質をコードし，ced-4はその後ヒトのApaf-1と相同な遺

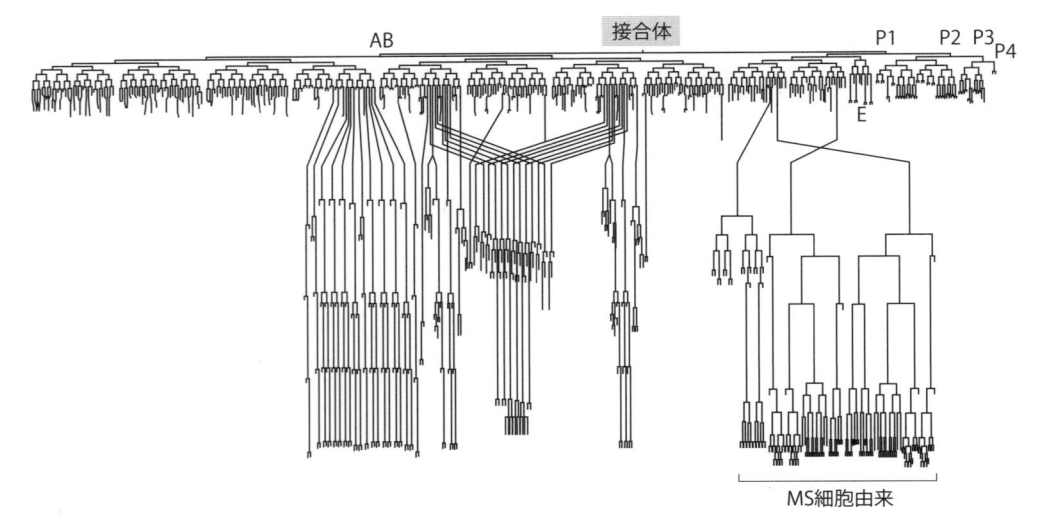

図9-3　線虫の全細胞系譜

伝子をコードしていることがわかった．一方，ced-3やced-4の作用を抑制してアポトーシスが起こらないようにしている遺伝子，ced-9もクローニングされた．ced-9はヒトのアポトーシス抑制遺伝子bcl-2と相同な遺伝子であった．線虫の突然変異体の研究からアポトーシスに関与する14種の遺伝子がクローニングされた（図9-4）．これらのアポトーシス研究によりブレナーは，ホロビッツとサルストンとともに2002年にノーベル生理学・医学賞を受賞した．

線虫の研究の流れは，これからの生命科学の研究の流れを示す1つのモデルである．線虫の遺伝学的研究，形態に関する詳細な研究，分子生物学的研究，ゲノムプロジェクトが相乗的に成果をあげてきた．これらの研究成果が得られたのは，線虫の研究者間の協力〔ソサイアティ（Society）"が形成された〕と新しい技術を開発するためのたゆまぬ努力の結果である．ある研究をするために既成の技術がないのであれば，自分で開発すればよいのである．学ぶべき点が多い．ブレナーが当初考えたように線虫の研究が進行し，成功したのは，イギリスが先見の明をサポートしたことも重要な点である．

2 抗体の多様性の遺伝的原理

利根川 進（1939年生）は，1987年にノーベル生理学・医学賞受賞している日本人生物学者である．受賞理由は，多様な抗体を生成する遺伝的原理の解明である．1968年，利根川はカリフォルニア大学サンディエゴ校において，バクテリオファージの研究で博士の学位を取った後，ソーク研究所に採用され，レナート・ダルベッコ（1975年ノーベル生理学・医学賞）の研究室に所属することになった．利根川はそこで，がんの原因となるウイルスを使って，遺伝子がどのように調節されて使われているのかを研究していた．しかし，1971年，滞在許可証ビザの期限が切れて，アメリカを離れなければならない日がやってきた．日本に帰るべきか，しばらくカナダへ行くべきかを迷っていたちょうどそのとき，ヨーロッパを旅行していたダルベッコから手紙が届き，そこには「スイスのバーゼル免疫学研究所に行って，免疫の研究をしてはどうか」と書いてあった．利根川は勧めに従いバーゼルへ移り，そこで免疫の研究を行い，ノーベル賞を受賞する研究成果をあげた．利根

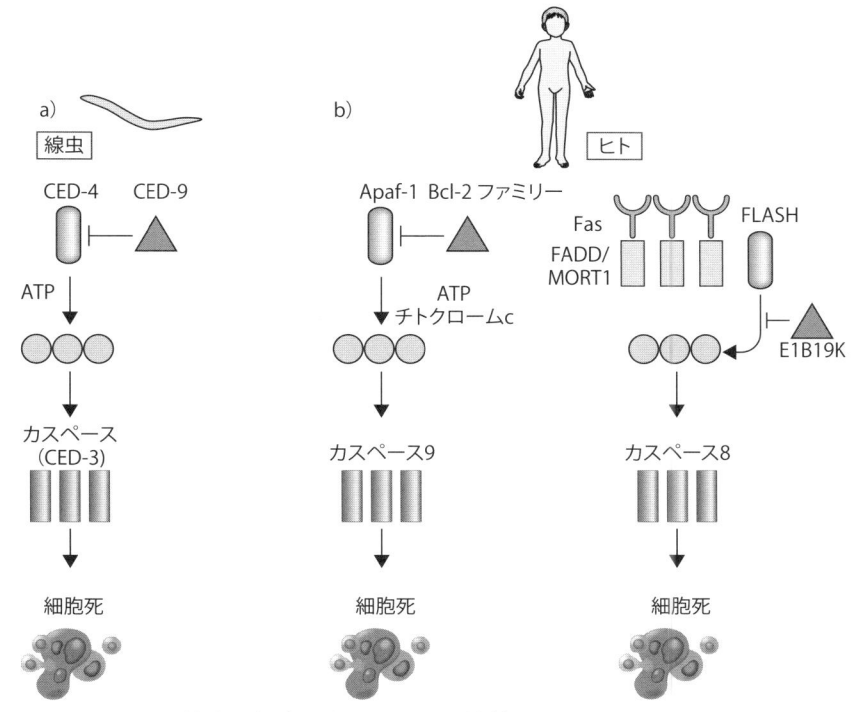

図9-4 ヒトと線虫の細胞死カスケードの比較
ヒトではFasを介する経路（右）と介さない経路（左）がある．⊣は抑制，矢印は活性化を意味する．
Apaf-1：apoptotic protease activating factor-1

川自身の著書『私の脳科学講義』によると，先見の明として免疫の時代が来ることを知っていたのは，ダルベッコであって，利根川ではなかったのである．

③ 環境が生み出すノーベル賞の系譜

先見の明は，広い情報と知識，経験により得られる．そのため若い科学者がそれをもつのはかなり困難であろう．ブレナーにしても線虫の研究は37歳からスタートしている．つまり，ある程度経験を積んでから，先見の明を得て研究をスタートするか，あるいは先見の明をもつ指導者を選ぶことが必要であろう．

一般に，ノーベル賞の系譜があると言われている．ダルベッコがノーベル賞を受賞しているので，利根川はその系譜にのっている．20世紀初頭に世界の科学をリードしたコペンハーゲンのニールス・ボーア研究所において，それが顕著に現れている．その研究所では，20年間で十数人ものノーベル賞受賞者を生んでいるのである．

B）セレンディピティーを獲得する研究者

研究のおもしろさは，発見のおもしろさにある．世の中の誰も知らない事実を発見することは，楽しいことであり，その発見に科学的，医学的，あるいは経済的に大きな価値があれば，なおさらである．興味あることに，大発見は通常偶然から生じることが多い．バイオ研究の分野においても，偶然の大発見は多く語り継がれている．代表的な例としては，1929年，フレミングがたまたま生えた青カビが細菌

を殺していることに気がついたことによる，抗生物質ペニシリンの発見がある．この発見でどれだけ多くの人の命が救われたことだろうか．彼はこの発見で1945年にノーベル賞を受賞している．日本では，ヒトのガンウイルスである成人T細胞白血病（ATL）ウイルスが，偶然発見されているし，アポトーシスを誘導する抗Fas抗体の発見も偶然である．日本人ノーベル賞受賞者の白川英樹にしても，田中耕一にしても偶然の大発見が研究成果の基礎になっている．研究をしている人々は，多かれ少なかれ"偶然の発見"を経験しているだろう．

偶然に幸運な発見をする才能はセレンディピティー（serendipity）と呼ばれている．この言葉は，ウォールポールが『3人のセレンディップの王子』と題するおとぎ話の題名からつくった造語である．おとぎ話では，3人の王子は探してもいない珍宝をうまく偶然に発見するらしい（新和英大辞典，研究社）．大発見が，"一見"偶然になされることにおもしろさがある．

しかし，どの研究者も単に偶然をただ待っていただけではない．"Chance favours only the prepared mind."はパスツールの言葉であるが，継続して研究を行っている研究者にのみ，セレンディピティーは与えられる．また，たとえ偶然発見したとしても，それからの研究が重要である．

発表される論文には，偶然の出来事などほとんど記載されないので，通常その発見の過程を知ることはほとんどない．バイオ研究において，大発見がどのように行われたかについて，いくつかの感動的な場面を紹介しよう．

1 RNA干渉の発見

生体内では，DNAとともに遺伝情報を担うリボ核酸（RNA）が遺伝子の働きを抑える「RNA干渉（RNA interference, RNAi）」という現象があり，1998年に発見された．この発見により，A. ファイアーとC. メローは，2006年のノーベル医学・生理学賞を受賞した．人工的につくった二本鎖のRNAを細胞に入れれば，狙った遺伝子の働きだけを抑えられるので，病気に関連する遺伝子の発現を抑制することにより，治療につながると考えられている．実際，がんなどの治療に生かそうという研究が世界中で進んでいる．両博士の発見も偶然の発見がきっかけであった．

以前から線虫ではアンチセンスRNAを用いて研究が行われていた（この方法はRNA干渉が生じにくい生物，例えばゼブラフィッシュやカエルなどにおいては現在も使用されている）．この方法のネガティブコントロールとしてmRNAと同じ配列をもつセンスRNAを用いれば，両者は相互作用しないと考えられ，アンチセンスRNAと同様の実験を行っても効果はないはずである．ところが，いくつかの実験で，センスRNAもアンチセンスRNAと同様に効果が現れることが知られていた．通常，このような結果が得られる場合は，実験自体が成立しないと考えられ，その原因を追求することはあまりないが，ファイアーとメローはここでそのセレンディピティーを発揮し，その原因を追求したのである．その結果，センスRNAを人工的に転写して作製するときに，ほんのわずかに合成されるアンチセンスRNAとハイブリダイズした二本鎖RNAが原因で遺伝子のはたらきが抑えられることがつきとめられた．この現象はRNA干渉と名づけられ，ヒトなどの動物だけでなく植物にも観察されることが，その後解明された．現在では，真核生物に一般的に存在する現象として考えられている．

2 アポトーシスの研究

線虫を用いたアポトーシスの研究とは別に，ヒトの細胞を用いたアポトーシスの研究も行われていた．日本における偶然の発見により大きく発展したもう1つのアポトーシスの研究について紹介する．

そのきっかけは，1989年に米原伸らにより報告された1つのモノクローナル抗体の発見であった．米原らは，インターフェロン-3の結合タンパク質に対するモノクローナル抗体を作製することを試みていた際に，偶然にもその抗体は細胞表面に結合して，細胞死を誘導する活性をもつことを見出した．その抗体は抗Fas抗体と名付けられた．この抗体の発見はたぶん偶然であり，セレンディピティーによる発見である．

細胞死を誘導する抗原Fasとは何だろうか？長田重一らのグループは，1991年，米原と共同で抗原FasのcDNAをクローニングした．その結果，Fasは腫瘍壊死因子（TNF）の受容体に似たタンパク質であることがわかった．つまり，抗体がFasに結合すると，TNFリガンドが受容体に結合した状態と同じ活性化が起こり，アポトーシスのシグナルが細胞内に伝達されることを意味していた．するとリガンドは何か，という疑問が浮かぶ．長田らは1993年に，Fasリガンドのクローニングに成功する．FasリガンドはTNFファミリーに属する新規の因子であった．Fasリガンドの遺伝子は脾臓細胞や胸腺の細胞，精巣の細胞に発現しており，T細胞を介した免疫系のアポトーシスに関与していることが示唆された．

Fasリガンドが受容体Fasに結合し，細胞内にアポトーシスの信号が伝達されるとことは明らかとなったが，その細胞内シグナル伝達経路はどうなっているのだろうか？それが次の疑問だろう．まず，1996年，Fasは細胞内でカスペース-8を活性化することがわかった．線虫のced-3はICEと相同であることから，ICEの情報をもとにヒトゲノムのデータベースをサーチすることなどにより現在までに少なくとも10種類のメンバーが同定されている．これらはシステインタンパク質分解酵素で基質の中のアスパラギン酸の隣を切断することから，カスペース〔caspases（cysteine aspases）〕と現在では名づけられている．

Fasが活性化されるとFasの細胞内にあるDeath Domainに結合するタンパク質FADD/MORT1と相互作用し，Fas, FADD, カスペース-8の複合体を形成する．その複合体はDISC（death-inducing signalling complex）と呼ばれている．また，線虫の情報から，DISCだけではなく，さらにもう1つの因子（CED-4）の関与が示唆されていた．これに相当する因子は何であろうか？CED-4の哺乳動物における相同因子として，Apoptotic protease-activating factor（Apaf）-1が1997年にZouらにより報告された．Apaf-1はアポトーシスの過程でミトコンドリアから放出されたチトクロームcとの結合を契機に，カスパーゼ9に結合してそれを活性化する分子である．現在では，Apaf-1と類似の構造をもつ20種類を越すタンパク質が発見され，それらが炎症とアポトーシスの誘導や制御に働く分子であることが明らかになってきている．

このように，Fasが発見された後，次にどの疑問を解決すれば，興味ある論文が書けるかは最前線にいる研究者であれば予想がつくため熾烈な競争となった．

c）戦う研究者―おもしろい研究は競争になる

生命科学の研究のほぼ最前線で研究していると，次にどの研究を行えば，センセーショナルな結果が得られ，Nature誌などに掲載される論文が書けるかがわかる場合がある．そのような場面に遭遇した研究者は，勝負をかけて戦わなければならない．

多くの他の職業と同じように，科学研究の世界にも生存競争があり，勝負をかけて競って生きていかなければならない．新規遺伝子を発見し，論文として発表するか，場合によっては特許の取得により勝負が決まる．そのような競争は，新規生体内物質の同定に関する競争，新薬をめぐる競争など，研究のあらゆる分野で行われており，やがて勝敗が決着する．そして，1つの競争が終われば，また，新たな

競争が始まる．科学研究者のこのような生態に着目し，シンダーマンは，「科学研究はゲームであり，研究者はゲームプレイヤーである」と言い切っている．彼は，『Winning the games scientists play』と題する本を書いている．その主旨は，「科学研究を行うにあたっては，ゲームを行うのと同じで，まずルールと戦略についてきちんと把握しなければならない」である．生命科学者として，生命科学の研究ゲームに加わり，そこで勝利を勝ち取るためには，どんなルールに従い，どんな戦略で研究を行えばよいのだろうか．アメリカの事情とその詳細についてはシンダーマンの著書を読んでいただきたい．もちろん，アメリカと日本とで共通なルールや戦略もあるが，相違もある．したがって，日本の科学者独自の研究の戦略が必要であることを強調しておきたい．

D) 生命科学者像を知るには本を読むべし

大発見については，その経緯を書いた本が出版されている．本書の中でも度々書籍の紹介をしてきたが，ここでは，筆者の独断と偏見で選んだ"研究者の物語"が書いてある本を紹介しておこう．そこにはヒューマンドキュメントがあり，社会の中の研究者の姿がある．研究者が新しいことを発見するには，社会的な背景が重要であることも示唆されている．また，データの捏造や盗作の問題なども描かれている．生命科学の成果は社会への影響が大きいことから，倫理の問題がこれからますます重要になってくるだろう．倫理の問題については参考文献の『科学者をめざす君たちへ』がよい入門書である．

私の本棚

『私の脳科学講義』
利根川 進/著，岩波書店，2001
→著者は1987年，抗体の多様性を説明する遺伝子機能の研究でノーベル生理学・医学賞を受賞した．現在は，脳，神経科学の研究をマサチューセッツ工科大学で行っている．脳科学の現在が見えてくる本である．

『偶然の科学史』
井山弘幸/著，大修館書店，1995
→セレンディピティーによる発見の物語を紹介している．

『セレンディピティと近代医学－独創，偶然，発見の100年』
M. マイヤーズ/著，小林力/訳，中央公論新社，2010
→39件の大発見が実験の失敗も含め偶然の出来事から生じていることがわかる．薬などは，決して先見的に得られるものではなく，多くの化合物などをスクリーニングして得られる．実は，副作用として薬効が発見される場合，それはセレンディピティーによる偶然の発見となる．さまざまな例が記述されている．

『私の研究履歴書』（分子消化器病, 5 (2), p90, 2008）
長田重一/著
→発見の経緯などがわかる．ここにもセレンディピティーがある．

『ノーベル賞の決闘』
N. ウェイド/著，丸山工作，林泉/訳，岩波書店，1992
→ロジェ・ギルマンとアンドリュー・シャリーの兄弟弟子が，激しい競争をして，2人とも「脳のペプチドホルモン生産に関する発見」で1977年にノーベル医学生理学賞を受賞するまでの話．

『がん研究レース－発がんの謎を解く』
R. A. ワインバーグ/著，野田亮，野田洋子/訳，岩波書店，1999
→がん遺伝子の発見物語．

『サイエンティストゲーム－成功への道』
C. J. シンダーマン/著，山崎昶/訳，学会出版センター，1987
→科学者とし成功するための方法について紹介．

『実験医学序説』
C. ベルナール/著，三浦岱栄/訳，岩波書店，1970
　→実験医学についての古典的名著として有名．羊土社の月刊誌の名前の由来はここにある．

『Art of scientific investigation』
W. I. B. Beveridge/著，The Blackburn Press，2004
　→「科学者とは」についての古典的名著．

『科学者をめざす君たちへ－科学者の責任ある行動とは』
米国科学アカデミー/著，池内了/訳，化学同人，2010
　→科学研究は社会的かつ歴史的文脈のなかで行なわれており，一連の議論と審査を通じて，科学的世界観が生まれる．しかし，その過程において，利害関係，データの発表時期，著者の順序などさまざまな問題が生じる．それをどのように考えるかの指針を示した訳本である．

4　日本の生命科学研究者の現状は？

A) 研究にはよい研究システムが不可欠

　生命科学の研究に次第に多額の研究費が必要になってくるにつれて，生命科学の研究は単に個人の能力にのみ依存するのではなく，国の科学技術政策に大きく依存することになってきている．極端な場合，研究費がなければ，どんなに優秀な研究能力があろうとそれを生かすことはできない．世界の研究者が参加するサイエンティストゲームに加わるにしても，場合によっては最初からゲームにならない場合もある．つまり，よい研究を行うためには，よい研究システム（研究体制）がまずは必要である．

　よく日本の野球とアメリカの野球を比較し，「野球とベースボールは異なる」といわれる．同じルールで同じようにスポーツを行っても，その内容はかなり異なる場合がある．同じように，日本の"生命科学"とアメリカの"バイオサイエンス"は異なっている．もちろん，同じである必要はない．しかし，問題は，**"生命科学"よりも"バイオサイエンス"のほうがはるかに進んでいる**ことである．日本でも高レベルな研究が行われているが，平均するとアメリカのバイオサイエンスのレベルが高い．その差は，システムの差から生まれていると考えられる．日本の科学者は，初めから言語に関するハンディキャップを背負っているのに，さらに研究システムのハンディキャップも背負って研究を行わなくてはならない．そして，世界の研究者と互角に研究成果を競わなくてはならないのが現状である．

　日本の場合，研究を行うための予算の配分システム，研究を支援するシステム，研究を行うために必要な教育システムなど多くのシステムの問題がある．予算配分のシステムを論じるのはこの本の本題からはずれるので，興味のある読者は，『アメリカからさぐるバイオ研究の動向と研究者』を参照していただきたい．

　ここでは，あなたに関係のある2つの問題，研究システムを支える思想の問題と研究を支援するシステムの問題を少し紹介しよう．

B) "追いつき，追い越せ"の思想に基づくシステム

1　日米の科学政策の違い

　'90年にアメリカはヒトのDNAの塩基配列をすべて決めるヒトゲノムプロジェクトを立ち上げた．ア

アメリカの戦略的な生命科学の基礎研究への投資がアメリカの研究を支え，確実に成果をあげてきている．それに対し，日本の生命科学は遅れてしまった．その理由は**日本の行政は，まず西洋の発展に追いつき，やがて追い越すことを考えてきた**からである．それは，明治の思想ではないか，今は平成の時代であると思われる読者がいるかもしれないが，ここで再び，広井の指摘を引用しよう．

「アメリカの科学政策は，"基礎研究重視"の思想に基づいている：基礎研究こそが，国の運命を決めるものであり，応用・開発はおのずとマーケットにおいて発展してゆく．したがって，政府は何よりもリスクの大きい基礎研究に大規模な投資を行うべきである．後は，民間企業にまかせておけばよい．…（中略）…日本の科学政策は，"追いつき追い越せ"の思想に基づいている：製品の市場での強さを決めるのは応用，開発の部分にある．例えば，自動車の燃費の向上をめざし，売り上げを伸ばすことが国の発展になる，と考える．したがって，政府は民間企業における応用・開発の支援を行うのがよい．」

もちろん，どちらも重要であるが，問題はバランスである．つまり日本での問題は，"基礎研究を中心とした医学・生命科学の研究をあまりにも軽視している"ことである．もちろん例外はあるが，日本の医学部，歯学部の基礎系の研究室には大学院の進学者が非常に少ない．医学・医療が生命科学として発展すべき時代において，基礎的な研究が軽視されているのはどうしてだろうか？ 広井が指摘しているように，無意識のうちに，日本のこれまでの医療が，"発展途上国型の医療政策"つまり，キャッチアップシステムであったためである．「医療技術の独自の開発そのものや基礎研究，安全性を含めた質のチェックといったことは，"欧米先進諸国"にまかせ，日本としてはそれが効率よく普及し，国民の手に届くようなしくみを考えればよい」という思想が基本にあったためである．この思想に基づく現在の医療政策が，国民皆保険制度を生み，多くの優秀な若者を医師にしているのである．しかし，21世紀にはこのようなシステムから脱却する必要があるのではないだろうか．もちろん，国民皆保険制度は維持しながらも，多くの優秀な若者が医学・医療，生物学を支える基礎研究の研究者になることが，21世紀の日本の生命科学を支えることになるだろう．

2 垣根をもっていた医学

さらに重要なことは，医学と他の学問との垣根をなくし，1つの生命科学として発展することである．

「医学・医療という分野は，これまで明らかに［科学］の一分野としてみなされてきた一方で，実際にはむしろ臨床と結びついた経験的な技術の体系であり，また，医師という資格や職能団体としての完結的な世界をもってきたため…（略）…他の自然科学分野とはある程度一線を画した性格をもってきた」

と広井は，先にも紹介した彼の著書で書いている．もちろん，人体はまだほとんどブラックボックスであり，医学・医療には経験的な技術が必要である．しかし，徐々にその傾向は変化し，生物のブラックボックスの中に光をあて，その中身を解明する基礎研究，演繹的な研究が発展するだろう．その延長線上には，医学・歯学，薬学，理学，工学が相互に発展を支える1つの新たな生命科学が誕生することになるだろう．

日本政府は現在，"追いつき追い越せ"から脱却し，"基礎研究重視"に転換しようとしている．この問題は，決して日本政府だけの問題ではない．**われわれの意識の転換も必要**である．各個人が意識的に，他の分野の発展に関心をもち，他の分野の研究者と交流をもつことが重要である．

c）日本の研究者を支援するシステムも問題

　日本の研究を支援するシステムにおける最大の問題点は，**研究を支える技術者に対する過小評価**である．どの分野の科学でも同じだろうが，生命科学の分野においても，多くの実験技術によって研究がサポートされている．それぞれの技術がしっかりしていなければ，研究の競争には勝てない．技術そのものは改良の余地はあるものの，すでに確立されており，研究の対象にはならない場合，誰がそれを行えばよいのだろうか．

　欧米では，それをテクニシャンと呼ばれる専門的な技術をもち，科学者をサポートする人々が行っている．日本にも似たシステムがあるが，十分に機能していない．日本では，その負担が教育の名のもとにすべて学生／大学院生にかかっているのである．大学などでの教育として，学生の技術の習得と研究の訓練は非常に重要である．しかし，初心者，あるいは技術の習得を開始して数年の学生の技術レベルはなかなか高度にはならない．また，技術を習得した学生は卒業または修了と同時に研究室を去ることになるので技術の継承がスムーズに行われない場合もある．それにもかかわらず現状では学生が，大学などでの研究を担っているのである．特に，博士課程後期の学生が，日本の生命科学を支えている．

　日本の生命科学研究の発展のために，システムが改革されるまで，研究者をめざすあなたにお願いしたいことは，まず，研究を支える技術者として"意識して"活躍していただきたい，ということである．そして，日本の生命科学の研究を担う新たなシステムをつくる研究者として，次に活躍していただきたい．

◆ ◆ ◆

私の本棚

『アメリカからさぐるバイオ研究の動向と研究者』
白楽ロックビル／著，羊土社，1999
　→独特の文体で，10年前のバイオの世界を知ることができる．

☕ これからの研究テーマ

　本書は約10年前に出版した本をもとに大幅に加筆したものである．前書では，これからの研究テーマとして次のように記載した：「研究者へのアンケートの結果によると，この10年間に最も活発に研究されるであろうテーマとして，ヒトES細胞を用いた臓器再生治療，脳・神経系の解明，ポストゲノムプロジェクト関係，イメージング，次世代シークエンス，システムバイオロジー，人工生命，合成生物，バイオ情報関係などが注目されている」．

　ここに記載されているテーマは，現在（2012年），まさに研究されているテーマになっている．それでは，これからの10年のテーマは何であろうか？　生物学においてやはり最後の大問題は進化のメカニズムである．現在，さまざまな生物のゲノムが解読され，大量のデータが蓄積されている．このデータの解析から進化のメカニズムの解明とそれを利用した人工進化，特にゲノム工学が病気治療も含めて，大きなテーマになるであろう．

図9-5 さまざまな思想

（吹き出し内）
- 個人で研究することが重要で，すべての研究を個人が行わなければならない
- 生物を理解するためには，構造上の詳細を徹底的に解明することが最も重要である
- 研究は，個人の知的好奇心が満たされればそれでよい
- 研究は人類の幸福に役立たなくてはならない
- とにかく，世界の研究者が行っている研究を，世界の誰よりも早く成功させ，論文を書かなければ，研究者の価値はない
- 誰も行っていない研究を，行うことに価値がある
- 生物を理解するためには，遺伝情報や細胞内の情報伝達が重要であり，構造よりも情報の流れを徹底的に解明する必要がある
- 有効に共同研究を行い，研究の目的が早く達成できることが重要である

5 21世紀を切り開く研究者とは

A）新しい思想と技術の確立を

　急速に発展する生命科学の研究を行うことをめざす研究者は，旧態然とした思想と技術ではなく，新たな思想と技術を身につけ21世紀を生きていかなければ，時代についていけないだろう（図9-5）．思想は，研究の目的や研究方法の決定に影響を及ぼし，研究の流れを決定してしまう．新たな思想，それは何であろうか？

　1つだけ明確なことは，平凡であるが，無意識にもっている"追いつき追い越せ"の思想から脱却し，**"オリジナリティーの優先"の思想**をもつことである．リスクをおそれない，真にオリジナリティーのある研究を行うことを常に考えていかなければならない．これから研究者をめざすあなたは，科学の世界に限定されず，より大きな視点を養い，自分の思想を確立していくようにしよう．

　また，新しい技術の習得と開発は，研究の目的を実現するために必要不可欠である．多くの重要な技術の習得は，その技術をもった研究室に在籍すれば可能であるが，新しい技術の開発は自分で行わなければならない．新しい研究は，新しい技術が開発されることにより発展することが多い．例えば，ゲノムプロジェクトと自動塩基配列決定の技術，遺伝子診断とPCR法など，多くの例がある．それでは，新しい技術はどのようにして開発されるのだろうか？

　この疑問には簡単に答えることはできないが，1つだけ明確なことは，**"新しい技術を開発しなければならない"という意識をもつ**ことだろう．今われわれが用いているさまざまな技術も，ほとんどの場合，

最初は誰かが考えついたものであり，決して最初から存在していたのではないのである．第四次技術革命には，当然新しい方法の発見は必須であり，それは当然ノーベル賞の対象になるだろう．

B) 多様性とボーダーレス

21世紀の生命科学を支える思想を考えるためのキーワードは，多様性とボーダーレス (borderless) だろう．生物の多様性，それは形態から神経活動までを含めほとんど解明されていない．それを解明するためのアプローチも多様だろう．どのアプローチをとるかは，生物の多様性をどう捉えるかに依存する．

ボーダーレスも重要である．研究に関する情報がボーダーレスであり，研究の分野がボーダーレスになっている．これまで生物に関係ないと思われていたさまざまな研究分野が，生命科学分野と関連してくるだろう．その徴候は，これまでの半導体の技術を応用したDNAチップの開発などにすでに現れている．世界のさまざまな研究の状況を知らずに，研究を進めることは不可能だろう．

このような研究の流れを考えると，**これからの研究に必要なものは，生命科学研究のシステム化**である．物理学の実験は次第に巨大になったが，生命科学の実験は大量化，多様化の方向に向いている．特に，遺伝子の塩基配列に象徴されるように，これからの生命科学の研究に必要な情報は，個々の研究室でなんとかなる情報量を越えるだろう．研究方法も次第に多様化し，高度化し，大量化し，個々の研究室では対応できなくなるだろう．一方，研究そのものの多様化，大量化はそれに伴うさまざまな弊害を生じるのも事実である．これらの問題を解決するためには，研究システムを時代に対応できるように変革しなければならない．21世紀を生きるあなたが，その変革の主役にならなければ，日本の生命科学の将来の発展は期待できない．

おわりに

　私の研究室には，毎年約10名の学部4年生が配属される．2011年度で，すでに200名の卒業生を送り出している．毎年3月になると，新4年生がやってくるが，この新人たちに研究室のことを教えるとき，何か教科書のようなものがあれば，それをまず読んでおいていただくのが効率的であると考えていた．現研究室を立ち上げた当時，広島大学薬学部教授の井出利憲が「ようこそ研究室に」という内容の連載[*1]をある雑誌に掲載しておられるのを拝読し，私の研究室用の冊子を作成することにした．それを一般的にして羊土社から出版していただいたのが，本書の前身である『バイオ研究はじめの一歩』であった．この20年間のバイオの発展はすさまじいもので，多くの新規な概念が生まれてきている．しかし，9章で述べているように，バイオはまだこれからなのである．

　自己紹介をかねて，少し私の研究歴を紹介しておく．私の研究は物理学から出発している．高校生の頃，時間とは何か？に私は興味があった．この不可逆な量は，何によって決まっているのであろうか？ある本に，「光の速度で飛ぶ物体の時間は，止まる」と書いてあり，この一文に衝撃を受けた．どうやら，アインシュタインが相対性理論の中で言っているらしく物理のすごさに感動した．その後，大学では応用物理学を専攻し理論物理学が卒論のテーマになったのであるが，私には理論的な才能がないことを発見してしまった．一方，理論物理学の大家であるシュレーディンガーが，『生命とは何か』[*2]という本を執筆していた．4畳半一間の下宿で，飛び回るハエを見て，なるほど生命は不思議であると納得し，物理から生物に専門を変えることにした．大学院では，電子スピン共鳴（ESR）を用いて，合成バイオポリマーとDNAの物性の研究を行った．1974年にヌクレオソームがやっと発見された頃である．学位を取得後，米国衛生研究所（NIH）に留学する．NIHの同じビルに，富沢純一が研究をしておられた．その影響により，分子生物学に興味をもち，帰国後は岡山大学で遺伝子クローニングの系を一人で立ち上げることになる．ここでは，四肢の発生の研究を分子レベルで研究した．この研究は現在も継続しており，重要な発見は，大内淑代らによる「線維芽細胞増殖因子10（FGF10）が，蛇足を誘導できることなどから，四肢を誘導する因子であること」を示したことであった．興味ある読者は，『新 形づくりの分子メカニズム』[*3]を参照していただきたい．

　約20年前に，私は徳島大学工学部生物工学科に教授として赴任したときに，「非常におもしろいテーマなのだが，誰も研究していない」新しいテーマについて研究をスター

[*1] 井出利憲：「研究室の新しいメンバーを歓迎する」，蛋白質・核酸・酵素，37：2321-2326，3016-3020，3099-3104，1992
[*2] E. シュレーディンガー／著，岡小天，鎮目恭夫／訳：『生命とは何か——物理的にみた生細胞』，岩波書店，1951
[*3] 上野直人，野地澄晴／著：『新 形づくりの分子メカニズム』，羊土社，1999

トしようと考え，テーマを探した．教授室に水槽をもち込み，魚を飼育したり，植物を栽培したりしていたが，ある日出会った本『昆虫の擬態』*4 が運命を決めた．昆虫が花や葉に，なぜ擬態できるのか？　という疑問を出発点に私はコオロギの研究をスタートすることになるのだが，そこへの経緯は，『実験室の小さな生きものたち』*5 に紹介している．なにしろ，誰も研究していないことを条件にしたコオロギの研究のスタートであったので，まさにゼロからの出発で，餌，水の供給法などのコオロギの飼育法，採卵法などについても，すべて開発した．夢は単純で，「コオロギを遺伝子操作して花に擬態させること」であった．当時，研究室の学生であった丹羽尚が，それを担当して，コオロギの実験系を確立した．

コオロギの研究が，世界で何とか認識されるようになったのは，RNA干渉を研究に利用できたことであった．本書でも紹介しているように，1998年に線虫の研究からRNA干渉という現象が発見され，それはヒトも含めて多くの生物に存在する現象であった．コオロギも例外ではなかった．コオロギを擬態させるためには，コオロギのゲノムを操作する必要がある．長年かかって，トランスジェニックコオロギの作製を試みていたが，2010年に成功した*6．さらに，2011年には，TALENという人工制限酵素を利用したノックアウトコオロギの作製に成功した．いよいよ，ゲノムを編集し，花に擬態したコオロギを作製することが夢ではなく，現実になりそうである．ゲノムを編集して，コオロギをトンボや蝶に変換したいとも空想している．コオロギの研究がさらに花開くためには，若い研究者をどれだけ今後この研究にリクルートできるかにかかっている．

学部の4年生から数えると，私は40年以上研究生活をしてきているが，今振り返ると，誰も研究の方法を系統的には教えてはくれなかった．そのため，研究を行うという観点からは多くの無駄をしてきたように思う．これから研究を行う学生諸氏にはその無駄を経験してほしくない．本書がその助けになることを願いながら，この度はここまでにしておこう．

最後になったが，本書で紹介した研究の方法や写真などの大部分は徳島大学の野地研究室のものであり，約20年間野地研究室でさまざまな研究を行ってきて得られたものである．それらは，野地研究室に属した教員および学生の努力の成果であり，特に大内淑代准教授，三戸太郎助教に感謝の意を表したい．

---

*4　海野和男/著『昆虫の擬態』平凡社，1993
*5　羊土社「実験医学」編集部/編：『実験室の小さな生きものたち』，羊土社，1999
*6　Nakamura, T. et al.: Curr. Biol., 20：1641-1647, 2010

付録

私の本棚・一覧

ノーベル賞の内側

『二重らせん』 参照 →p17
J. D. ワトソン／著, 中村桂子, 江上不二夫／訳, 講談社, 1986

『私の脳科学講義』 参照 →p168
利根川 進／著, 岩波書店, 2001

『ノーベル賞の決闘』 参照 →p168
N. ウェイド／著, 丸山工作, 林泉／訳, 岩波書店, 1992

発見の物語

『新・現代免疫物語』
―「抗体医薬」と「自然免疫」の驚異』 参照 →p84
岸本忠三, 中島彰／著, 講談社, 2009

『偶然の科学史』 参照 →p168
井山弘幸／著, 大修館書店, 1995

『セレンディピティと近代医学
―独創, 偶然, 発見の100年』 参照 →p168
M. マイヤーズ／著, 小林力／訳, 中央公論新社, 2010

『がん研究レース―発がんの謎を解く』 参照 →p168
R. A. ワインバーグ／著, 野田亮, 野田洋子／訳, 岩波書店, 1999

成功のコツ

『マネジメント[エッセンシャル版]
―基本と原則』 参照 →p15
P. F. ドラッカー／著, 上田惇生／訳, ダイヤモンド社, 2001

『グリンネルの研究成功マニュアル
―科学研究のとらえ方と研究者になるための指針』 参照 →p49
F. グリンネル／著, 白楽ロックビル／訳, 共立出版, 1998

『サイエンティストゲーム
―成功への道』 参照 →p168
C. J. シンダーマン／著, 山崎昶／訳, 学会出版センター, 1987

エッセイ

『数学者の休憩時間』 参照 →p15
藤原正彦／著, 新潮社, 1993

『金沢城のヒキガエル
―競争なき社会に生きる』 参照 →p40
奥野良之助／著, 平凡社, 2006

『世界は分けてもわからない』 参照 →p58
福岡伸一／著, 講談社, 2009

考えを深める

『科学者という仕事―独創性はどのように生まれるか』酒井邦嘉／著, 中央公論新社, 2006　参照 →p15

『遺伝子の技術, 遺伝子の思想―医療の変容と高齢化社会』広井良典／著, 中央公論社, 1996　参照 →p159

『未完 先祖物語―遺伝子と人類誕生の謎』大野乾／著, 羊土社, 2000　参照 →p159

『アメリカからさぐるバイオ研究の動向と研究者』白楽ロックビル／著, 羊土社, 1999　参照 →p171

歴史的背景を知ろう

『科学を計る―ガーフィールドとインパクト・ファクター』 参照 ▶ p11
窪田輝蔵 / 著, インターメディカル, 1996

『クローン羊ドリー』 参照 ▶ p58
G. コラータ / 著, 中俣真知子 / 訳, アスキー出版, 1998

困ったときの定本

『理系総合のための生命科学 第2版
―分子・細胞・個体から知る"生命"のしくみ』 参照 ▶ p162
東京大学生命科学教科書編集委員会 / 編, 羊土社, 2010

『科学者をめざす君たちへ
―科学者の責任ある行動とは』 参照 ▶ p169
米国科学アカデミー / 著, 池内了 / 訳, 化学同人, 2010

『医学的研究のデザイン
―研究の質を高める疫学的アプローチ 第3版』 参照 ▶ p31
S. B. ハリー / 著, 木原雅子, 木原正博 / 訳, MEDSi, 2009

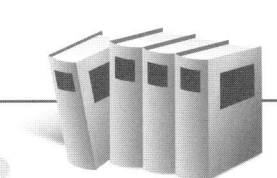

名著

『実験医学序説』 参照 ▶ p169
C. ベルナール / 著, 三浦岱栄 / 訳, 岩波書店, 1970

『Art of Scientific Investigation』 参照 ▶ p169
W. I. Beveridge / 著, The Blackburn Press, 2004

『Molecular Biology of the Cell』 参照 ▶ p162
B. Alberts ほか / 著, Garland Science, 2007

ラボ生活の実用書・実験書

『はじめての科学英語論文』R. A. デイ / 著, 美宅成樹 / 訳, 丸善, 1997 参照 ▶ p11

『マウス―DNA 生物学のゆりかご』勝木元也 / 編, 共立出版, 1997 参照 ▶ p57

『改訂第2版 バイオデータベースとウェブツールの手とり足とり活用法』 参照 ▶ p36
中村保一ほか / 編, 羊土社, 2007

『理系なら知っておきたい ラボノートの書き方 改訂版』岡﨑康司, 隅藏康一 / 編, 羊土社, 2012 参照 ▶ p47

『顕微鏡の使い方ノート 改訂第3版』野島博 / 編, 羊土社, 2011 参照 ▶ p58

『改訂 PCR 実験ノート』谷口武利 / 編, 羊土社, 2005 参照 ▶ p114

『新版 本当にふえる PCR』中山広樹 / 著, 秀潤社, 1998 参照 ▶ p114

『改訂 培養細胞実験ハンドブック』許南浩, 中村幸夫 / 編, 羊土社, 2009 参照 ▶ p127

『パソコンで簡単!すぐできる生物統計』R. エノス / 著, 打波守, 野地澄晴 / 訳, 羊土社, 2007 参照 ▶ p144

『すくすく育て 細胞培養』渡辺利雄 / 著, 秀潤社, 1996 参照 ▶ p127

『免疫染色＆ in situ ハイブリダイゼーション最新プロトコール』野地澄晴 / 編, 羊土社, 2006 参照 ▶ p135

索引 INDEX

数字

1標本t検定 ……………………… 138
2標本t検定 ……………………… 138

欧文

【A～G】

artifacts ………………………… 49
Cell誌 …………………………… 10
CO_2インキュベーター ………… 98
DNA抽出 ………………………… 111
DNA濃度 …………………… 91, 112
E.coli …………………………… 119
EMBOワークショップ ………… 36
FASEB会議 ……………………… 36
FET電極 ………………………… 76
FINER …………………………… 28
gain of function ………………… 41

【H～N】

Henderson-Hasselbalch方程式
 ………………………………… 75
H-E染色 ………………………… 135
humane treatment ……………… 50
in situハイブリダイゼーション法
 ………………………………… 135
jpegとtiff ……………………… 58
LBプレート …………………… 119
loss of function ………………… 41
maximum benefit ……………… 50
Nature誌 ………………………… 10
NIH動物実験指針 ……………… 61

【P～T】

P2実験室 ………………………… 88
PCR ………………………… 112, 114
perception ……………………… 49
pHの測定法 …………………… 75
PLoS ……………………………… 10
ppi ………………………………… 58
PubMed ………………………… 32
P値 ……………………………… 140
RI ………………………………… 64
RNA ……………………………… 121
RNA干渉 ………………………… 166
Science誌 ………………………… 10
Scientific misconduct防止のためのガイドライン ……………… 58
SEM ……………………………… 50
SI ………………………………… 66
SPF飼育施設 …………………… 52
TEM ……………………………… 50
t検定法 ………………………… 141

和文

【あ行】

アガロース電気泳動装置 ……… 100
審良静男 …………………… 12, 83
アクセプト ……………………… 151
アクリルアミド ………………… 81
アスピレーター ………………… 98
後片付け ………………………… 81
後始末 …………………………… 93
アフィニティークロマトグラフィー
 ………………………………… 123
アブストラクトの書き方 ……… 145
アポトーシス ……………… 163, 166
洗い方の原則 …………………… 81
アングルローター ……………… 94
安全キャビネット ……………… 102
安全に行うための三原則 ……… 63
安楽死 …………………………… 60
イオン交換クロマトグラフィー
 ………………………………… 123
イオン交換水 …………………… 72
生きたままで観察 ……………… 53
位相差顕微鏡 …………………… 53
遺伝 ……………………………… 155
遺伝子汚染などに関する問題 … 60
遺伝子組換え生物 ……………… 62
遺伝子診断 ……………………… 60
遺伝子編集技術 ………………… 133
イノベーション ………………… 15
イノベーションのジレンマ …… 110
イメージアナライザー ………… 100
医療廃棄物 ……………………… 81
インターカレーター法 ………… 114
インパクトファクター ……… 10, 13
インフォームドコンセント …… 61
インプリンティング …………… 21
ウエスタンブロット …………… 124
英語でのセミナー ……………… 148
英文のチェック ………………… 151
液体窒素 …………………… 24, 96
エタ沈 …………………………… 112
エレクトロポレーション法 …… 131
遠心機 …………………………… 92
オイルの使用 …………………… 55
オートクレーブ …………… 78, 79
オーバーナイト ………………… 86
オリジナリティーの優先 ……… 172

INDEX

【か行】

開口数目盛	55
回転撹拌器	78
回転数と遠心力の関係	93
回転培養器	78
カイ二乗テスト	140
科学者という仕事	15
科学的記数法	67
化学物質総合情報提供システム	64
学術雑誌とは	10
学費	17
仮説	38
仮説の正しさを判断する	138
学会	34, 144
カバーレター	151
カビの生えた培地	81
株化された細胞	125
ガラスごみ	81
ガラス製容器・試験管	70
ガラスプレート	81
カルタヘナ議定書	62
がん	161
看護倫理	60
幹細胞	157, 161
観察力とは	48
乾熱滅菌	78
潅流固定	134
キーストン会議	36
危険性の評価	64
希釈法	67
偽造	58
キットを用いる	117
機能している場所	40
帰無仮説	138
キャッチアップシステム	170
教官選考	13
教官の1日	23
共焦点レーザースキャン顕微鏡	54
業績を上げた年齢	38
近交系	51, 52
金属ごみ	81
組換えDNA実験	116
クライオスタット	134
グラフ	136
クリーンベンチ	101, 127
クローニング	118
蛍光標識プローブ	115
継代培養	130
系統誤差	42
結果を予測	40
ゲノムプロジェクト	133
ゲーリング	157
ゲル濾過クロマトグラフィー	123
限界値	141
限外濾過	72
研究期間に依存	29
研究室とは	18
研究室の選択	20
研究者として生き残る	16
研究者とは	8
研究者のタイプ	14
研究スケジュール	36
研究成果の整理	136
研究体制	19
研究テーマ	28, 171
研究のインプリンティング現象	21
研究費に依存	30
研究プロトコール	38
研究論文とは	9
恒温水槽	89
光学顕微鏡	50
酵素類	73
国際単位系	66
心構え	110
故障	86
個人尊重型	19
コツコツタイプ	14
固定	134
ゴードン会議	34
コペンハーゲン精神	20
小守壽文	156
混合と撹拌	75
懇親会	36
コンタミネーション	127
コンデンサの芯出し	55
コントロール実験	42, 83
コンフルエント	125

【さ行】

再現研究	39
再現実験回数	43
再現性が得られない	83
再現精度	42
細胞が生きる条件	127
細胞数の計測	130
サウスゲート	163
サマリー	150
サーマルサイクラー	100
座右の書	44
サルストン	164
サンプル数	43
サンプル数の決め方	138
飼育	52
シェパード・サイテーション法	12
紫外線を用いる方法	123
色素結合法	123
資質	12
磁石スターラー	77
次世代DNAシークエンサー	107
自然免疫システム	84
質疑応答	146
実験動物の扱い	60
実験をデザインする	40
実体顕微鏡	53
質量分析機	104

INDEX

事務室 …… 24
下村脩 …… 53
試薬の量 …… 74
修士論文 …… 148
終末期医療 …… 60
使用記録簿 …… 86
使用済み試験管 …… 81
抄読会 …… 27
情報収集 …… 31
初心者の研究テーマ …… 29
初代培養系 …… 125
ジョブセミナー …… 148
白川英樹 …… 83
シリンダー …… 97
進化 …… 155, 162
人工妊娠中絶 …… 60
振盪インキュベーター …… 77
垂直ローター …… 94
スイングローター …… 94
優れた論文とは …… 9
スチューデント t 検定 …… 141
ストック溶液 …… 68
スライドの作成 …… 145
成果の発表 …… 144
制限酵素 …… 120
責任者 …… 86
絶対確度 …… 42
接頭辞 …… 66
セミナーでの発表 …… 147
セレンディピティー …… 17, 165
線形希釈系列 …… 68
先見の明 …… 17
線虫 …… 163
専門用語 …… 32
双眼顕微鏡 …… 53
臓器移植 …… 60
走査型電子顕微鏡 …… 50
掃除当番 …… 24
創造する精神 …… 17
相対定量 …… 116

測定値 …… 66
疎水性クロマトグラフィー …… 123
卒業論文 …… 148

【た 行】

第 1 世代シークエンサー …… 107
大学院生の 1 日 …… 22
対象を決める …… 40
大腸菌 …… 81, 119
対立仮説 …… 138
代理母出産 …… 60
高橋和利 …… 15
多様性 …… 154, 173
ダルベッコ …… 164
単位 …… 66
タンパク質濃度 …… 123
タンパク質の抽出 …… 122
チームプレイ型 …… 19
超遠心機 …… 95
超純水 …… 72
調和希釈系列 …… 68
通常飼育施設 …… 52
使い捨てプレート …… 81
定性的変数の場合 …… 140
データベース …… 33
電子化されるラボノート …… 47
電子天秤 …… 87
透過型電子顕微鏡 …… 50
凍結乾燥機 …… 99
盗作 …… 58
銅鉄実験 …… 30
毒物・劇物 …… 64
特別研究員 …… 18
利根川 進 …… 164
ドミナントネガティブタイプ …… 41
トムソン・ロイター引用栄誉賞 …… 12
ドラフトチャンバー …… 101
トランスジェニック動物 …… 52, 132

トランスフェクション …… 131
ドリー …… 57

【な 行】

長田重一 …… 167
何がわかっていないか …… 160
何がわかっているか …… 154
何を変化させるか …… 41
ナノドロップ …… 92
二重盲検法 …… 42
ニールス・ボーア研究所 …… 20, 165
ネガティブコントロール実験 …… 43
捏造 …… 58
ネット環境 …… 24
脳死 …… 60
濃度と純度 …… 74

【は 行】

廃液 …… 81
バイオハザードの規制 …… 60
廃棄物の処理 …… 81
培養室の使用法 …… 127
倍率をメモする …… 55
博士号 …… 12
バッファー …… 74
パーティクル・ガン法 …… 131
反応液調製法 …… 113
比較電極 …… 76
被写体の向き …… 55
ビットマップ/ラスター画像 …… 58
必要な計算 …… 66
比抵抗値 …… 72
比伝導度 …… 72
ヒトクローン …… 60
ヒトゲノム宣言 …… 61
ヒト胚性幹細胞捏造事件 …… 57
ヒートブロック …… 89
微分干渉コントラスト顕微鏡 …… 54
ピペッター …… 70

INDEX

ピペット ……………………… 69, 82
ビューレット法 ……………… 122
表 …………………………… 136
標準誤差 …………………… 43
ファイアー ………………… 166
フェノールフタレイン ……… 76
フェノールレッド …………… 76
普遍性 ……………………… 154
プライマー設計 …………… 115
プラシーボ ………………… 42
プラスチック製容器・試験管 … 71
ブラッドフォードの法則 …… 12
ブレナー …………………… 163
フレミング ………………… 165
プログレス・レポート ……… 26
フローサイトメーター …… 106
文献を探す ………………… 32
分光光度計 ………………… 90
ブンゼンバーナー ………… 90
平均 ……………………… 43, 140
ペグ沈 ……………………… 112
ベクトル画像 ……………… 58
ヘルシンキ宣言 …………… 60
ベンザー …………………… 163
ベンター …………………… 162
放射性同位元素 …………… 64
方法を決める ……………… 40
ポジティブコントロール実験 … 43
ポスター発表 ……………… 146
ポスドク …………………… 13, 18

ボーダーレス ……………… 173
堀田凱樹 …………………… 163
骨への分化調節因子 ……… 156
ホメオティック遺伝子 …… 158
ポリアクリルアミドゲル電気泳動
 ……………………………… 101
ポリスチレン ……………… 71
ポリプロピレン …………… 71
ボルテックスミキサー …… 77
ホロビッツ ………………… 163
ホワイト …………………… 163

【ま・や行】

マイクロアレイ …………… 105
マイクロインジェクション法 131
マイコプラズマ …………… 162
マーク・スペクター事件 … 57
マナー ……………………… 21
マネジメント ……………… 15
マリス ……………………… 114
ミクロトーム ……………… 134
宮脇敦史 …………………… 53
無菌操作 …………………… 129
メスシリンダー …………… 69
滅菌操作 …………………… 78
メロー ……………………… 166
モジュール ………………… 157
モル濃度 …………………… 67
山中伸弥 ………………… 12, 15, 157
有意差検定 ………………… 138

よい結果が得られない …… 84
溶液調製 …………………… 68
溶液の量 …………………… 74
容器からの試薬を直接落とす方法
 ……………………………… 87
米原伸 ……………………… 167

【ら・わ行】

ラベルに必要な情報 ……… 68
ラボセミナー ……………… 27
ラボノート ………………… 45
ラボミーティング ………… 27
リジェクト ………………… 152
リットルと濃度 …………… 67
理念 ………………………… 20
リポフェクション ………… 131
硫安沈殿法 ………………… 123
倫理的問題 ………………… 60
冷蔵庫 ……………………… 95
冷凍庫 ……………………… 95
レビュー誌 ………………… 11
レプリケイト実験 ………… 41
連続培養系 ………………… 125
連続変数 …………………… 141
濾過滅菌 …………………… 80
ログ希釈系列 ……………… 68
ロザリンド・フランクリン … 17
ローリー法 ………………… 123
論文 ………………………… 31
ワトソン …………………… 17

著者プロフィール

野地澄晴

徳島大学理事（副学長）
徳島大学大学院ソシオテクノサイエンス研究部教授（併任）

1970年，福井大学工学部応用物理学科卒業．'80年，広島大学大学院理学研究科物性学専攻博士課程修了（理学博士）．'80〜'82年，National Institutes of Health 客員研究員．'83〜'92年，岡山大学歯学部口腔生化学講座助手．'92年から徳島大学大学院工学部教授，'12年から現職．
著書に，『新 形づくりの分子メカニズム』（共著，羊土社），『免疫染色・in situ ハイブリダイゼーション』（編集，羊土社），『驚異の小宇宙・人体Ⅲ，遺伝子・DNA 1．生命の暗号を解読せよ』（監修，NHK出版），『発生と進化（シリーズ進化学（4））』（共著，岩波書店），『DNAから解き明かされる形づくりと進化の不思議』（共著，羊土社），『パソコンで簡単！すぐできる生物統計』（共訳，羊土社）などがある．

理系のアナタが知っておきたいラボ生活の中身

2012年5月1日 第1刷発行	著 者	野地澄晴
	発行人	一戸裕子
	発行所	株式会社 羊 土 社
		〒101-0052
		東京都千代田区神田小川町2-5-1
		TEL　03（5282）1211
		FAX　03（5282）1212
		E-mail　eigyo@yodosha.co.jp
© YODOSHA CO., LTD. 2012	URL	http://www.yodosha.co.jp/
Printed in Japan	装 幀	コミュニケーションアーツ株式会社
ISBN978-4-7581-2032-6	印刷所	株式会社　平河工業社

本書に掲載する著作物の複製権，上映権，譲渡権，公衆送信権（送信可能化権を含む）は（株）羊土社が保有します．
本書を無断で複製する行為（コピー，スキャン，デジタルデータ化など）は，著作権法上での限られた例外（「私的使用のための複製」など）を除き禁じられています．研究活動，診療を含み業務上使用する目的で上記の行為を行うことは大学，病院，企業などにおける内部的な利用であっても，私的使用には該当せず，違法です．また私的使用のためであっても，代行業者等の第三者に依頼して上記の行為を行うことは違法となります．

JCOPY ＜（社）出版者著作権管理機構　委託出版物＞
本書の無断複写は著作権法上での例外を除き禁じられています．複写される場合は，そのつど事前に，（社）出版者著作権管理機構（TEL 03-3513-6969，FAX 03-3513-6979，e-mail：info@jcopy.or.jp）の許諾を得てください．

さあ実験をはじめよう！

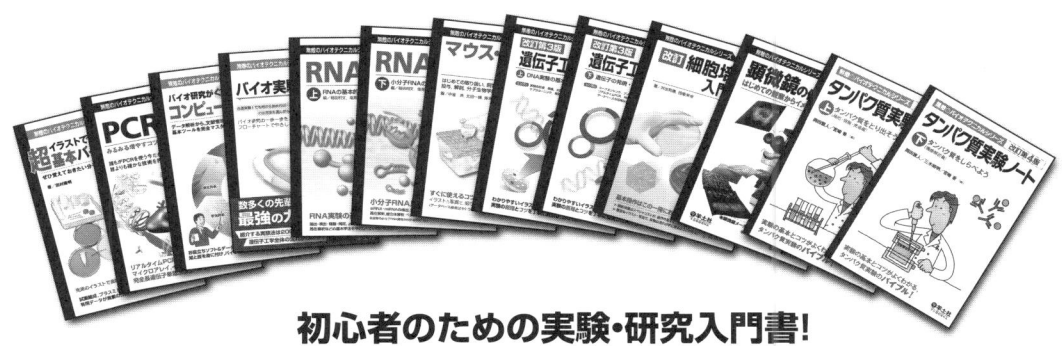

**初心者のための実験・研究入門書！
豊富なイラスト付きのプロトコールでよくわかる！**

気をつけることやコツなど，具体的なアドバイス満載で，実験中の「誰か教えて」を即座に解決！

好評シリーズ既刊！

改訂第3版 遺伝子工学実験ノート
田村隆明／編
- 上 DNA実験の基本をマスターする
  <大腸菌の培養法やサブクローニング，PCRなど>
  定価（本体3,800円＋税） 232頁 ISBN978-4-89706-927-2
- 下 遺伝子の発現・機能を解析する
  <RNAの抽出法やリアルタイムPCR，RNAiなど>
  定価（本体3,900円＋税） 216頁 ISBN978-4-89706-928-9

改訂第4版 タンパク質実験ノート
岡田雅人，宮崎 香／編
- 上 タンパク質をとり出そう（抽出・精製・発現編）
  定価（本体4,000円＋税） 215頁 ISBN978-4-89706-943-2
- 下 タンパク質をしらべよう（機能解析編）
  定価（本体4,000円＋税） 222頁 ISBN978-4-89706-944-9

RNA実験ノート
稲田利文，塩見春彦／編
- 上 RNAの基本的な取り扱いから解析手法まで
  定価（本体4,300円＋税） 188頁 ISBN978-4-89706-924-1
- 下 小分子RNAの解析からRNAiへの応用まで
  定価（本体4,200円＋税） 134頁 ISBN978-4-89706-925-8

改訂 PCR実験ノート
谷口武利／編
定価（本体3,300円＋税） 179頁 ISBN978-4-89706-921-0

改訂第3版 顕微鏡の使い方ノート
動画視聴サービスあり
野島博／編
定価（本体5,700円＋税） 247頁 ISBN978-4-89706-930-2

改訂 細胞培養入門ノート
動画視聴サービスあり
井出利憲，田原栄俊／著
定価（本体4,200円＋税） 171頁 ISBN978-4-89706-929-6

マウス・ラット実験ノート
中釜 斉，北田一博，庫本高志／編
定価（本体3,900円＋税） 169頁 ISBN978-4-89706-926-5

バイオ研究がぐんぐん進む コンピュータ活用ガイド
門川俊明／企画編集　美宅成樹／編集協力
定価（本体3,200円＋税） 157頁 ISBN978-4-89706-922-7

イラストでみる 超基本バイオ実験ノート
田村隆明／著
定価（本体3,600円＋税） 187頁 ISBN978-4-89706-920-3

改訂第3版 バイオ実験の進めかた
佐々木博己／編
定価（本体4,200円＋税） 200頁 ISBN978-4-89706-923-4

発行 **羊土社 YODOSHA**
〒101-0052 東京都千代田区神田小川町2-5-1　TEL 03(5282)1211　FAX 03(5282)1212
E-mail：eigyo@yodosha.co.jp
URL：http://www.yodosha.co.jp/

ご注文は最寄りの書店，または小社営業部まで

意外に知らない!? いまさら聞けない!?

「うまくいかない理由がわからない」

「いつも失敗してしまう…」

「実験目的に合わせた選び方は？」

なるほど！とスッキリ解決

疑問が湧いたときにすぐに調べられるQ&A形式

そこが知りたい！電気泳動なるほどQ&A 改訂版
編集／大藤道衛
協力／バイオ・ラッド ラボラトリーズ株式会社
- 定価（本体4,200円＋税）　249頁
- ISBN978-4-7581-2030-2

PCR実験なるほどQ&A
編集／谷口武利
- 定価（本体4,200円＋税）　227頁
- ISBN978-4-7581-2024-1

顕微鏡活用なるほどQ&A
編集／宮戸健二,岡部 勝
- 定価（本体4,200円＋税）　203頁
- ISBN978-4-7581-0731-0

マウス・ラットなるほどQ&A
編集／中釜 斉,北田一博,城石俊彦
- 定価（本体4,400円＋税）　255頁
- ISBN978-4-7581-0715-0

RNAi実験なるほどQ&A
編集／程 久美子,北條浩彦
- 定価（本体4,200円＋税）　220頁
- ISBN 978-4-7581-0807-2

タンパク質研究なるほどQ&A
編集／戸田年総,平野 久,中村和行
- 定価（本体4,600円＋税）　288頁
- ISBN978-4-89706-488-8

遺伝子導入なるほどQ&A
編集／落谷孝広,青木一教
- 定価（本体4,200円＋税）　232頁
- ISBN978-4-89706-481-9

細胞培養なるほどQ&A
編集／許 南浩
協力／日本組織培養学会,JCRB細胞バンク
- 定価（本体3,900円＋税）　221頁
- ISBN978-4-89706-878-7

発行　羊土社 YODOSHA
〒101-0052　東京都千代田区神田小川町2-5-1　TEL 03(5282)1211　FAX 03(5282)1212
E-mail：eigyo@yodosha.co.jp
URL：http://www.yodosha.co.jp/

ご注文は最寄りの書店、または小社営業部まで